建筑工程质量控制
先进适用技术手册
（上）

住房和城乡建设部工程质量安全监管司
中国土木工程学会咨询工作委员会　编写

中国建筑工业出版社

图书在版编目（CIP）数据

建筑工程质量控制先进适用技术手册（上）/住房和城乡建设部工程质量安全监管司，中国土木工程学会咨询工作委员会编写. —北京：中国建筑工业出版社，2012.11
ISBN 978-7-112-14649-9

Ⅰ.①建… Ⅱ.①住… ②中… Ⅲ.①建筑工程-工程质量-质量控制-技术手册 Ⅳ.①TU712-62

中国版本图书馆 CIP 数据核字（2012）第 209285 号

本书为《建筑工程质量控制先进适用技术手册》（上），包括地基基础工程、钢结构工程，从质量问题分析、先进适用技术、检测方法及目标、技术前景（包括国外技术）4 个方面进行论述，优选先进适用技术解决当前在工程质量上存在的问题和通病，结合 10 项新技术，指出了工程质量控制行之有效的先进适用技术和检测方法，提出了先进适用技术的发展方向。

本书可供建筑工程施工技术人员及监理人员使用，亦可供大中专院校相关专业师生参考。

责任编辑：刘　江　岳建光　王砾瑶
责任设计：张　虹
责任校对：刘梦然　陈晶晶

建筑工程质量控制先进适用技术手册

（上）

住房和城乡建设部工程质量安全监管司
中国土木工程学会咨询工作委员会　编写

*

中国建筑工业出版社出版、发行（北京西郊百万庄）
各地新华书店、建筑书店经销
北京科地亚盟排版公司制版
北京建筑工业印刷厂印刷

*

开本：787×1092 毫米　1/16　印张：14¼　字数：350 千字
2012 年 11 月第一版　2012 年 11 月第一次印刷
定价：**38.00** 元
ISBN 978-7-112-14649-9
（22711）

前　言

改革开放 30 多年来，我国人民生活水平得到了显著提高。随着生活水平的提高，国民对生活质量、居住环境提出了更高的要求。而建设工程质量不仅关系到工程项目的投资效益、社会效益和环境效益，更关系到人民群众的生产、生活和生命安全。因此，建筑工程质量一直是社会关注的热点和各级政府行政管理部门管理的重点所在。近几年为节约土地资源、彰显国家经济实力、实现城市现代化，我国大中型城市规划了一批超高层、深基坑、钢结构与超大型项目，给施工技术及工程质量的管控提出了更高的要求。随着一批高、大、难、新、尖项目的顺利实施，以及科研工作者对管控工程质量技术研究的不懈努力，一批先进适用技术在建筑领域得到广泛的应用，有效降低了生产成本、缩短了生产周期、提高了工程质量、产生了良好的社会效益和经济效益，促进了我国建筑施工技术的创新和建筑行业工业化发展。

随着我国基本建设规模的不断扩大，国内各地区管控能力参差不齐，工程出现了基坑失稳、结构倒塌、混凝土裂缝、防水失效等质量问题，造成了一定的经济损失及社会影响。

2010 年，中国土木工程学会咨询工作委员会承接了住房和城乡建设部工程质量安全监管司下达的"先进适用技术对保证工程质量作用的研究"课题。课题研究的目的是希望通过对提高工程质量的先进适用技术进行集成并加以创新，使企业能依靠先进适用技术和检测方法进行施工管理，增强社会对工程质量的满意度，提升社会效益。

在课题组大量调研的基础上，我们组织编写了本书。本书按建筑工程分部分项工程划分为上、中、下 3 册：上册包括地基基础工程、钢结构工程；中册包括混凝土工程、模架工程、砌体工程；下册包括建筑防水工程、保温工程、地面工程、装饰装修工程、机电安装工程。每个分部分项工程从质量问题分析、先进适用技术、检测方法及目标、技术前景（包括国外技术）4 个方面进行论述。立足国内、立足施工、立足建筑工程，结合 10 项新技术，优选先进适用技术解决当前在工程质量上存在的问题和通病，指出了工程质量控制行之有效的先进适用技术和检测方法，提出了先进适用技术的发展方向。本书将成为工程技术人员和监理人员的工程参考书。

编 写 委 员 会

顾　　　问：吴慧娟　　吴之乃　　许溶烈　　徐正忠　　叶可明　　杨嗣信　　洪　瀛

　　　　　　张　雁　　毛志兵

编委会主任：常　青

副　主　任：曾宪新　　孙振声

编委会成员：廖玉平　　苗喜梅　　冯　跃　　张晋勋　　薛永武　　梁冬梅　　赵福明

　　　　　　李　娟　　王清训　　郑念中　　艾永祥　　叶林标　　施锦飞　　高本礼

　　　　　　张　琨　　王存贵　　马荣全　　李景芳　　彭明祥　　汪道金　　杨健康

　　　　　　杨　煜　　郝玉柱　　高文生　　谷晓峰　　靳玉英　　李中锡　　刘　云

参编人员：张云富　　陆海英　　刘爱玲　　翟　炜　　安兰慧　　李雁鸣　　李洁青

　　　　　　唐永讯　　周黎光　　曾繁娜　　王庆伟　　吴明权　　刘亚非　　仓恒芳

　　　　　　高　丽　　姜传库　　段　明　　刘建国　　王巧莉　　韩大富　　张昌续

　　　　　　孙永民　　王　宏　　戴立先　　刘　曙　　杜　峰　　杨　霞　　高树栋

　　　　　　刘继军　　闫永茂　　谢　锋　　鞠　东　　赵秋萍　　杨志峰　　李铁良

　　　　　　陈　革　　王天龄　　王国争　　焉志远　　王文周　　马向丽　　徐　立

　　　　　　陈汉成　　陈智坚　　王世强　　王德钦　　刘　杰

参编单位：中国建筑第六工程局有限公司

　　　　　　北京建工集团有限责任公司

　　　　　　河南省建筑业协会

　　　　　　河南省建设工程质量监督总站

　　　　　　河南省第二建筑集团公司

　　　　　　南京大地建设集团有限责任公司

　　　　　　北京星河模板脚手架工程有限公司

陕西建工集团总公司

陕西省建筑科学研究院

中建钢构有限公司

北京城建集团有限责任公司

山西建筑工程（集团）总公司

北京住总集团有限责任公司

中国新兴建设开发总公司

深圳海外装饰工程有限公司

中铁建工集团有限公司

中建工业设备安装有限公司

北京筑友锐成工程咨询有限公司

总 目 录

地基基础工程

参编单位：中国建筑第六工程局有限公司

目　　录

保证建筑地基与基础工程质量是工程结构安全的重要环节，是保证人民群众生命、财产安全的基本要求，先进适用的地基基础施工技术对保证地基与基础工程质量具有十分重要的作用。

1 基 坑 支 护

为保证地下结构施工质量和基坑周边环境的安全，对基坑侧壁及其周边环境采用的支挡、加固保护与地下水控制的措施称为基坑支护。

基坑支护技术对保证基坑工程质量和安全具有十分重要的作用。基坑工程是一个综合性和实践性很强的岩土工程，地区性特征很强。基础埋深加大的高层建筑基础需要采用深基坑，随着基础埋深加大给施工带来很多困难，尤其在城市建筑物和市政管网密集地区，很多工程施工场地狭小，邻近的建筑物、道路和地下管线纵横交错，多数情况下不允许采用较经济的放坡开挖，需要采用支护结构。基坑支护结构因设计不当，施工质量不良，可能引发基坑变形过大、基坑失稳、周边管线破坏，周边建筑物开裂、倾斜、滑移，甚至倒塌，危害很严重。

针对不同的工程和水文地质条件、建筑周边条件及基础结构形式，结合当地经验做法，选择合适的基坑支护形式，通过先进适用的基坑支护技术，满足基坑施工的安全性、经济性、适应性，保证基坑质量，从而确保基坑安全变得越来越重要。

1.1 质量问题分析

基坑支护结构设计、施工缺陷引起的质量问题主要有坍塌、变形过大、漏水、管涌、坑底隆起等。由质量问题引发的事故经常造成重大的损失。

1.1.1 坍塌

近年来住房和城乡建设部备案的重大施工坍塌事故中，基坑坍塌约占坍塌事故总数的50%。塌方事故造成了惨重的人员伤亡和经济损失。对施工坍塌的专项治理是近年来的重点工作之一。

1. 基坑坍塌概况

（1）据统计，发生事故的企业，无施工资质和无施工许可证者占企业总数的近50%，近10%的企业属三级或者三级以下施工资质。

（2）坍塌事故中，工业与民用建筑约占54%，道路、排水管线沟槽约占38%，桥涵、隧道约占8%。

（3）放坡不合理或支护失效引发的事故约占74%，其中无基坑支护设计导致的事故约占60%。

（4）未编制专项施工方案引发的事故约占56%，专项施工方案不合理导致的事故约占19%，不严格按规范和专项施工方案施工导致的事故约占25%。

（5）发生坍塌的基坑（或边坡）深度从 1.9～22m，发生在 1.9～10m 的事故约占 78%，10～20m 的约占 17%，20m 以上约占 5%。

2. 基坑坍塌分类

（1）基坑边坡土体承载力不足；基坑底部土因卸载而隆起，造成基坑或边坡土体滑动；地表及地下水渗流作用，造成的涌砂、涌泥、涌水等而导致边坡失稳，基坑坍塌。

（2）支护结构的承载力、刚度或者稳定性不足，引起支护结构破坏，导致边坡失稳，基坑坍塌。

3. 基坑坍塌事故分析

（1）地质勘察报告不满足支护设计要求。

地质勘察报告往往忽视基坑边坡支护设计所需的土体物理力学性能指标及其适用性，不注重对周边土体的勘察、分析，使得支护结构设计与实际支护需求不符。如某办公楼基坑设计深度 6m，仅对建筑物范围内的土体进行了勘察，而基坑边坡淤泥质土层的相关指标，凭"经验"给出。因提供的边坡土体物理力学性能指标与事故后的勘察结果严重不符，导致据此设计、施工的支护体系（4 排搅拌桩）滑移、倾斜，造成基坑坍塌。

（2）无基坑支护结构设计。

基坑支护设计是基坑开挖安全的基本保证，应由有设计资质的单位进行支护专项设计。如西北某大厦基坑，深 8.8m，竟无基坑支护设计，施工中也未按规范要求放坡，导致基坑坍塌。

（3）支护结构设计存在缺陷。

由于基坑现场的地质条件错综复杂，设计人员应根据现场实际情况进行支护结构设计。支护结构设计存在的缺陷，势必形成安全隐患，有的坍塌事故就是支护结构设计不合理所致。如南方某宾馆深基坑，地质条件复杂，采用的喷锚支护方案缺乏技术论证和针对性，当开挖到基坑底部时，基坑壁土体大范围坍塌。又如华中某人工挖孔桩基坑支护桩工程，地面以下 6m 左右有淤泥层。桩孔设计深度 13.5m，当挖至 6m 深时，尚未完工的相邻桩孔突然塌陷，两桩孔贯通，淤泥突然涌入该桩孔，正在孔内作业的 1 人被掩埋。

（4）放坡不当。

基坑开挖前应根据地质和基坑周边环境情况，确定基坑边坡高宽比，计算边坡的稳定性。某营业楼基坑深 16m，坑壁为杂填土和淤泥质黏土，采用 1:1 放坡加土钉墙的支护措施，开挖至约 10m 深时，基坑突然坍塌。

（5）排、降、截、止水方法不当。

水患控制是基坑施工的重点，应采取合理、有效的控水方案。对控水方案的实施必须进行监测，并对可能出现的险情，制订应急预案。基坑开挖未进行有效的降水或降水井点系统失效，动水压力和土压力增大而导致滑塌。如华北某商厦因降水措施不当，造成基坑开挖时地面局部塌陷，支护结构和周围建筑物遭到不同程度的破坏。

（6）无专项施工方案。

专项施工方案是施工的依据，施工方应根据工程地质及水文地质条件、现场环境等编制专项施工方案，经有关部门审查后，方可施工。无专项施工方案，必然造成现场违章指挥，违章作业。

（7）基坑土方开挖专项方案不合理。

基坑土方开挖专项方案合理性是基坑施工质量的保障。如挖土进度过快，开挖分层过大，开挖超深；护坡桩成桩后强度不够即开挖土方；基坑挖到设计标高后未及时封底，暴露时间过长等都属于专项方案不合理。华北某商厦基坑超深开挖，每次挖深达 6m，且进度过快，土钉墙支护未与挖土同步，造成基坑局部坍塌。

（8）不按专项方案施工。

东北某办公楼基坑，不按专项方案施工，导致基坑坍塌，造成 3 人死亡，2 人受伤。华中某广场综合楼工程，施工方擅自将 C20 混凝土挖孔桩护壁改成竹篾护壁，导致坍塌。

（9）应急处理不当。

土方开挖过程中遇障碍物、管道时，不及时报告，而是以侥幸心理继续施工。

（10）忽视周边环境、建筑物等对基坑的影响。

基坑开挖前应了解基坑周边环境、建筑物、雨水管道、地下管线分布、道路、车辆、行人等情况，并且采取相应措施。一旦发生深基坑坍塌，势必将对周边环境、建（构）筑物造成影响。同时，还会导致城市地下管网的断裂，如自来水、供热、煤气管网等的断裂，影响周边居民的正常生活。

① 忽视导致土体应力增加的因素。基坑边上的堆土和机具以及动荷载，雨水、施工用水渗透等因素，使土体自重应力和附加应力增加。支护结构未施工完成而在桩顶部随意增加大量附加荷载。如华中某市政沟槽平均深度 3.5m，槽身的一侧有一与其平行的 2.2m 深带盖引水渠。施工时渠内积满生活废水，开挖的土体和准备打支撑用的材料堆放在水渠盖板上。当挖至 2.7m 深时，由于渠内水面高于沟槽，水不断向开挖面渗透，加之水渠盖板上堆土和材料荷载的作用，水渠和堆土突然向沟槽一方坍塌。

② 无视与基坑相邻的建筑物。西北某大厦因基坑施工迁移排水管沟，深 2.8m，其侧壁距离已有的民房仅 0.8m。因管线沟槽无任何支护措施，且距离民房过近，开挖深度超过民房基础底标高，民房地基受到严重扰动，造成民房及沟槽坍塌。

（11）未对基坑开挖实施监测。

对基坑开挖过程中的监测是通过布置观测点，监测基坑边坡土体的水平和垂直位移、水渗透影响、支护结构应力和变形等，以便及时预防事故。西南某小区工程对高度近 20m 的基坑边坡不做监测，由于未能及时掌握土体变形情况，对基坑的突然坍塌毫无防备。

（12）施工质量达不到设计要求。

护坡桩缩颈、断桩，强度、刚度和整体性下降或失去作用，护坡桩入土深度不够或未深入到坚实土层，锚杆或土钉达不到设计长度或摩擦力不够，倾角与原设计不符，灌浆质量差等，使支护结构承载力和对土体的支护达不到设计要求，支护结构破坏失去作用，从而造成塌方。

（13）管理及技术人员缺乏专业常识。

有的管理及技术人员缺乏专业常识，把围墙当挡土墙使用。如西北某大厦基坑开挖时，施工方将围墙当挡土墙使用，导致 44 人被倒塌的围墙压埋，造成 19 人死亡，25 人受伤的重大事故。西北某给水管沟工程开挖深度仅 1.9m，施工时工人将沟壁底掏空，并将土堆积在沟壁顶部，导致管沟南侧 24m 长的沟壁坍塌。

1.1.2　变形过大

基坑过大变形可能引起基坑坍塌。

在满足强度控制设计和正常施工的前提下，支护结构的刚度、嵌固深度、支撑或锚杆道数和预应力、土体的变形模量等方面对基坑变形的影响较为显著，其中以支护结构嵌固深度、支撑或锚杆道数和预应力因素尤为突出。

（1）挡土桩截面、嵌固深度不够。设计漏算地面附加荷载（如桩顶堆土、行走挖土机、运输汽车、堆放材料等），造成支护结构承载力、刚度和稳定性不够。

（2）灌注桩与截水桩质量较差，止水帷幕未形成，桩间土在动水压力作用下，大量流入基坑，使桩外侧土体侧移，从而导致地面产生较大沉降。

（3）基坑开挖施工顺序不当，如挡土桩桩顶圈梁未施工，锚杆未设置，桩身强度未达到设计要求，就将基坑一次开挖到设计深度，土应力突然释放，土压力急剧增大，从而使龄期短、强度低、整体性差的支护系统产生较大的变形侧移。

（4）锚杆施工质量差，未深入到可靠锚固层，因而造成较大变形和土体蠕变，引起支护系统较大变形。

（5）施工管理不善，未严格按支护设计施工，上部未进行卸土、削坡，随意改短挡土桩嵌固深度，在支护结构顶部随意堆放土方、工程用料、停放大型挖土机械、行驶载重汽车，使支护严重超载，土压力增大，导致支护系统变形。

基坑变形系统是由三个因素构成的：变形诱因、发展过程和影响对象。基坑开挖卸载引起支护结构向基坑内的变形，支护结构的变形引起其后面的土体位移以填充由于支护结构变形而出现的土体损失，并逐渐向离基坑更远处的土体传递，在一定时间内传递到地面和建筑物处，引起地面以及建筑物的沉降。

基坑变形包括支护结构变形、坑底隆起和基坑周围土体变形。基坑周围土体变形是基坑工程变形控制设计中的首要问题，有不少工程因支护结构变形过大，导致围护结构破坏或围护结构虽未破坏但周围建筑物墙体开裂甚至倒塌的严重后果。

基坑开挖过程是基坑开挖面卸荷的过程，由于卸荷而引起坑底土体产生向上为主的位移，同时也引起支护结构在两侧压力差的作用下而产生水平位移，因此产生基坑周围土体变形。基坑开挖引起基坑周围土体变形的主要是坑底土体隆起和支护结构的位移。

基坑变形实际上就是基坑内外土中应力场状态发生变化的结果。坑内卸荷，应力释放，坑内外土体作用力不平衡。如基坑底部为软土地基，天然强度较低，在较小的荷载作用下，土体就会屈服，产生塑性剪切变形，从而使地基沉降量增大，地质资料分析表明，如果支护设计不当，则由地基塑性变形引起的沉降将会很大，导致支护结构倾斜。理论与实践均表明，随着基坑挖深的增加，基坑周围土体塑性变形区的发展变化，基坑变形速率也会相应增加，软土中基坑失稳主要是基坑施工中各工况下的不断变化的土体流变性引起。

基坑周围地层沉降原因。降水开挖时，降水引起周边地下水位下降，形成以抽水井点为中心的降水漏斗，由于基坑周边土层地下水位降低，土体中的孔隙水压力消散，直接导致土体中有效应力增加，土体产生了新的固结沉降。另外，基坑开挖后周边土体处于临空状态，原有的结构平衡遭到破坏，土体开始应力释放，容易发生滑动剪切破坏，地基土在原有荷载作用下产生新沉降。

1.1.3　漏水

（1）基坑开挖前截水防渗方案不合理，或不同工艺的混合施工及施工工艺自身存在的缺点，或因地质水文情况复杂多变，或在施工中出现一些意外，如地下障碍物、机械故障、特殊情况停机等，或因施工质量方面的原因而导致止水帷幕不连续等缺陷，造成漏水。

支护设计时，对场地地质条件和周围环境调查不详，设计桩长未穿过基坑底粉细砂层。

挡土桩设计、施工未闭合，桩间存在空隙产生水流缺口，水从间隙口流入后，在桩间隙内形成通道，造成水土流失涌入基坑。

桩嵌入基坑底深度过浅，当坑外流向坑内的动水压力等于或大于颗粒的浸水密度，使基坑内粉砂土产生管涌、流砂现象。

支护设计不够合理，未将止水旋喷桩帷幕与挡土桩间紧密结合，存在一定距离，使止水帷幕阻水、变形能力差，起不到截水帷幕的作用。

施工未进行有效的降水，或基坑附近给水排水管道破裂，大量水流携带泥砂涌入基坑。

（2）地下连续墙渗漏主要是墙缝渗漏和预埋接驳器部位渗漏。在采用传统接头管的地下连续墙施工中，液压抓斗在开挖紧靠墙体接头一侧的槽孔时，不可避免地会碰撞或啃坏墙体接头，使墙体接头凹凸不平；尽管在成槽后进行刷壁，但是在刷除墙体接头凸面上土渣泥皮的同时，也将泥浆带进了接头的凹坑之中。因此，成墙之后，墙体接缝处的渗漏水现象仍然很常见。在地下连续墙钢筋笼内设置了大量与主体结构相连接的接驳器。由于接驳器数量较多，间距较小，并且集中在一个层面上，容易形成一个隔断面，混凝土的骨料难以充填至两层接驳器间。在这些部位，常由于混凝土不密实而产生渗漏水现象。

桩＋旋喷桩止水帷幕渗漏，旋喷桩局部漏水，与钻孔桩的施工垂直度以及旋喷桩的引孔垂直度有较大关系，并且与地下承压水联系密切。

（3）混凝土自身质量不合格引发的渗漏。影响混凝土抗渗性有以下因素：

混凝土的密实性。混凝土自身越密实，则其抗渗漏性能越好。由于止水结构混凝土的浇筑多属于水下浇筑混凝土，其特殊的构造导致了不能对混凝土进行机械振捣。在这种情况下，主要依靠混凝土的自重使其密实，这种混凝土即自密实混凝土。而影响其自密实性能的因素主要有：粗骨料与固体混凝土的体积比，细骨料与砂浆的体积比以及水灰比。一般地，粗骨料与固体混凝土的体积比越小，细骨料与砂浆的体积比越小，而水灰比越大，则自密实性越好。

养护龄期。随着混凝土养护龄期的增加，水泥浆水化作用逐渐完全，水化产物（凝胶体）填充毛细孔，降低了混凝土的透水性。

粗骨料最大粒径。在水灰比固定的情况下，石子最大粒径越大，混凝土的抗渗性越差。

外加剂。混凝土的抗渗能力随含气量的增加而提高。

（4）结构变形过大导致的渗漏。包括不均匀沉降和变形加大渗漏。

支护结构不均匀变形导致了接缝处的相对滑动。易导致接头处漏水，从而增加了封堵的难度。地下连续墙墙趾注浆的效果，直接影响着其不均匀沉降；为了减少连续墙的不均匀沉降；墙趾注浆的质量应该严格控制。

基坑开挖后，变形对接缝和裂缝宽度的影响。基坑开挖初期，随着时间的推移导致变形加大,加剧了接缝和裂缝的渗漏水。在施工中,要求基坑开挖做到及时,从而缩短变形时间,控制好变形。而有的工程,由于各方面的原因,难以做到及时,因而引起变形加大,导致漏水。漏水后加剧变为管涌,可能导致坍塌。

1.1.4 管涌

土颗粒骨架间的细粒被渗透水流带走,在土层中形成孔道,水土集中涌出的现象称为管涌。

管涌发生时,一般会有土跟上来,水面出现翻花,持续时间延长,险情不断恶化,大量涌水翻砂,使地基土颗粒骨架破坏,孔道扩大,基土被淘空,引起建筑物塌陷,严重时可能导致基坑和周边建筑物倾斜、损坏。

地基土级配缺少某些中间粒径的非黏性土,在坑外水位高,若渗流出逸点的渗透坡降大于允许坡降,地基土体中较细土粒被渗流推动带走形成管涌。

地基土层中含有强透水层,上覆土层施压重力不够。

防渗墙或排水设施效能低或损坏失效。

1.1.5 坑底隆起

坑底隆起破坏的根本原因是土体强度的破坏。基坑开挖前,支护结构施工对附近土体产生了一定的扰动影响,但土体的应力水平没有发生明显变化,基坑内外作用力仍保持平衡,随着开挖深度的增大,土体应力发生明显改变,土体部分区域应力超过强度极限而向压应力较小的基坑内侧发生塑性流动,坑底发生隆起。归纳为以下几类原因:

(1)卸荷产生的回弹变形。基坑开挖打破了天然土体原始的应力平衡状态,竖向自重应力减少,使土体中的应力重新分布,原来被压缩的土体因弹性变形引起坑底隆起。

(2)土体松弛和蠕变,使得解除竖向约束的土体隆起。

(3)基坑开挖后,支护结构在背后土侧压力作用下向基坑方向位移,挤推竖向支护结构前的土体而造成坑底局部隆起。

(4)基坑外侧土体在水压力作用下发生塑性变形,造成坑底隆起。

(5)施工过程中基坑底积水,造成细粒土吸水后体积增大,引起坑底隆起。

(6)基坑底土压力低于水压力造成的坑底隆起。

1.2 先进适用技术

采取先进适用的基坑支护技术,对保证基坑质量安全具有十分重要的作用。基坑支护通常采取排桩、土钉墙、地下连续墙、水泥土桩、钢板桩、SWM 工法桩等方法,支护结构的主要形式有:放坡开挖、悬臂式支护结构、内撑式支护结构、拉锚式支护结构、土钉墙支护结构、环梁护壁支护结构等,通过以上技术,可克服基坑支护的坍塌、变形过大、漏水、管涌、坑底隆起等质量问题。基坑支护先进适用技术见表 1-1。

表 1-1

基坑支护先进适用技术一览表

序 号	分 类	技术名称
1	排桩	钻孔灌注桩＋锚杆支护技术
		钻孔灌注桩＋旋喷桩止水帷幕＋内支撑支护技术

序　号	分　类	技术名称
2	土钉墙	土钉墙支护技术
		复合土钉墙支护技术
3	地下连续墙	地下连续墙支护技术
4	水泥土桩墙	水泥土桩墙支护技术
5	钢板桩	钢板桩支护技术
6	SWM工法桩	型钢水泥土复合搅拌桩支护结构技术（SWM工法）
7	逆作法	逆作法施工技术
8	降水	井点降水技术、明排降水技术、截水技术、井点回灌技术

1.2.1　排桩技术

排桩支护技术是基坑工程中应用较多的有效技术。排桩支护结构适用于基坑侧壁安全等级为一二三级的基坑支护。排桩分为单排桩和双排桩，可根据工程情况设计为悬臂式支护结构、拉锚式支护结构、内撑式支护结构和锚杆式支护结构。灌注桩具有对地层的适应性强、承载力大、造价低、低噪声、低振动等优点。

（1）钻孔灌注桩＋锚杆支护技术。

常用 $\phi600\sim\phi1000$mm 桩，是支护结构中应用最多的一种形式。宜形成排桩，顶部浇筑钢筋混凝土冠梁，中上部设置一道或分别设置几道锚杆。

根据基坑深度和不同的地质条件，如卵石、砾石、砂层、黏土、粉土、基岩的风化程度等情况，选择恰当的施工工艺和设备能达到经济、安全、优质、快速的目的。对保证基坑工程质量安全具有十分重要的作用。

（2）钻孔灌注桩＋旋喷桩止水帷幕＋内支撑支护技术。

常用 $\phi800\sim\phi1200$mm 桩，$\phi700\sim\phi1000$mm 旋喷桩止水帷幕，顶部浇筑钢筋混凝土冠梁和支撑梁，中上部设置一道或分别设置几道钢筋混凝土支撑梁，支撑梁下设置托柱。目前支撑形式朝着工具化方向发展，临时托柱多为钢格构柱。

（3）保证工程质量的作用。

排桩支护技术是支护结构中应用较多的一种支护技术，对保证基坑工程质量安全作用主要体现在：设计合理，施工合格，基坑监测到位，使用正确的基坑，采用钻孔灌注桩＋锚杆支护技术可防止基坑坍塌、变形过大等质量问题；采用钻孔灌注桩＋旋喷桩止水帷幕＋内支撑支护技术可防止坍塌、变形过大、漏水、管涌、坑底隆起等质量问题。

1.2.2　土钉墙技术

土钉墙支护技术具有轻型、机动灵活、针对性强、造价低等优点，在条件适宜的基坑支护中是一项先进的基坑支护技术。

1. 土钉墙支护技术

土钉墙是一种原位土体加筋技术，是由设置在坡体中的加筋杆件与其周围土体牢固粘结形成的复合体以及面层构成的类似重力挡土墙的支护结构。土钉墙墙面坡度不宜大于1：0.2，土钉必须和面层有效连接，应设置承压板或加强钢筋等构造措施，承压板或加强钢筋应与土钉螺栓连接或钢筋焊接连接。土钉墙基坑侧壁安全等级宜为二三级的非软土场地，基坑深度不宜大于12m。当地下水位高于基坑底面时，应采取降水或截水措施。土钉墙属于重力式支护结构。某基坑土钉墙设计施工见图1-1、图1-2。

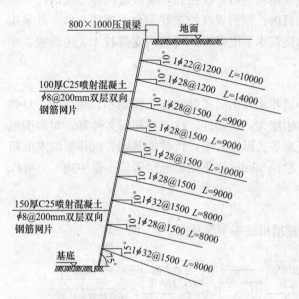

图 1-1 某基坑土钉墙支护设计示意图　　　图 1-2 某基坑土钉墙支护照片

2. 复合土钉墙支护技术

(1) 主要技术内容。

复合土钉墙是20世纪90年代研究开发成功的一项深基坑支护技术。它是由普通土钉墙与一种或若干种单项轻型支护技术（如预应力锚杆、竖向钢管、微型桩等）或截水技术（深层搅拌桩、旋喷桩等）有机组合成的支护截水体系，分为加强型土钉墙、截水型土钉墙、截水加强型土钉墙三大类。复合土钉墙具有支护能力强，适用范围广，可作为超前支护，并兼备支护、截水等性能，是一项技术先进，施工简便，经济合理，综合性能突出的深基坑支护新技术。

(2) 技术指标。

主要组成：普通土钉墙、预应力锚杆、深层搅拌桩、旋喷桩等。微型桩一般桩径为$\phi 250 \sim \phi 300$，间距$0.5 \sim 2.0 \mathrm{m}$，骨架可采用钢筋笼或型钢，端头伸入坑底以下$2.0 \sim 4.0 \mathrm{m}$。竖向钢管一般$\phi 48 \sim \phi 60$，壁厚$3 \sim 5 \mathrm{mm}$。复合土钉墙在水位以下和软土中，采用$\phi 48$、厚$3.5 \mathrm{mm}$钢花管土钉，直接用机械打入土中，并从管中高压注浆压入土体。

3. 保证工程质量的作用

土钉墙支护技术是支护结构中应用较多的一种支护技术，对保证基坑工程质量安全作用主要体现在：

设计合理，施工合格，基坑监测到位，采用土钉墙支护可防止坍塌、变形过大等质量问题。

1.2.3 地下连续墙技术

地下连续墙是在地面以下用于支承建筑物荷载、截水防渗或挡土支护而构筑的连续墙体。

1. 地下连续墙支护技术

地下连续墙是先构筑导墙，采用成槽机液压导板抓斗沿导墙中心成槽取土，槽段内挖出土的同时，补入相同体积的人造泥浆护壁；用经纬仪在 X、Y 轴双向纠偏的方法控制成槽的垂直度；在成槽至设计深度时，通过成槽机进行一次扫孔，泵吸反循环二次清孔工序来达到清除槽底沉渣，提高墙体承载力的目的；钢筋笼在校正好平台上现场制作，并采用起重机整体下笼的入槽方法；采用导管法浇筑水下混凝土。可与内支撑技术、逆作法、半逆作法技术结合使用。

2. 优点

地下连续墙能适应比较复杂的施工环境和水文地质条件，施工振动小、噪声低，对邻近建筑物和地下管线影响较小，墙体结构刚度大，整体性、抗渗性和耐久性好，对周围地基无扰动，可以组成具有很大承载力的任意多边形连续墙，代替桩基础、沉井基础或沉箱基础。适用于黏性土、砂土、冲填土以及粒径 50mm 以下的砂砾层等软土层中施工。可作为永久性的挡土挡水和承重结构。

3. 施工工艺

地下连续墙施工流程如图 1-3 所示，挖槽机施工实况见图 1-4、图 1-5。

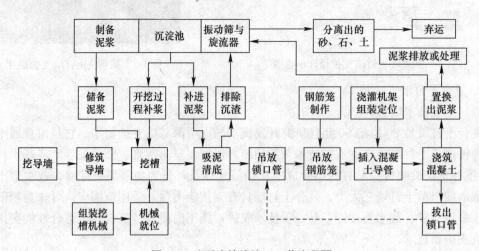

图 1-3　地下连续墙施工工艺流程图

图 1-4　回转式挖槽机照片

图 1-5　华北某基坑挖槽机施工照片

4. 保证工程质量的作用

（1）防止地下水的渗透破坏作用。

（2）提高坑壁围护结构的稳定性。

（3）可与地下结构结合，作为地下室外墙的一部分，提高地下室外墙结构的耐久性。

（4）避免水下作业，使基坑施工能在水位以上进行，为施工提供方便，也有利于提高施工质量。

1.2.4 水泥土桩墙技术

水泥土桩墙支护技术是在用于加固饱和软黏土地基的一种方法的基础上发展起来的一种基坑支护技术，它利用水泥系材料作为固化剂，通过特制的搅拌机械（深层搅拌机或高压旋喷机）在地基土中就地将原状土和固化剂强制拌和，利用固化剂和软土之间所产生的一系列物理化学反应，使软土硬结成具有一定强度、整体性和稳定性的加固体，施工时连续成桩，并将桩相互搭接，形成具有一定强度和整体性的水泥土壁墙或格栅状墙，用以维持基坑边坡土体稳定的支护技术。

水泥土桩墙基坑支护技术具有止水、节省钢材、造价低，施工简单等优点，适用于淤泥、淤泥质土和含水量高的黏土、粉质黏土、粉土等土层。直接作为重力式支护结构，用于较软土的基坑支护时，基坑深度不宜大于 6m，对非软土的基坑支护，支护深度不宜大于 10m。

1.2.5 钢板桩技术

钢板桩具有挡土承载力高、施工工艺简单，施工进度快，有效的防水挡土功能等优点。作为一种新型支护材料，可周转使用，节能减排效益显著。

钢板桩可分为 U 形钢板桩、两个 U 形钢板桩拼成的组合钢板桩、直线形钢板桩、Z 形钢板桩（含拉森桩）等。钢板桩墙按构造可分为独立式、拉锚式、单元式、双层钢板桩接力式、内支撑式、斜锚桩式、高桩承台式等构造方式。

基坑支护技术采用钢板桩连扣打入地下，具有很好的止水挡土作用，从而给施工带来非常好的施工环境。

1.2.6 型钢水泥土复合搅拌桩支护结构技术

1. 定义

型钢水泥土复合搅拌桩支护结构技术即 SMW 工法。SMW 工法（Soil Mixing Wall 的简称）是由日本成幸工业株式会社研究发明的，作为基坑支护挡土和防水帷幕的一种工艺。

2. 主要技术内容

通过特制的多轴深层搅拌机自上而下将施工场地原位土体切碎，同时从搅拌头处将水泥浆等固化剂注入土体并与土体搅拌均匀，通过连续的重叠搭接施工，形成水泥土地下连续墙；在水泥土凝结硬化之前，将型钢插入墙中，形成型钢与水泥土的复合墙体。SMW工法原理及施工照片见图 1-6、图 1-7。

3. 适用范围

可用于在黏性土、粉土、砂砾石土的深基坑支护。目前，国内主要在软土地区有成功应用。

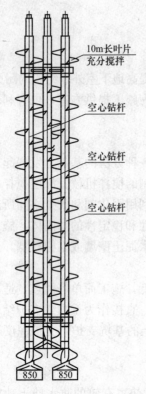

图 1-6　深层搅拌桩原理图　　　　图 1-7　某大厦 SMW 工法照片

图 1-6 标注：10m长叶片充分搅拌、空心钻杆、空心钻杆、空心钻杆、850、850

4. 技术特点

(1) 施工时对临近土体扰动较少，不会产生邻近地面下沉、房屋倾斜、道路裂损及地下设施移位等危害。

(2) 钻杆具有螺旋推进翼与搅拌翼相间设置的特点，随着钻掘和搅拌反复进行，可使水泥系强化剂与土体得到充分搅拌，而且墙体全长无接缝，墙体水泥土渗透系数 κ 可达 $10^{-7} \mathrm{cm/s}$，从而使它可比传统的连续墙具有更可靠的止水性。

(3) 它可在黏性土、粉土、砂土、砂砾土、直径小于 100mm 单轴抗压强度 60MPa 以下的岩层应用。

(4) 可成墙厚度 550～1300mm，常用厚度 600mm；成墙最大深度目前为 65m。

(5) 所需工期较其他工法短，在一般地质条件下，每一台班可成墙 70～80m²。

(6) 渣土外运量少。

5. SMW 工法施工顺序

(1) 导沟开挖。确定是否有障碍物及做泥水沟。

(2) 置放导轨。

(3) 设定施工标志。

(4) SMW 钻拌。钻掘及搅拌，重复搅拌，提升时搅拌。

(5) 置放应力补强材（H 型钢）。

(6) 固定应力补强材。

(7) 施工完成。

6. 技术要求

（1）型钢水泥土搅拌墙中，三轴水泥土搅拌桩的直径宜采用 650mm、850mm、1000mm；内插的型钢宜采用 H 型钢。

（2）水泥土复合搅拌墙 28d 无侧限抗压强度标准值不宜小于 0.5MPa。

（3）型钢的插入深度宜比搅拌桩的入土深度浅 0.5～1.0m。

（4）搅拌桩体与内插型钢的垂直度偏差不应大于 1/200。

1.2.7　逆作法施工技术

1. 概念

逆作法是建筑基坑支护的一种施工技术，它通过合理利用建筑物地下结构自身的抗力，达到支护基坑的目的。逆作法是将地下结构的外墙作为基坑支护的挡墙，将结构的梁板作为挡墙的水平支撑构件，将结构的框架柱作为支撑水平构件的立柱，采用自上而下的作业方法。

2. 分类

逆作法可分为全逆作法、半逆作法、部分逆作法三种。

3. 适用范围

适用于建筑群密集，相邻建筑物较近，地下水位较高，地下室埋深较深，施工场地狭小的高层、超高层和大型地下建筑。

4. 技术特点

节地、节材、环保，可缩短施工总工期。

5. 施工关键技术

施工关键技术是节点处理，即墙与梁板的连接接头处理，柱与梁板的连接接头处理，墙、柱与底板的连接接头处理，外墙施工缝节点处理，外墙沉降缝节点处理，外防水节点处理等。

1.2.8　降水技术

1. 定义

采用人工或机械降低地下水位的方法，将基坑内的水位降低至开挖面 0.5m 以下。

2. 降水技术

（1）几种常用井点降水技术。

1）轻型井点降水：系在基坑外围或一侧、两侧埋设井点管深入含水层内，井点管的上端通过连接弯管与集水总管再与真空泵和离心泵相连，启动抽水设备，地下水便在真空泵吸力的作用下，经滤水管进入井点管和集水总管，排出空气后，由离心水泵的排水管排出，使地下水位降低到基坑底以下。

2）喷射井点降水：基坑外围喷射井点降水是在井点管内部装设特制的喷射器，用高压水泵或空气压缩机通过井点管中的内管向喷射器输入高压水（喷水井点）或压缩空气（喷气井点），形成水、气射流，将地下水经井点外管与内管之间的间隙抽出排走。

3）管井井点降水：管井井点降水系沿基坑外围每隔一定距离设置一个管井，每个管井单独用一台水泵抽水，降低地下水位。

4）深井井点降水：深井井点降水是在深基坑的周围埋置深于基坑底的井管，使地下水通过设置在井管内潜水电泵将地下水抽出，使地下水位低于基坑底。

5）电渗井点降水：是在渗透系数很小的饱和黏性土或淤泥、淤泥质土层中，利用黏性土中的电渗现象和电泳特性，结合轻型井点或喷射井点作为阴极，用钢管或钢筋作为阳极，埋设在井点管环圈内侧，当通电后使黏性土空隙中的水流动加快，从而使软土地基排水效率提高的一种降水方法。

井点降水技术的适用条件：

1）地下水位较高的砂石类或粉土类土层。对于弱透水性的黏性土层，可采取电渗井点、深井井点或降排结合的措施降低地下水位。

2）周围环境容许地面有一定的沉降。

3）止水帷幕密闭，坑内降水时坑外水位下降不大。

4）采取有效措施，足以使邻近地面沉降控制在容许值以内。

5）具有地区性的成熟经验，证明降水对周围环境不产生大的影响。

（2）明排降水技术。

开挖深度较浅的基坑，可采用明排降水技术。明排降水可边挖边用排水沟和集水井进行集水明排。

（3）截水技术。

截水虽然不能降低地下水位，但当因降水可能危及基坑及周边环境安全时，宜采用截水技术。

截水是利用截水帷幕切断基坑外的地下水流入基坑内部。截水可起到防渗漏的作用，截水帷幕的渗透系数宜小于 $1.0 \times 10^{-6} \mathrm{cm/s}$。

落底式竖向截水帷幕应插入不透水层。当地下水层渗透性较强、厚度较大时，可采用悬挂式竖向截水与坑内井点降水相结合或采用悬挂式竖向截水与水平封底相结合的方案。

截水帷幕目前常采用注浆、旋喷法、深层搅拌水泥土挡墙等。

（4）井点回灌技术。

井点回灌技术是为了防止因基坑内降水导致周围地区水位降低，引起邻近建筑物、管线不均匀沉降，导致开裂破坏的技术。

井点回灌是在井点降水的同时，将抽出的地下水，通过回灌井点持续地再灌入地基土层内，使降水井点的影响半径不超过回灌井点的范围。回灌井点以一道隔水帷幕，阻止回灌井点外侧的地下水流失，以保持基坑外地下水位基本不变，从而有效防止井点降水对周围建筑物、地下管线的不利影响。

3. 保证工程质量的作用

（1）防止地下水因渗流而产生流沙、管涌等渗透破坏作用。

（2）消除或减少作用在边坡或坑壁支护结构上的静水压力与渗透力，提高边坡或坑壁支护结构的稳定性。

（3）避免水下作业，使基坑施工能在水位以上进行，为施工提供方便，也有利于提高施工质量。

1.3　检测方法及目标

1.3.1　基坑监测目的

（1）对基坑支护体系及周边环境安全进行有效监护。在深基坑开挖与支护施工过程中，必须在满足支护结构及被支护土体的稳定性，避免破坏和极限状态发生的同时，不产生由于支护结构及被支护土体的过大变形而引起邻近建筑物的倾斜或开裂、邻近管线的渗漏等。

（2）为信息化施工提供依据。通过监测，随时掌握岩土层和支护结构内力、变形的变化情况以及周围环境中各种建筑物、设施的变形情况，将监测数据与设计值进行对比、分析，以判断当前状况是否符合预期要求，确定和优化下一步施工工艺和参数，提供施工技术人员作出正确判断的依据。

（3）为优化设计提供依据。基坑工程监测是验证基坑工程设计的重要方法，可以为动态设计和优化设计提供重要依据。

1.3.2 基坑监测方法和项目

（1）基坑变形监测。主要是测量与基坑支护支撑体系有关的变形量和结构内力。深基坑监测内容和方法见表 1-2。

基坑监测内容一览表　　　　　　　　　　　　　表 1-2

序　号	监测类型	监测内容	检查方法
1		支护桩桩顶水平位移	全站仪（经纬仪）
2		支护桩测斜	测斜仪
3		土体测斜	测斜仪
4	变形	立柱位移	全站仪（经纬仪）、水准仪
5		坑底回弹	水准仪
6		周围地表沉降	水准仪
7		工程桩位移	全站仪（经纬仪）
8		支护桩内力	钢筋应力计
9	内力	支撑轴力	钢筋应力计
10		立柱内力	表面应变计
11	水位	水位监测	水位计（钢尺）

（2）周围环境监测。主要是测量基坑周围环境的变形量，其项目包括：

1）周围建筑物、构筑物沉降和倾斜测量；

2）周边地下管线垂直和平面位移测量；

3）周边地表土体沉降测量；

4）其他项目测量。

1.3.3 基坑监测频率

（1）基坑工程监测频率，应以能系统反映监测对象所测项目的重要变化过程，而又不遗漏其变化时刻为原则。

（2）监测项目，在基坑开挖前应测得初始值，且不应少于两次。

（3）各项监测的时间间隔，可根据施工进程确定。在无数据异常和事故征兆的情况下，开挖后仪器监测频率的确定可参照表 1-3 要求。

现场仪器监测的监测频率表　　　　　　　　　　　　　　　　表 1-3

基坑类别	施工进程		基坑设计开挖深度			
			≤5m	5~10m	10~15m	>15m
一级	开挖深度（m）	≤5	1次/1d	1次/2d	1次2d	1次/2d
		5~10		1次/1d	1次/1d	1次/1d
		>10			2次/1d	2次/1d
	底板浇筑后时间（d）	≤7	1次/1d	1次/1d	2次/1d	2次/1d
		7~14	1次/3d	1次/2d	1次/1d	1次/1d
		14~28	1次/5d	1次/3d	1次/2d	1次/1d
		>28	1次/7d	1次/5d	1次/3d	1次/3d
二级	开挖深度（m）	≤5	1次/2d	1次/2d		
		5~10		1次/1d		
	底板浇筑后时间（d）	≤7	1次/2d	1次/2d		
		7~14	1次/3d	1次/3d		
		14~28	1次/7d	1次/5d		
		>28	1次/10d	1次/10d		

注：1. 当基坑工程等级为三级时，监测频率可视具体情况要求适当降低；
　　2. 基坑工程施工至开挖前的监测频率视具体情况确定；
　　3. 宜测、可测项目的仪器监测频率可视具体情况要求适当降低；
　　4. 有支撑的支护结构各道支撑开始拆除到拆除完成后 3d 内监测频率应为 1次/d。

1.3.4　基坑监测报警

（1）基坑及支护结构监测报警值应根据监测项目、支护结构的特点和基坑等级确定，应符合基坑工程设计的限值、地下主体结构设计要求以及监测对象的控制要求。基坑工程监测报警值由基坑工程设计方确定。

（2）预警值包括两部分内容，即变形速率和累计变形量。

1）变形加速度和变形量小于预警值，则该工程是稳定的。

2）变形加速度和变形量等于预警值，工程进入"定常蠕变"状态，须发出警告。

3）变形加速度和变形量大于预警值，工程进入危险状态，必须立即停工，进行加固。

4）各种监测数据绘制的曲线发生明显转折点或突变点，也应引起重视。

1.4　技　术　前　景

1.4.1　排桩墙

钻孔灌注桩支护墙是排桩式支护结构中应用最多的一种，在我国得到广泛的应用。其多用于坑深 7~15m 的基坑工程，在我国北方土质较好地区已有 8~9m 的悬臂桩支护墙。

1.4.2　地下连续墙

地下连续墙技术起源于欧洲，它是根据凿井和石油钻井所用膨润土泥浆护壁和浇筑水下混凝土工艺应用于工程而发展起来的。1950 年正式在意大利米兰工程中应用，1959 年日本引进此项技术，20 世纪 50~60 年代该项技术在西方发达国家及前苏联得到推广。

国外经过几十年的发展，地下连续墙技术已经相当成熟，其中以日本在此技术上最为发达，已经累计建成了 1500 万 m² 以上，目前地下连续墙的最大开挖深度为 140m，最薄的地下连续墙厚度为 20cm。

我国在 20 世纪 50～60 年代应用于水利工程大坝防渗墙中，70 年代起用于建筑工程。通过开发使用许多新技术、新设备和新材料，现在已经越来越多地用作建筑物结构的一部分或用作地下结构，最近十年更被用于大型的深基坑工程中。到目前为止，全国绝大多数省份都先后应用了此项技术，已建成地下连续墙 120 万～140 万 m^2。将来也是我国地下工程和深基础施工中一种有效的技术。

1.4.3　钢板桩

钢板桩产品按生产工艺划分有冷弯薄壁钢板桩和热轧钢板桩两种类型。国内现在由于生产条件以及规模的限制，热轧钢板桩在国内没有生产线，我国所用的热轧钢板桩均来自国外。常见的热轧钢板桩生产厂家有韩国现代钢厂、日本新日铁钢厂、日本住友钢厂、日本 JFE 钢厂，以及欧美的部分厂家。在工程建设中，冷弯钢板桩应用范围较狭窄，大都作为应用的材料补充，热轧钢板桩一直是工程应用的主导产品。基于钢板桩在施工作业中的诸多优点，国家质量监督检验检疫总局、国家标准化管理委员会于 2007 年 5 月 14 日发布了《热轧 U 型钢板桩》国家标准，并于 2007 年 12 月 1 日正式实施。20 世纪末，马钢有限公司凭借自国外引进万能轧机生产线的工艺装备条件，生产了幅宽为 400mm 的 U 型钢板桩 5000 余吨，并成功应用于嫩江大桥围堰、靖江新世纪造船厂 30 万吨船坞及孟加拉防洪工程等项目。但由于试生产期间生产效率低、经济效益差、国内需求少及技术经验不足等原因，未能持续生产。据统计，目前我国的钢板桩年消耗量保持在 3 万吨左右，仅占全球的 1%，而且仅限于一些港口、码头、船厂建设等永久性工程和建桥围堰、基坑支护等临时性工程。钢板桩在国内基坑支护中还有较大发展空间，将是未来基坑支护的一个方向。图 1-8 为钢板桩施工照片。

钢板桩基坑照片　　　　　　　　　　　　　　　钢板桩节点照片

图 1-8　钢板桩施工照片

1.4.4　基坑监测技术

我国基坑监测技术正处于快速发展时期，从简单的水平位移和沉降监测，到变形的各要素监测。国外智能机器人监测基坑技术已研究成熟。

小结：

基坑支护是一种特殊的结构方式，具有很多功能。不同的支护结构适应于不同的水文地质条件，因此，要根据具体情况，具体问题具体分析，从而选择经济安全适用的支护结构。

2 地基处理与特殊土地基

地基处理是指用于改善支承建筑物的地基承载能力或抗渗能力所采取的工程技术措施。

地基处理工程的设计和施工质量直接关系到建筑物的安全，如处理不当，往往发生工程事故，且事后补救大多比较困难。因此，对地基处理要求实行严格的质量控制，以确保工程质量。

针对不同的工程地质和结构基础形式，结合当地经验做法设计合适的地基处理形式，选择合适的地基处理形式，通过先进适用的地基处理技术，满足施工要求的安全性、经济性、适应性，保证地基处理质量，从而确保建筑物安全十分重要。

2.1 质量问题分析

地基问题引发的工程质量问题，主要是地基承载力不足引起过大的沉降或不均匀沉降导致建筑物倾斜、开裂、结构破坏，甚至倒塌。

2.1.1 软土地基

软土是指在静水和缓慢流水环境中沉积，以黏粒为主并伴有微生物作用的近代沉积物。软土是一种呈软塑到流塑状态，其外观以灰色为主的细土粒，如淤泥和淤泥质土、泥炭土和沼泽土，以及其他高压缩性饱和黏性土、粉土等。其中淤泥和淤泥质土是软土的主要类型。

软土地基具有含水量高、天然孔隙比大、压缩性高、渗透性小、抗剪强度低、固结系数小等不利的工程性质，导致天然地基承载力往往不能满足工程要求。

由于软土层含水量和孔隙比大，压缩性高，抗剪强度低，有一定的触变性和流变性，从而使地基产生不均匀沉降。软土地基的承载力较低，如果不做任何处理，一般不能承受较大的荷载。软土上的建筑可能会因为过大的不均匀沉降而倾斜、开裂、结构破坏甚至倒塌。因此在软土地基上修建建筑物，要求对软土地基进行处理。

软土地基处理中主要的问题是局部地基载力不足或被处理的地基施工质量不达标。

我国软土，按其成因可分为三大类，滨海沉积、内陆平原与山地沉积，按其沉积环境的不同又可分为 7 种类型，详见表 2-1。

软土的类型及特征表 表 2-1

类 型		厚度（m）	特 征	分布概况
滨海沉积	滨海相	6～200	面积广，厚度大，常夹有砂层，极疏松，透水性较强，易于压缩固结	沿海地区
	三角洲相	5～60	分选性差，结构不稳定，粉砂薄层多，有交错层理，不规则尖灭状及透镜体状	
	泻湖相	5～60	颗粒极细，孔隙比大，强度低，常夹有薄层泥炭	
	溺谷相		颗粒极细，孔隙比大，结构疏松，含水量高，分布范围较窄	

类　型		厚度（m）	特　征	分布概况
内陆平原	湖相	5～25	粉土颗占主要成分，层理均匀清晰，泥炭层多是透镜体状，但分布不多，表层多有小于5m的硬壳	洞庭湖、太湖、鄱阳湖、洪泽湖周边
	河床相、河漫滩相、牛轭湖相	<20	成层情况不均匀，以淤泥及软黏土为主，含砂与泥炭夹层	长江中下游、珠江下游及河口、淮河平原、松辽平原
山地沉积	谷地相	<10	呈片状、带状分布，谷底有较大的横向坡，颗粒由山前到谷中心逐渐变细	西南、南方山区或丘陵地区

软土地基具有以下特点：

（1）地基承载力低。

（2）地基的沉降和差异沉降较大。

（3）地基沉降历时长。

软土地基处理的目的主要是改善地基的工程性质，包括改善地基土的变形特性和渗透性，提高其抗剪强度。

2.1.2　湿陷性黄土地基

凡具有遇水下沉特性的黄土，称为湿陷性黄土。由湿陷性黄土构成的地基，称为湿陷性黄土地基。

当湿陷系数值≥0.015时应定为湿陷性黄土。湿陷性黄土是一种非饱和的欠压密土，具有大孔和垂直节理，在天然湿度下，其压缩性较低，强度较高，但遇水浸湿时，土的强度显著降低。在附加压力或在附加压力与土的自重压力下引起的湿陷变形，是一种下沉量大、下沉速度快的失稳性变形，对建筑物危害性大。

湿陷变形是当地基的压缩变形还未稳定或稳定后，建筑物的荷载不改变，而是由于地基受水浸湿引起的附加变形，即湿陷。此附加变形经常是局部和突然发生的，而且很不均匀，尤其是地基受水浸湿初期，一昼夜内往往可产生150～250mm的湿陷量，因而上部结构很难适应和抵抗量大、速率快及不均匀的地基变形，故对建筑物的破坏性大，危害性严重。

我国湿陷性黄土主要分布在山西、陕西、甘肃三省的大部分地区，河南西部和宁夏、青海、河北的部分地区，此外，新疆维吾尔自治区、内蒙古自治区和山东、辽宁、黑龙江等省的局部地区也分布有湿陷性黄土。

防止或减小建筑物地基浸水湿陷的设计措施，可分为地基处理、结构措施和防水措施三种。当地基的变形湿陷压缩或承载力不能满足设计要求时，直接在天然土层上进行建造或仅采取防水措施和结构措施，往往不能保证建筑物的安全与正常使用，应针对不同土质条件和建筑物的类别，在地基压缩层范围内或湿陷性黄土层内采取处理措施，以改善土的物理力学性质，使土的压缩性降低，承载力提高。

地基处理措施可消除地基的全部或部分湿陷量，地基处理措施主要用于改善土的物理力学性质，减小或消除地基的湿陷变形。

在湿陷性黄土场地对地基处理应针对黄土地层的时代、成因，湿陷性黄土层的厚度，湿陷系数、自重湿陷系数和湿陷起始压力随深度的变化，场地湿陷类型和地基湿陷等级的平面分布，变形参数和承载力，地下水等环境水的变化趋势等采取措施。

湿陷性黄土地基处理的主要目的：一是消除其全部湿陷量，使处理后的地基变为非湿陷性黄土地基；二是消除地基的部分湿陷量，控制下部未处理湿陷性黄土层的剩余湿陷量或湿陷起始压力值符合规范的规定数值。

2.1.3　膨胀土地基

膨胀土地基指地基土的黏粒成分中含有较多的强亲水性矿物，并具有一定膨胀势能的地基。膨胀土主要分布在黄河流域及西南诸省。膨胀土裂隙发育，呈半坚硬状态，易给人以良好地基的假象。1938 年发现轻型砖砌房屋大量破坏以后，这种现象才引起岩土工程界的注意。

膨胀土的胀缩特牲、裂隙性、超固结性是其主要特征。引起膨胀的主要物质是蒙脱石，它具有较大的比表面积及阳离子交换量，在与水相互作用过程中，能吸水引起粒间膨胀及矿物晶体膨胀。膨胀后的土体强度急骤降低、膨胀势能减弱。遇有蒸发可能时，土的含水量也减少，体积随之收缩，吸附能力增加。膨胀—收缩—再膨胀的反复可逆变形特性是膨胀土与其他土的基本区别。

（1）膨胀土的主要特征：

1）粒度组成中黏粒（$<2\mu m$）含量大于 30%；

2）黏土矿物成分中，伊利石—蒙脱石等强亲水性矿物占主导地位；

3）土体湿度增高时，体积膨胀并形成膨胀压力；土体干燥失水时，体积收缩并形成收缩裂缝；

4）膨胀、收缩变形可随环境变化往复发生，导致土的强度衰减；

5）属液限大于 40% 的高塑性土；

6）属超固结性黏土。

膨胀土的工程性质极差，因而常常对各类工程建设造成巨大的危害。在工程建设中，膨胀土作为建筑物的地基常会引起建筑物的开裂、倾斜而破坏；作为堤坝的建筑材料，可能在堤坝表面产生滑动；作为开挖介质时则可能在开挖体边坡产生滑坡失稳现象。我国铁路部门在总结膨胀土地区修建铁路时，有"逢堑必滑，无堤不塌"的说法。据估算，在 20 世纪 80 年代以前，我国每年因膨胀土造成的各类工程建筑物破坏的损失在数亿元以上。膨胀土对工程建设的危害往往具多发性、反复性和长期潜在性。

根据膨胀土地基已建房屋调查，排架结构、高耸结构和三层以上的砌体结构都比较完好，变形幅度也小；在三层及三层以下的砖石结构中，以一层房屋损坏较严重，二层次之，三层又次之；坡地上的房屋损坏又比平坦地形上的重。

针对这种情况，目前，所采取的主要措施偏重于减少变形幅度及其差异变形。具体做法为：①适当增加基础埋深和增大基底压力，以限制其膨胀变形幅度，如：独立基础（基础）、桩基础、换土垫层（换土法）等。②稳定地基土含水量，减少蒸发量，控制下沉。各种保湿措施都属此类，其中常用的有：用松散材料做垫层的宽散水，在缓坡地带采用低挡墙以减少坡面蒸发，以及在房屋四周种草植树等。③增加墙体强度，如增设圈梁或墙体配筋等。

这些方法只有根据各地的实际情况选用，才能收到较好的技术和经济效益。

（2）防治措施：

1）对于有热源的设备基础，如隧道窑和均热炉等，要防止热量传入地下以减少收缩下沉，常用的有效方法是在基础中增设通风层，用通风装置及时排出热空气。地坪隆起与开裂是普遍存在的现象，解决的方法是大量换土或做架空地板。但由于费用较大，这种方法目前仅在修建工业厂房时采用。

2）膨胀土属于易产生浅层滑动的特殊土，因此，治坡是保证建筑安全的首要措施。膨胀土边坡稳定角较低，一般为 $11°\sim14°$，层状土质边坡稳定角还需由层面与坡面的变角确定。过去对该特性缺乏认识，由坡体蠕动引起的房屋损坏事故很多。因此，在处理时应先作好整体规划，防止大挖大填；施工时做好场区排水及抗滑挡墙，挡墙背后宜填非膨胀土，以减少膨胀压力。

2.1.4　冻胀性土地基

1. 冻土的定义、分类及危害

（1）冻土的定义：温度为 $0℃$ 或负温，含有冰且与土颗粒呈胶结状态的土，称为冻土。

（2）冻土的分类：根据冻土冻结延续时间，可分为季节性冻土和多年冻土两大类。土层冬季冻结，夏季全部融化，冻结延续时间一般不超过一个季节，称为季节性冻土层，其下边界线称为冻深线或冻结线；土层冻结延续时间在三年或三年以上，称为多年冻土。

（3）冻土的分布：季节性冻土在我国分布很广，东北、华北、西北是季节性冻结层厚 $0.5m$ 以上的主要分布地区；多年冻土主要分布在黑龙江的大小兴安岭一带、内蒙古纬度较大地区，青藏高原部分地区与甘肃、新疆的高山区，其厚度从不足 $1m$ 到几十米。

（4）冻土的危害：冻结状态，特别是地下水位较高的地区，对地基土尤其不利，冻结产生冻胀变形，气温回升解冻融化，易产生沉降变形，反复冻胀地基易引起基础工程下沉或变形过大、地下室裂缝和渗漏、墙体裂缝和外墙渗漏、钢筋混凝土现浇楼（屋）面板裂缝、楼地面渗漏、钢筋混凝土现浇屋面渗漏等破坏。

2. 季节性冻土基础工程

土的冻胀由于侧向和下面有土体的约束，主要反映在体积向上的增量上（隆胀），季节性冻土地区建筑物的破坏很多是由于地基土冻胀造成的。

对季节性冻土按冻胀变形量大小，结合对建筑物的危害程度分为五类，以野外冻胀观测得出的冻胀系数 K_d 为分类标准：

Ⅰ类不冻胀土：$K_d \leqslant 1\%$，冻结时基本无水分迁移，冻胀变形很小，对各种浅埋基础无任何危害。

Ⅱ类弱冻胀土：$1\% < K_d \leqslant 3.5\%$，冻结时水分迁移很少，地表无明显冻胀隆起，对一般浅埋基础也无危害。

Ⅲ类冻胀土：$3.5\% < K_d \leqslant 6\%$，冻结时水分有较多迁移，形成冰夹层，如建筑物自重轻、基础埋置过浅，会产生较大的冻胀变形，冻深大时会由于切向冻胀力而使基础上拔。

Ⅳ类强冻胀土：$6\% < K_d \leqslant 13\%$，冻结时水分大量迁移，形成较厚冰夹层，冻胀严重，即使基础埋深超过冻结线，也可能由于切向冻胀力而上拔。

Ⅴ类特强冻胀土 $K_d > 13\%$，冻胀量很大，是使桥梁基础冻胀上拔破坏的主要原因。

3. 多年冻土地区基础工程

多年冻土的融沉性是评价其工程性质的重要指标，可用融化下沉系数 A 作为分级的直接控制指标。

Ⅰ级（不融沉）：A<1％，是仅次于岩石的地基土，在其上修筑建筑物时可不考虑冻融问题。

Ⅱ级（弱融沉）：1％≤A<5％，是多年冻土中较好的地基土，可直接作为建筑物的地基，当控制基底最大融化深度在3m以内时，建筑物不会遭受明显融沉破坏。

Ⅲ级（融沉）：5％≤A<10％，具有较大的融化下沉量而且冬季回冻时有较大冻胀量。作为地基的一般基底融深不得大于1m，并采取专门措施，如深基、保温防止基底融化等。

Ⅳ级（强融沉）：10％≤A<25％，融化下沉量很大，因此施工、运营时内不允许地基发生融化，设计时应保持冻土不融或采用桩基础。

Ⅴ级（融陷）：A≥25％，为含土冰层，融化后呈流动、饱和状态，不能直接作为地基，应进行专门处理。

2.1.5　其他地基

（1）局部处理地基。包括松土坑，废弃的土井、砖井、废矿井，废弃的人防工程、管道、障碍物，古墓、坑穴等地基。存在的主要质量问题是局部地基与周边地基存在较大承载力差异，易引起结构开裂、倒塌等，如果处理不当或回填不够密实，上部局部结构受力过大，引起结构开裂和倒塌等。

（2）山区地基。一是软硬基础（包括孤石），基础一部分在基岩或硬土层上，另一部分在软土层上，软土层厚度不一的斜坡地基，基础一部分在自然土层上，另一部分在回填土层上等地基；二是裂隙、软弱下卧层地基、断裂带地基等地基，存在的主要质量问题是地基承载力存在较大差异，易引起结构开裂、水平位移和倒塌等。

（3）溶洞、溶沟、溶槽、石芽、石林地基。在有埋藏石灰岩、硫酸岩类岩石地基，岩体受地表水的长期溶蚀作用形成石芽（石笋）、石林，中间多被黏土填充；在有溶洞、溶沟、溶槽等地基上建造建筑物，在岩体自重和建筑物重量作用下，会发生地面变形，地基塌陷，影响建筑场地或地基可能出现涌水淹没等突然事故。

（4）古河道、古湖泊地基。年代较近，经过长期大气降水及自然沉积，土质结构较松散，含水量较大，含较多碎块、有机物等使土的承载力不足的地基，如不处理，会发生地面变形，地基塌陷，影响建筑场地或地基可能出现结构开裂，甚至破坏等事故。

2.2　先进适用技术

天然地基不能满足上部结构对地基承载力和变形要求时，需对天然地基进行人工处理。

地基处理主要分为基础工程措施和岩土加固措施。有的工程，不改变地基的工程性质，而只采取基础工程措施；有的工程还同时对地基土和岩石加固，以改善其工程性质。选定适当的基础形式，不需改变地基的工程性质就可满足要求的地基，称为天然地基；反之，已进行加固后的地基，称为人工地基。地基处理工程的设计和施工质量直接关系到建筑物的安全，如处理不当，往往发生工程事故，且事后补救大多比较困难。因此，对地基处理要采用先进适用的技术，实行严格的质量控制，以确保工程质量。

2.2.1　特殊土地基处理技术

1. 软土地基处理方法

软土地基处理有许多方法，如桩基法、换土法、挤压法、排水固结法、深层搅拌桩法等。各种方法都有各自的特点和作用机理。对于每一个工程都必须进行综合考虑，通过几种可能采用的地基处理方案的比较，选择一种技术可靠、经济合理、施工可行的方案，既可以是单一的地基处理方法，也可以是多种地基处理方法的综合。

2. 湿陷性黄土地基处理方法

应根据建筑物的类别和湿陷性黄土的特性，并考虑施工设备、施工进度、材料来源和当地环境等因素，经技术经济综合分析比较后确定。湿陷性黄土地基常用的处理方法，可按表 2-2 选择其中一种或多种相结合的最佳处理方法。

湿陷性黄土地基常用的处理方法表　　　　　　　　　表 2-2

名　称	适用范围	可处理的湿陷性黄土层厚度（m）
垫层法	地下水位以上，局部或整片处理	1～3
强夯法	地下水位以上，饱和度≤60%的湿陷性黄土，局部或整片处理	3～12
挤密法	地下水位以上，饱和度≤65%的湿陷性黄土	5～15
预浸水法	自重湿陷性黄土场地，地基湿陷等级为Ⅲ级或Ⅳ级，可消除地下6m以下湿陷性黄土层的全部湿陷性	6m以上尚应采用垫层或其他方法处理
其他方法	经试验研究或工程实践证明行之有效的方法	

3. 膨胀土地基处理方法

基于对膨胀土工程性质的研究和大量工程实践经验的总结，国内外膨胀土地基加固技术也在逐步发展，主要有以下方法：

（1）换土法。用非膨胀土将膨胀土换掉，是一种简易可靠的办法，但对于大面积的膨胀土分布地区显得不经济，且生态环境效益差。

（2）全封闭法（外包式路堤）。该法又称包盖法。在堤心部位填膨胀土，用非膨胀土来包盖堤身。包盖土层厚不小于 1m，并要把包盖土拍紧，将膨胀土封闭，其目的也是限制堤内膨胀土温度变化。但边坡处往往是施工碾压的薄弱部位。如果封闭土层与路堤土一道分层填筑压实，并达到同样的压实度，则处理效果会更好一些，但在实际施工中很难做到。

（3）化学处理法（改性处理）。在膨胀土中掺石灰、水泥、粉煤灰、氯化钙和磷酸等。通过土与掺入剂之间的化学反应，改变土体的膨胀性，提高其强度，达到稳定的目的。国内外大量试验表明，掺石灰的效果最好，由于石灰是一种较廉价的建筑材料，用于改良膨胀土较掺其他材料经济，是公路路基设计规范所提倡的方法。但因膨胀土天然含水量常较大，土中黏粒含量多，易结块，要将大土块打碎后再与石灰搅匀，施工中大面积采用有一定难度。此外，掺拌石灰施工时易扬尘（尤其掺生石灰），造成一定环境污染。

（4）土工格网加固法。土工格网加固法是受加筋土技术用于解决土体稳定加固路基边坡成功的实践所启示，近年来才开始采用的一种新方法。通过在膨胀土路堤施工中分层水平铺格网，充分利用土工网与填土间的摩擦力和咬合力，增大土体抗剪强度，约束膨胀土的膨胀变形，达到稳定路基的目的。由于膨胀土路堤的风化作用深度一般在 2m 以内，所以土中加网长度只需在边坡表面一定范围内，施工方便。同时，土中加网后可采用较陡的边坡坡率，比正常路堤填筑节省用地，技术和经济效果均好，是一种值得采用和推广的方法。

4. 冻胀性土地基处理方法

（1）季节性冻土地区地基处理方法：目前多从减少冻胀力和改善周围冻土的冻胀性来防治冻胀。

① 基础四侧换土，采用较纯净的砂、砂砾石等粗颗粒土换填基础四周冻土，填土夯实。

② 改善基础侧表面平滑度，基础必须浇筑密实，具有平滑表面。基础侧面在冻土范围内还可用工业凡士林、渣油等涂刷以减少切向冻胀力。对桩基础也可用混凝土套管来减除切向冻胀力。

③ 选用抗冻胀性基础，改变基础断面形状，利用冻胀反力的自锚作用增加基础抗冻拔的能力。

（2）多年冻土地区地基处理方法：

① 换填基底土　对采用融化原则的基底土可换填碎、卵、砾石或粗砂等，换填深度可到季节融化深度或到受压层深度。

② 选择好施工季节，采用保持冻结原则时基础宜在冬期施工；采用融化原则时，最好在夏季施工。

③ 选择好基础形式，对融沉、强融沉土宜用轻型墩台，适当增大基底面积，减少压应力，或结合具体情况，加深基础埋置深度。

④ 注意隔热措施，采取保持冻结原则时施工中注意保护地表上覆盖植被，或以保温性能较好的材料铺盖地表，减少热渗入量。施工和养护中，保证建筑物周围排水通畅，防止地表水灌入基坑内。

⑤ 如抗冻胀稳定性不够，可在季节融化层范围内，按前述介绍的防冻胀措施处理。

2.2.2　换填地基技术

1. 换土垫层法设计技术

（1）换土垫层法的原理。换土垫层法是将基础下一定深度内的软弱土层挖去，回填强度较高的砂、碎石或灰土等，并夯至密实的一种地基处理方法。

常用的垫层有：砂垫层、砂卵石垫层、碎石垫层、灰土或素土垫层、煤渣垫层、矿渣垫层以及用其他性能稳定、无侵蚀性的材料的垫层等。

（2）换土垫层法的作用：

① 提高浅层地基承载力。因地基中的剪切破坏从基础底面开始，随应力的增大而向纵深发展。故以抗剪强度较高的砂或其他建筑材料置换基础下较弱的土层，可避免地基的破坏。

② 减少沉降量。一般浅层地基的沉降量占总沉降量比例较大。加以密实砂或其他填筑材料代替上层软弱土层，就可以减少这部分的沉降量。由于砂层或其他垫层对应力的扩散作用，使作用在下卧层土上的压力减小，这样也会相应减少下卧层土的沉降量。

③ 加速软弱土层的排水固结。砂垫层和砂石垫层等垫层材料透水性强，软弱土层受压后，垫层可作为良好的排水面，使基础下面的孔隙水压力迅速消散，加速垫层下软弱土层的固结和提高其强度，避免地基发生塑性破坏。

④ 防止冻胀。因为粗颗粒的垫层材料缝隙大，不易产生毛细管现象，因此可以防止寒冷地区土中结冰所造成的冻胀。

⑤ 消除膨胀土的胀缩作用。

（3）垫层的设计要点。垫层的设计不但要满足建筑物对地基变形及稳定性的要求，而且应符合经济合理的原则。其设计内容主要是确定断面的合理厚度和宽度。对于垫层，既要求有足够的厚度来置换可能被剪切破坏的软弱土层，又要有足够的宽度以防止垫层向两侧挤出。

① 垫层厚度 z 的确定

$$p_z + p_{cz} \leqslant f_{az} \tag{2-1}$$

式中　f_{az}——垫层底面处经深度修正后的地基承载力特征值（kPa）；

　　　p_{cz}——垫层底面处土的自重压力值（kPa）；

　　　p_z——相应于作用的标准组合时，垫层底面处的附加压力值（kPa）。

② 垫层宽度的确定

垫层的宽度除要满足应力扩散的要求外，还应防止垫层向两边挤动。如果垫层宽度不足，四周侧面土质又较软弱时，垫层就有可能部分挤入侧面软弱土中，使基础沉降增大。宽度计算通常可按扩散角法，垫层宽度 b' 应为：

$$b' \geqslant b + 2z \cdot \tan\theta \tag{2-2}$$

2. 开挖换土施工技术

当采用挖掘机械铲除软土层厚后换填好土、分层压实的方法，称为开挖换土法。

根据换土范围大小可分为全部挖除换土法和局部挖除换土法。前者把软土层全部铲除换以好土，适用于软土层厚度小于 2m 的地基；后者适用于软弱层较厚，特别是上部软土层较下部软土层强度低得多，有可能发生滑动破坏或沉降量过大等情况的地基。

施工要点：

（1）选择良好的填料：应选择强度较大、性能稳定的填料。当软土地基中地下水位较高时，应选择具有良好排水性能的砂、砂砾等粗粒料作为填料，以便处于地下水位以下的地基仍能保持有足够的承载力。

（2）开挖边坡的坡度：应根据开挖深度与土的抗剪强度确定合理的边坡坡度。开挖时用水泵排水，防止边坡坍塌破坏，增加不必要的挖方量。若有不需要压实的良好的填料时，以不排水为宜。填料应及时运进，随挖随填，防止挖方边坡坍塌。

3. 强制换土施工技术

该技术是指把好土直接铺撒在软土地基表层，靠土的自重将软土挤向周围，从而换上好土的施工方法，也叫做挤出换土法。这种方法对于薄软土层特别有效，对于厚软土层，视工程种类及加固目的，有时也仍然是一种有效、经济的方法。

施工时，应从路中心线逐渐向两侧填筑。当软土的挤出受阻时，应及时除去路堤两侧隆起的土，同时在路堤上面加载超压。应当注意，对于宽路堤，由于软土厚度不一致，若在路堤下面残留部分软土，完工后会产生不利的不均匀沉降。

4. 爆破换土技术

爆破换土法是把炸药装入软土层，通过爆破作用将软土挤出的方法。

这种方法对周围影响很大，只限于爆破对周围构造物或设施没有不良影响的地区使用，并且一般要通过几次爆破使路堤逐渐下沉，两侧挤出隆起的软土要及时挖除，保证爆破效果不致降低。

2.2.3 强夯地基技术

1. 强夯法

（1）定义。

强夯法是一种快速加固软基的方法，将很重的锤提起从高处自由落下，以冲击荷载夯实软弱土层，使地基受冲击力和振动，土层被强制压密，从而提高地基土强度，降低土层的压缩性，以达到地基加固的目的。

（2）优点。

强夯法施工设备简单，不需要加固材料，费用低，周期短。

（3）适用范围。

强夯法适用于处理碎石土、砂土、非饱和细粒土、湿陷性黄土、素填土和杂填土等地基的处理，对含有良好透水性夹层的饱和细粒土地基应通过试验后采用。软土的饱和度接近1，不宜单独使用强夯法，但在有些地区，软土中夹多层粉砂，为夯击时高孔隙水压力的消散提供了条件，成功的实例也不少见，所以，采用这种方法首先应考虑地层构造。

（4）设计计算。

强夯法的有效加固深度应根据现场试夯或当地经验确定。在初步设计时，可按式（2-3）估算；在缺少试验资料或经验时，也可根据国家现行标准《建筑地基处理技术规范》（JGJ79）和《湿陷性黄土地区建筑规范》（GB 50025）有关规定预估。

$$h = \alpha \sqrt{WH} \tag{2-3}$$

式中　h——有效加固深度（m）；

　　　W——锤的质量（t）；

　　　H——落距（m）；

　　　α——有效加固深度修正系数，与土质、含水率、锤型、锤底面积、工艺和设计标准等多种因素有关。

（5）施工。

一般情况下夯锤重可取 10～20t。其底面形式宜采用圆形。锤底面积宜按土的性质确定，锤底静压力值可取 25～40kPa，对于细颗粒土锤底静压力宜取小值。锤的底面宜对称设若干个与其顶面贯通的排气孔，孔径可取 250～300mm。

强夯施工宜采用带自动脱钩装置的履带式起重机或其他专用设备。采用履带式起重机时，可在臂杆端部设置辅助门架，或采取其他安全措施，防止落锤时机架倾覆。

当地下水位较高，夯坑底积水影响施工时，宜采用人工降低地下水位或铺填一定厚度的松散性材料。夯坑内或场地积水应及时排除。

强夯施工前，应查明场地内范围的地下构筑物和各种地下管线的位置及标高等，并采取必要防护的措施，以免因强夯施工而造成破坏。

当强夯施工所产生的振动，对邻近建筑物或设备产生产生有害的影响时，应采取防振或隔振措施。

强夯施工可按下列步骤进行：

1）清理并平整施工场地；

2）标出第一遍夯点位置，并测量场地高程；

3）起重机就位，使夯锤对准夯点位置；

4）测量夯前锤顶高程；

5）将夯锤起吊到预定高度，待夯锤脱钩自由下落后，放下吊钩，测量锤顶高程，若发现因坑底倾斜而造成夯锤歪斜时，应及时将坑底整平；

6）按设计规定的夯击次数及控制标准，完成一个夯点的夯击；

重复步骤3）～6），完成第一遍全部夯点的夯击；

7）用推土机将夯坑填平，并测量场地高程；

8）在规定的时间间隔后，按上述步骤逐次完成全部夯击遍数，最后用低能量满夯，将场地表层松土夯实，并测量夯后场地高程。

强夯施工过程中应有专人负责下列监测工作：

1）开夯前应检查夯锤重和落距，以确保单击夯击能量符合设计要求；

2）在每遍夯击前，应对夯点放线进行复核，夯完后检查夯坑位置，发现偏差和漏夯应及时纠正；

3）按设计要求检查每个夯点的夯击次数和夯沉量。

施工过程中应对各项参数及施工情况进行详细记录。

（6）质量检验。

1）检查强夯施工过程中的各项测试数据和施工记录，不符合设计要求时应补夯和采取其他有效措施。

2）强夯施工结束后应间隔一定时间方能对地基质量进行检验。对于碎石土和砂土地基，其间隔可取1～2周；低饱和度的粉土和黏性土地基可取2～4周。

3）质量检验的方法，应根据土性选用原位测试和室内土工试验。对于一般工程应采取两种或两种以上的方法进行检验；对于重要工程项目应增加检验项目，也可做现场大压板载荷试验。

4）质量检验的数量，应根据场地复杂程度和建筑的重要性确定。对于简单场地上的一般建筑物，每个建筑物地基的检验点不应少于3处；对于复杂场地或重要建筑物地基应增加检验点数。检验深度应不小于设计处理的深度。

2. 强夯置换法

（1）定义。

用起重机械将夯锤提升到一定高度，自由落锤，以重锤自由下落的冲击能来夯实浅层地基和垫层填土。

（2）作用。

可提高地基表层土的强度，降低地表的湿陷性并减少表层土强度的不均匀性。

（3）适用范围。

强夯置换法适用于处理高饱和度的粉土与软塑状的淤泥、淤泥质土、黏性土等地基，用于对变形控制要求不严的工程中。

（4）设计计算。

强夯置换地基的变形计算，应符合现行国家标准《建筑地基基础设计规范》（GB 50007）的有关规定。复合土层的压缩模量可按下式计算：

$$E_{sp} = [1 + m(n-1)]E_s \tag{2-4}$$

式中 E_{sp}——复合土层压缩模量（MPa）；

      E_s——桩间土压缩模量（MPa），宜按当地经验取值，如无经验时，可取天然地基压缩模量；

      m——面积置换率；

      n——桩土应力比，在无实测资料时，对黏性土可取 $2\sim4$，对粉土可取 $1.5\sim3$，原土强度低取大值，原土强度高取小值。

（5）施工要求。

墩体材料可用级配良好的块石、碎石、矿渣、建筑垃圾等坚硬粗颗粒材料；一般是以锤底直径为 $1\sim1.5$m，质量为 1.5t 或稍重的重锤，从落高 $2.5\sim4.5$m 处落下，夯实地基。

（6）质量检验。

质量检验的方法，应根据土性选用原位测试和室内土工试验。承载力检验除采用单墩载荷试验检验外，还应采用动力触探等有效手段查明置换墩着底情况及承载力与密度随深度的变化。

2.2.4　预压地基技术

预压法是在排水系统和加压系统的相互配合作用下，使地基土中的孔隙水排出，有效应力增加达到硬化固结的目的。其基本做法是：先将加固范围内的植被和表土清除，上铺砂垫层；然后垂直下插塑料排水板，砂垫层中横向布置排水管，用以改善加固地基的排水条件；再在砂垫层上铺设密封膜，用真空泵将密封膜以内的地基气压抽至 80kPa 以上。该方法加固时间长，抽真空处理范围有限，适用于工期要求较宽的淤泥或淤泥质土地基处理。流变特性很强的软黏土、泥炭土不宜采用此法。

1. 真空预压法

（1）定义。

真空预压法是在黏土层上铺设砂垫层，然后用薄膜密封砂垫层，用真空泵对砂垫层及砂井抽气，使地下水位降低，同时在大气压力作用下加速地基固结。

（2）适用范围。

适用于能在加固区形成（包括采取措施后形成）稳定负压边界条件的软土地基。

（3）优点：

①工期短，真空预压抽气时无须控制加荷速率，可一次加上而不必担心地基失稳，排水固结速度快，故可缩短工期。

②不需大量预压材料，施工机具设备简单，且可重复使用，因而费用相对低廉。

③加固效果显著，真空预压不仅沉降大、均匀，而且侧向位移向着预压区中心，不像堆载预压那样侧向挤出、隆起。所以真空预压的地基比堆载预压的地基密实度大，此法特别适用于加固超软地基。

（4）机理。

由于软土渗透性小，首先在需要加固的地基上设垂直排水通道，排水通道可采用袋装砂井或塑料排水板等，在其上铺设排水垫层，然后在垫层上铺设密封膜，并使其四周埋设于地下水位以下，使之与大气隔离。最后采用抽真空泵降低被加固地基内孔隙水压力，使其地基内有效应力增加，从而使土体得到加固。

（5）施工：

1）施工设备和材料。施工设备包括真空泵和一套膜内、膜外管路。要求真空设备具有效率高，能持续运转，重量轻，结构简单，便于维修等特点。密封材料一般采用聚氯乙烯薄膜或线性聚乙烯等专用薄膜。

2）施工顺序如下：

① 设置排水通道：在软基表面铺设砂垫层和在土体中埋设袋装砂井或塑料排水板。

② 铺设膜下管道：将真空滤管埋入软基表面的砂垫层中。

③ 铺设封闭薄膜：在加固区四周开挖深达 0.8～0.9m 的沟槽，铺上塑料薄膜，薄膜四周放入沟槽，将挖出的黏性土填回沟槽，封闭薄膜。

④ 连接膜上管道及抽真空装置：膜上管道的一端与串膜装置相连，另一端连接真空装置。主管与薄膜连接处必须处理好，保证密封，以保持气密性。

⑤ 打开真空泵正式抽气，施加真空荷载，测读真空度和沉降值，进行加载预压。

⑥ 沉降记录达到设计值，即可停止抽气，加载预压结束。

2. 堆载预压法

在建造建筑物以前，通过临时堆填土石等方法对地基加载预压，达到预先完成部分或大部分地基沉降，并通过地基土固结提高地基承载力，然后撤除荷载，再建造建筑物。

临时预压堆载一般等于建筑物的荷载，但为了减少由于次固结而产生的沉降，预压荷载也可大于建筑物，利用填土本身的自重加压就是在未经预压的天然软土地基上直接填土压实。此法适用于以地基的稳定性为控制条件，能适应较大变形的建筑物，如路堤、土坝、贮矿场、油罐、水池等。

这一方法经济有效，但要注意加荷速率与地基土强度的适应性，工程上应严格控制加载速率，逐层填筑的方法以确保路基的稳定。在每级荷载作用下，待地基土强度提高后，才进行下一步填土压实，分阶段依次进行。

为了加速堆载预压地基固结速度，常可与砂井法或塑料排水带法等同时应用。堆载预压的材料一般以砂石料和砖等不污染环境的散体材料为主。大面积施工时通常采用自卸汽车与推土机联合作业，对超软土地基的堆载施工，第一级荷载宜用轻型机械或人工作业。

3. 砂井法（包括袋装砂井、塑料排水带等）

在软黏土地基中，设置一系列砂井，在砂井之上铺设砂垫层或砂沟，人为地增加土层固结排水通道，缩短排水距离，从而加速固结，并加速强度增长。砂井法通常辅以堆载预压，称为砂井堆载预压法。

砂井法适用于透水性低的软弱黏性土，但对于泥炭土等有机质沉积物不适用。

4. 真空-堆载联合预压法

当真空预压达不到要求的预压荷载时，可与堆载预压联合使用，其堆载预压荷载和真空预压荷载可叠加计算。

此法适用于软黏土地基。

2.2.5　振冲地基技术

1. 定义

振冲法是以起重机吊起振冲器，启动潜水电动机后带动偏心块，使振冲器产生高频振动，同时开启水泵，由喷嘴喷射高压水流，在边振边冲的联合作用下，将振冲器沉入到土中预定深度，经过清孔后，即可从地面向孔内逐段填入碎石，每段填料均在振动影响下被振密挤实，达到要求的密实度后即可提升振冲器，如此重复填料和振密，直到地面，从而在地基中形成一个大直径的密实桩体，即桩体与土组成复合地基。在中、粗砂层中进行振冲，由于周围砂料能自行塌入孔内，也可以采用不加填料进行原地振冲，对周围土进行加密的方法。这种方法适用于较纯净的中、粗砂层，施工简便，加密效果好。

2. 适用范围

振冲法适用于处理砂土、粉土、粉质黏土、素填土和杂填土等地基。对于处理不排水抗剪强度小于20kPa的饱和黏性土和饱和黄土地基，应在施工前通过现场试验确定其适用性，因为如果桩周土强度过低，当其不排水抗剪强度小于20kPa时，将导致土的侧向约束力始终不能平衡由于填料挤入孔壁产生的作用力，就始终不能形成桩体，则不宜采用本法。不加填料振冲加密适用于处理黏粒含量不大于10%的中砂、粗砂地基，因为在中、粗砂层中进行振冲，由于周围砂料能自行塌入孔内，可以进行原地振冲，对周围土进行加密。

3. 加固机理

根据土质条件的不同，振冲法加固地基主要有以下几个作用。

(1) 置换作用。对于中细砂、粉土和软弱黏性土采用振冲法加固时，通过在地基中重复填料和振密，从而在地基中形成一个大直径的密实桩体。所形成的桩体与土组成复合地基。此时桩体主要起置换作用。

(2) 挤密作用。对中细砂和粉土除置换作用外还有振实挤密作用，在这几类土中施工都要在振冲孔内加填碎石，制成密实振冲桩，而桩间土则受到不同程度的挤密振密，桩和桩间土构成复合地基，使地基承载力提高，变形减少，并可消除土层液化。

(3) 振密作用。在中、粗砂层中振冲，由于周围砂料能自行塌入孔内，并在振冲器的水平振动下，振冲器的强力振动可使饱和砂层发生液化，砂土颗粒重新排列，空隙减小，桩位上及桩间土产生振动密实，从而提高承载力，变形减少，并可消除土层的液化。但当振冲器振动加速度过大时，反而不利于土体变密，甚至砂土发生剪胀，此时砂土不但不变密，反而会由密变松。

(4) 加速固结作用。对细颗粒土含量较多的地基，采用加填充料在地基土中形成碎石桩，由于碎石具有良好的透水性，可加速软土的排水固结，从而增大地基土的强度，提高软土地基的承载力。同时，由于存在排水通道，还可有效消散地震作用等振动引起的超静孔隙水压力，减轻液化现象。

4. 设计

振冲法处理设计目前还处在半理论半经验状态，这是因为一些计算方法都还不够成熟，某些设计参数也只能凭工程经验选定。因此，对大型的、重要的或场地地层复杂的工程，在正式施工前应通过现场试验确定其适用性，并评价其处理效果。不加填料振冲加密宜在初步设计阶段进行现场工艺试验，确定不加填料振密的可能性、孔距、振密电流值、振冲水压力、振后砂层的物理力学指标等。

(1) 处理范围。

振冲桩处理范围应根据建筑物的重要性和场地条件确定，当用于多层建筑和高层建筑时，宜在基础外缘扩大1~2排桩。当要求消除地基液化时，在基础外缘扩大宽度不应小于基底下可液化土层厚度的 1/2。

(2) 桩位布置。

对大面积满堂基础，宜用等边三角形布置；对单独基础或条形基础，宜用正方形、矩形或等腰三角形布置。

(3) 桩距。

振冲桩的间距应根据上部结构荷载大小和场地土层情况，并结合所采用的振冲器功率大小综合考虑。30kW 振冲器布桩间距可采用 1.3～2.0m；55kW 振冲器布桩间距可采用 1.4～2.5m；75kW 振冲器布桩间距可采用 1.5～3.0m。荷载大或对黏性土宜采用较小的间距，荷载小或对砂土宜采用较大的间距。当采用不加填料振冲加密时，孔距可为 2～3m，宜用等边三角形布置。

(4) 桩长。

相对硬层埋深不大时，应按相对硬层埋深确定；当相对硬层埋深较大时，按建筑物地基变形允许值确定；在可液化地基中，桩长应按要求的抗震处理深度确定。桩长不宜小于4m。不加填料振冲加密时，用 30kW 振冲器振密深度不宜超过 7m，75kW 振冲器不宜超过 15m。

(5) 桩体材料。

桩体材料可用含泥量不大于 5% 的碎石、卵石、矿渣等硬质材料。不宜使用风化易碎的石料。常用的填料粒径为：30kW 振冲器 20～80mm；55kW 振冲器 30～100mm；75kW 振冲器 40～150mm。此外，在桩顶和基础之间宜铺设一层 300～500mm 厚的碎石垫层。碎石垫层起水平排水的作用，有利于施工后土层加快固结，更大的作用在碎石桩顶部采用碎石垫层可以起到明显的应力扩散作用，降低碎石桩和桩周围土的附加应力，减少碎石桩侧向变形，从而提高复合地基承载力，减少地基变形量。在大面积振冲处理的地基中，如局部基础下有较薄的软土，应考虑加大垫层厚度。

(6) 承载力计算。

振冲桩形成的复合地基的承载力标准值应按现场复合地基载荷试验确定，初步设计时，也可用单桩和处理后桩间土的承载力特征值，按下式估算：

$$f_{spk} = mf_{pk} + (1-m)f_{sk} \tag{2-5}$$

式中　f_{spk}——振冲桩复合地基承载力特征值 (kPa)；

　　　f_{pk}——桩体承载力特征值 (kPa)，宜通过单桩载荷试验确定；

　　　f_{sk}——处理后桩间土承载力特征值 (kPa)，宜按当地经验取值，如无经验时可取天然地基承载力特征值 f_{ak}；

　　　m——桩土面积置换率。

对小型工程的黏性土地基如无现场载荷试验资料，初步设计时，复合地基的承载力特征值也可按下式估算：

$$f_{spk} = [1 + m(n-1)]f_{sk} \tag{2-6}$$

式中　n——桩土应力比，在无实测资料时可取 2～4，原土强度低取大值，原土强度高取小值。

不加填料振冲加密地基承载力特征值应通过现场载荷试验确定，初步设计时也可根据加密后原位测试指标按现行国家标准《建筑地基基础设计规范》（GB 50007）的有关规定确定。

（7）沉降计算。

地基在处理后的变形计算应按现行国家标准《建筑地基基础设计规范》（GB 50007）的有关规定执行。桩长范围内可将桩与桩间土视为一复合土层，采用复合土层的压缩模量来表示其平均压缩性，并可按下式计算：

$$E_{sp} = [1 + m(n-1)]E_s \qquad (2-7)$$

式中　E_{sp}——复合土层的压缩模量（MPa）；

E_s——桩间土的压缩模量（MPa），宜按当地经验取值，如无经验时，可取天然地基压缩模量；

n——桩土应力比，在无实测资料时，对黏性土可取 2～4，对粉土和砂土可取 1.5～3，原土强度低取大值，原土强度高取小值。

5. 施工

（1）施工机具。

振冲桩施工主要机具是振冲器、操作振冲器的起重机和水泵。振冲器的原理是利用电动机旋转一组偏心块，产生一定频率和振幅的水平向振动力。压力水通过空心竖轴从振冲器下端喷出。振冲施工可根据设计荷载的大小、原土强度的高低、设计桩长等条件选用不同功率的振冲器。施工前应在现场进行试验，以确定水压、振密电流和留振时间等各种施工参数。操作振冲器的起吊设备有履带吊、汽车吊、自行井架式专用平车等。施工设备应配有电流、电压和留振时间自动信号仪表。每台振冲器配一台水泵。

（2）施工工艺。

振冲法施工工艺流程如图 2-1 所示。

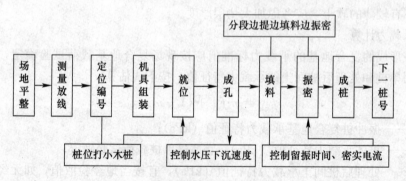

图 2-1　施工工艺图

振冲施工可按下列步骤进行：

1）清理、平整施工场地，布置桩位。

2）施工机具就位，使振冲器对准桩位。

3）启动供水泵和振冲器，水压可用 200～600kPa，水量可用 200～400L/min，将振冲器徐徐沉入土中，造孔速度宜为 0.5～2.0m/min，直至达到设计深度。记录振冲器经各深度的水压、电流和留振时间。

4）造孔后边提升振冲器边冲水直至孔口，再放至孔底，重复两三次扩大孔径并使孔内泥浆变稀，开始填料制桩。

5）大功率振冲器投料可不提出孔口，小功率振冲器下料困难时，可将振冲器提出孔口填料，每次填料厚度不宜大于 50cm。将振冲器沉入填料中进行振密制桩，当电流达到规定时密实电流值和规定的留振时间后，将振冲器提升 30～50cm。

6）重复以上步骤，自下而上逐段制作桩体，直至孔口，记录各段深度的填料量、最终电流值和留振时间，并均应符合设计规定。

7）关闭振冲器和水泵。

此外，桩体施工完毕后应将顶部预留的松散桩体挖除，如无预留应将松散桩头挤实，随后铺设并压实垫层。

对不加填料振冲加密宜采用大功率振冲器，为了避免造孔中塌砂将振冲器抱住，下沉速度宜快，造孔速度宜为 8～10m/min，到达深度后将射水量减至最小，留振至密实电流达到规定时，上提 0.5m，逐段振密直至孔口，一般每米振密时间约 1min。

6. 质量检验

（1）施工质量检验。

完成振冲桩施工后，应通过以下措施来进行施工质量检查：

1）检查振冲施工各项施工记录，如有遗漏或不符合规定要求的桩或振冲点，应补做或采取有效的补救措施。

2）振冲施工结束后，除砂土地基外，应间隔一定时间后方可进行质量检验。对粉质黏土地基间隔时间可取 21～28d，对粉土地基可取 14～21d。

3）振冲桩的施工质量检验可采用单桩载荷试验，检验数量为桩数的 0.5%，且不少于 3 根。对碎石桩体检验可用重型动力触探进行随机检验。对桩间土的检验可在处理深度内用标准贯入、静力触探等进行检验。

（2）竣工验收检验。

振冲处理后的地基竣工验收时，根据是否加填料等具体情况，应进行下列检验。

1）承载力检验，应采用复合地基载荷试验。

2）复合地基载荷试验，检验数量不应少于总桩数的 0.5%，且每个单体工程不应少于 3 点。

3）不加填料振冲加密处理的砂土地基，竣工验收承载力检验应采用标准贯入、动力触探、载荷试验或其他合适的试验方法。检验点应选择在有代表性或地基土质较差的地段，并位于振冲点围成的单元形心处及振冲点中心处。检验数量可为振冲点数量的 1%，总数不应少于 5 点。

2.2.6　土和灰土挤密桩地基技术

1. 定义

灰土挤密桩法和土挤密桩法是利用打入钢套管（或振动沉管、炸药爆破）在地基中成孔，通过"挤"压作用，使地基土得到加"密"，然后在孔中分层填入素土（或灰土）后夯实而成土桩（或灰土桩）。它们属于柔性桩，与桩间土共同组成复合地基。

灰土挤密桩法和土挤密桩法与其他地基处理方法比较，有如下主要特征：

（1）土桩和灰土挤密桩法是横向挤密，但可同样达到所要求加密处理后的最大干密度的指标。

（2）与土垫层相比，无需开挖回填，因而节约了开挖和回填土方的工作量，比换填法缩短工期约一半。

（3）由于不受开挖和回填的限制，一般处理深度可达 12～15m。

（4）由于填入桩孔的材料均属就地取材，因而比其他处理湿陷性黄土和人工填土的方法造价低，能取得很好的效益。

灰土挤密桩法和土挤密桩法适用于处理地下水位以上的湿陷性黄土、素填土和杂填土等地基，可处理地基的深度为 5～15m。当以消除地基土的湿陷性为主要目的时，宜选用土挤密桩法。当以提高地基土的承载力或增强其水稳性为主要目的时，宜选用灰土挤密桩法。当地基土的含水量大于 24％、饱和度大于 65％时，不宜选用灰土挤密桩法或土挤密桩法。

2. 加固机理

（1）土的侧向挤密作用。土（或灰土）桩挤压成孔时，桩孔位置原有土体被强制侧向挤压，使桩周一定范围内的土层密实度提高。其挤密影响半径通常为 $1.5～2.0d$（d 为桩直径）。相邻桩孔间挤密效果试验表明，在相邻桩孔挤密区交界处挤密效果相互叠加，桩间土中心部位的密实度增大，且桩间土的密度变得均匀，桩距越近，叠加效果越显著。合理的相邻桩孔中心距约为 2～3 倍桩孔直径。

土的天然含水量和干密度对挤密效果影响较大，当含水量接近最优含水量时，土呈塑性状态，挤密效果最佳。当含水量偏低，土呈坚硬状态时，有效挤密区变小。当含水量过高时，由于挤压引起超孔隙水压力，土体难以挤密，且孔壁附近土的强度因受扰动而降低，拔管时容易出现缩颈等情况。

土的天然干密度越大，则有效挤密范围越大；反之，则有效挤密区较小，挤密效果较差。土质均匀则有效挤密范围大，土质不均匀，则有效挤密范围小。

土体的天然孔隙比对挤密效果有较大影响，当 $e=0.90～1.20$ 时，挤密效果好，当 $e<0.80$ 时，一般情况下土的湿陷性已消除，没有必要采用挤密地基，故应持慎重态度。

（2）灰土性质作用。灰土桩是用石灰和土按一定体积比例（2：8 或 3：7）拌合，并在桩孔内夯实加密后形成的桩，这种材料在化学性能上具有气硬性和水硬性，由于石灰内带正电荷钙离子与带负电荷黏土颗粒相互吸附，形成胶体凝聚，并随灰土龄期增长，土体固化作用提高，使土体逐渐增加强度。在力学性能上，它可达到挤密地基效果，提高地基承载力，消除湿陷性，沉降均匀和沉降量减小。

（3）桩体作用。在灰土桩挤密地基中，由于灰土桩的变形模量远大于桩间土的变形模量（灰土的变形模量为 $E_0=29～36MPa$，相当于夯实素土的 2～10 倍），荷载向桩上产生应力集中，从而降低了基础底面以下一定深度内土中的应力，消除了持力层内产生大量压缩变形和湿陷变形的不利因素。此外，由于灰土桩对桩间土能起侧向约束作用，限制土的侧向移动，桩间土只产生竖向压密，使压力与沉降始终呈线性关系。

土桩挤密地基由桩间挤密土和分层填夯的素土桩组成，土桩桩体和桩间土均为被机械挤密的重塑土，两者均属同类土料。因此，两者的物理力学指标无明显差异。因而，土桩挤密地基可视为厚度较大的素土垫层。

3. 设计计算

（1）处理范围。灰土挤密桩和土挤密桩处理地基的面积，应大于基础或建筑物底层平面的面积，并应符合下列规定：

1）当采用局部处理时，超出基础底面的宽度：对非自重湿陷性黄土、素填土和杂填土等地基，每边不应小于基底宽度的 0.25 倍，并不应小于 0.50m；对自重湿陷性黄土地基，每边不应小于基底宽度的 0.75 倍，并不应小于 1.00m。

2）当采用整片处理时，超出建筑物外墙基础底面外缘的宽度，每边不宜小于处理土层厚度的 1/2，并不应小于 2m。

（2）处理深度。灰土挤密桩和土挤密桩处理地基的深度，应根据建筑场地的土质情况、工程要求和成孔及夯实设备等综合因素确定。对湿陷性黄土地基，应符合现行国家标准《湿陷性黄土地区建筑规范》（GB 50025）的有关规定。

（3）桩径。设计时如桩径 d 过小，则桩数增加，并增大打桩和回填的工作量；如桩径 d 过大，则桩间土挤密不够，致使消除湿陷程度不够理想，且对成孔机械要求也高。桩孔直径宜为 300～450mm，并可根据所选用的成孔设备或成孔方法确定。

（4）桩距。土（或灰土）桩的挤密效果与桩距有关。而桩距的确定又与土的原始干密度和孔隙比有关。桩距的设计一般应通过试验或计算确定。而设计桩距的目的在于使桩间土挤密后达到一定平均密实度（指平均压实系数 $\bar{\eta}_c$ 和土干密度 ρ_d 的指标）不低于设计要求标准。一般规定桩间土的最小干密度不得小于 1.5t/m³，桩间土的平均压实系数 $\bar{\eta}_c = 0.90～0.93$。

桩孔宜按等边三角形布置，桩孔之间的中心距离，可为桩孔直径的 2.0～2.5 倍，也可按下式估算：

$$s = 0.95d \sqrt{\frac{\bar{\eta}_c \rho_{dmax}}{\bar{\eta}_c \rho_{dmax} - \bar{\rho}_d}} \tag{2-8}$$

式中　s——桩孔之间的中心距离（m）；

　　　d——桩孔直径（m）；

　　ρ_{dmax}——桩间土的最大干密度（t/m³）；

　　$\bar{\rho}_d$——地基处理前土的平均干密度（t/m³）；

　　$\bar{\eta}_c$——桩间土经成孔挤密后的平均挤密系数，对重要工程不宜小于 0.93，对一般工程不应小于 0.90。

桩间土的平均挤密系数 $\bar{\eta}_c$，应按下式计算：

$$\bar{\eta}_c = \frac{\bar{\rho}_{dl}}{\rho_{dmax}} \tag{2-9}$$

式中　$\bar{\rho}_{dl}$——在成孔挤密深度内，桩间土的平均干密度（t/m³），平均试样数不应少于6组。

桩孔的数量可按下式估算：

$$n = \frac{A}{A_e} \tag{2-10}$$

式中　n——桩孔的数量；

　　　A——拟处理地基的面积（m²）；

　　　A_e——单根土或灰土挤密桩所承担的处理地基面积（m²），即：

$$A_e = \frac{\pi d_e^2}{4} \tag{2-11}$$

d_e——单根桩分担的处理地基面积的等效圆直径（m）；桩孔按等边三角形布置，$d_e=1.05s$。

处理填土地基时，鉴于其干密度值变动较大，可根据挤密前地基土的承载力特征值 f_{sk} 和挤密后处理地基要求达到的承载力特征值 f_{spk}，利用下式计算桩孔间距：

$$s = 0.95d\sqrt{\frac{f_{pk}-f_{sk}}{f_{spk}-f_{sk}}} \qquad (2-12)$$

式中　f_{pk}——灰土桩体的承载力特征值，宜取 $f_{pk}=500\text{kPa}$。

（5）填料和压实系数。桩孔内的填料，应根据工程要求或地基处理的目的确定，并应用压实系数 $\bar{\lambda}_c$ 控制夯实质量。

当桩孔内用灰土或素土分层回填、分层夯实时，桩体内的平均压实系数 $\bar{\lambda}_c$ 值，均不应小于 0.96。

消石灰与土的体积配合比，宜为 2∶8 或 3∶7。

桩顶标高以上应设置 300～500mm 厚的 2∶8 灰土垫层，其压实系数不应小于 0.95。

（6）承载力。灰土挤密桩和土挤密桩复合地基承载力特征值，应通过现场单桩或多桩复合地基载荷试验确定。初步设计当无试验资料时，可按当地经验确定，但对灰土挤密桩复合地基的承载力特征值，不宜大于处理前的 2.0 倍，并不宜大于 250kPa；对土挤密桩复合地基的承载力特征值，不宜大于处理前的 1.4 倍，并不宜大于 180kPa。

（7）灰土挤密桩和土挤密桩复合地基的变形计算，应符合现行国家标准《建筑地基基础设计规范》（GB 50007）的有关规定，其中复合土层的压缩模量，可采用载荷试验的变形模量代替。

4. 施工方法

（1）施工工艺。土（或灰土）桩的施工应按设计要求和现场条件选用沉管（振动或锤击）、冲击或爆扩等方法进行成孔，使土向孔的周围挤密。

1）桩顶设计标高以上的预留覆盖土层厚度宜符合下列要求：

① 沉管（锤击、振动）成孔，宜为 0.50～0.70m。

② 冲击成孔，宜为 1.20～1.50m。

成孔时，地基土宜接近最优（或塑限）含水量，当土的含水量低于 12% 时，宜对拟处理范围内的土层进行增湿，增湿土的加水量可按下式估算：

$$Q = v\bar{\rho}_d(w_{op}-\bar{w})k \qquad (2-13)$$

式中　Q——计算加水量（m³）；

　　　v——拟加固土的总体积（m³）；

　　　$\bar{\rho}_d$——地基处理前土的平均干密度（t/m³）；

　　　w_{op}——土的最优含水量（%），通过室内击实试验求得；

　　　$\bar{w}$——地基处理前土的平均含水量（%）；

　　　k——损耗系数，可取 1.05～1.10。

应于地基处理前 4～6d，将需增湿的水通过一定数量和一定深度的渗水孔，均匀地浸入拟处理范围内的土层中。

2）成孔和孔内回填夯实应符合下列要求：

① 成孔和孔内回填夯实的施工顺序，当整片处理时，宜从里（或中间）向外间隔 1～

2 孔进行，对大型工程，可采取分段施工；当局部处理时，宜从外向里间隔 1～2 孔进行。

② 向孔内填料前，孔底应夯实，并应抽样检查桩孔的直径、深度和垂直度。

③ 桩孔的垂直度偏差不宜大于 1.5%。

④ 桩孔中心点的偏差不宜超过桩距设计值的 5%。

⑤ 经检验合格后，应按设计要求，向孔内分层填入筛好的素土、灰土或其他填料，并应分层夯实至设计标高。

3）桩孔填料夯实机目前有两种：一种是偏心轮夹杆式夯实机；另一种是采用电动卷扬机提升式夯实机。前者可上、下自动夯实，后者需用人工操作。

夯锤形状一般采用下端呈抛物线锤体的梨形锤或长形锤。二者重量均不小于 0.1t。夯锤直径应小于桩孔直径 100mm 左右，使夯锤自由下落时将填料夯实。填料时每一锹料夯击一次或二次，夯锤落距一般在 600～700mm，每分钟夯击 25～30 次，长 6m 桩可在 15～20min 内夯击完成。

（2）施工中可能出现的问题和处理方法：

1）夯打时桩孔内有渗水、涌水、积水现象，可将孔内水排出地表，或将水下部分改为混凝土桩或碎石桩，水上部分仍为土（或灰土）桩。

2）沉管成孔过程中遇障碍物时可采取以下措施处理：

① 用洛阳铲探查并挖除障碍物，也可在其上面或四周适当增加桩数，以弥补局部处理深度的不足，或从结构上采取适当措施进行弥补；

② 对未填实的墓穴、坑洞、地道等面积不大，挖除不便时，可将桩打穿通过，并在此范围内增加桩数，或从结构上采取适当措施进行弥补。

3）夯打时造成缩径、堵塞、挤密成孔困难、孔壁坍塌等情况，可采取以下措施处理：

① 当含水量过大、缩径比较严重时，可向孔内填干砂、生石灰块、碎砖渣、干水泥、粉煤灰；如含水量过小，可预先浸水，使之达到或接近最优含水量；

② 遵守成孔顺序，由外向里间隔进行（硬土由里向外）；

③ 施工中宜打一孔，填一孔，或隔几个桩位跳打夯实；

④ 合理控制桩的有效挤密范围。

5. 质量检验

成桩后，应及时抽样检验灰土挤密桩或土挤密桩处理地基的质量。对一般工程，主要应检查施工记录、检测全部处理深度内桩体和桩间土的干密度，并将其分别换算为平均压实系数 $\bar{\lambda}_c$ 和平均挤密系数 $\bar{\eta}_c$。对重要工程，除检测上述内容外，还应测定全部处理深度内桩间土的压缩性和湿陷性。

抽样检验的数量，对一般工程不应少于桩总数的 1%，对重要工程不应少于桩总数的 1.5%。

挤密效果的检验方法有下列几种：

（1）轻便触探检验法。先通过试验夯填，求得"检定锤击数"，施工检验时以实际锤击数不小于检定锤击数为合格。

（2）环刀取样检验法。先用洛阳铲在桩孔中心挖孔或通过开剖桩身，从基底算起沿深度方向每隔 1.0～1.5m 用带长把的小环刀分层取出原状夯实土样，测定其干密度。

（3）载荷试验法。对重要的大型工程应进行现场载荷试验和浸水载荷试验，直接测试承载力和湿陷情况。

上述前两项检验法，其中对灰土桩应在桩孔夯实后 48h 内进行，二灰桩应在 36h 内进行，否则将由于灰土或二灰的胶凝强度的影响而无法进行检验。

对一般工程，主要应检查桩和桩间土的干密度和承载力；对重要或大型工程，除应检测上述内容外，尚应进行载荷试验或其他原位测试，也可在地基处理的全部深度内取样测定桩间土的压缩性和湿陷性。

2.2.7　水泥粉煤灰碎石桩地基技术

1. 定义

水泥粉煤灰碎石桩（CFG 桩）是在碎石桩的基础上发展起来的，以一定配合比率的石屑、粉煤灰和少量的水泥加水拌合后制成的一种具有一定胶结强度的桩体。这种桩是一种低强度混凝土桩，由它组成的复合地基能够较大幅度提高承载力。

2. 适用范围

CFG 桩又称水泥粉煤灰碎石桩，适用于处理黏性土、粉土、砂土和已自重固结的素填土等地基。对淤泥质土应按地区经验或通过现场试验确定其适用性。

3. 加固机理

（1）桩体增强。在碎石桩中掺以适量的石屑、粉煤灰和少量的水泥，加水拌合后形成一种粘结强度较高的桩体，使之具有刚性桩的某些特性，一般情况下可以发挥全桩长的侧阻，当桩端落在较好土层作为持力层时，也能较好地发挥端阻作用。

（2）桩间土挤密作用。克服了碎石桩由于块体间较大的空隙，桩在作用较大荷载时挤入土中，从而降低了桩的承载力。

（3）桩体、桩间土、褥垫层共同作用。

4. 设计

（1）水泥粉煤灰碎石桩可只在基础范围内布置，桩径宜取 350～600mm。

（2）桩距应根据设计要求的复合地基承载力、土性、施工工艺等确定，宜取 3～5 倍桩径。

（3）桩顶和基础之间应设置褥垫层，褥垫层厚度宜取 150～300mm，当桩径大或桩距大时褥垫层厚度宜取高值。

（4）褥垫层材料宜用中砂、粗砂、级配砂石或碎石等，最大粒径不宜大于 30mm。

（5）水泥粉煤灰碎石桩复合地基承载力特征值，应通过现场复合地基载荷试验确定，初步设计时也可按下式估算：

$$f_{spk} = m \frac{R_a}{A_p} + \beta(1-m) f_{sk} \qquad (2-14)$$

式中　f_{spk}——复合地基承载力特征值（kPa）；

　　　m——面积置换率；

　　　R_a——单桩竖向承载力特征值（kN）；

　　　A_p——桩的截面积（m²）；

　　　β——桩间土承载力折减系数，宜按地区经验取值，如无经验时可取 0.75～0.95，天然地基承载力较高时取大值；

　　　f_{sk}——处理后桩间土承载力特征值（kPa），宜按当地经验取值，如无经验时可取天然地基承载力特征值。

（6）单桩竖向承载力特征值 R_a 的取值，应符合下列规定：

当采用单桩载荷试验时，应将单桩竖向极限承载力除以安全系数 2；

当无单桩载荷试验资料时，可按下式估算：

$$R_a = u_p \sum_{i=1}^{n} q_{si} l_i + q_p A_p \tag{2-15}$$

式中　u_p——桩的周长（m）；

　　　　n——桩长范围内所划分的土层数；

q_{si}、q_p——桩周第 i 层土的侧阻力、桩端端阻力特征值（kPa），可按现行国家标准《建筑地基基础设计规范》（GB 50007）的有关规定确定；

　　　　l_i——第 i 层土的厚度（m）。

（7）桩体试块抗压强度平均值应满足下式要求：

$$f_{cu} \geq 3 \frac{R_a}{A_p} \tag{2-16}$$

式中　f_{cu}——桩体混合料试块（边长 150mm 立方体）标准养护 28d 立方体抗压强度平均值（kPa）。

（8）地基处理后的变形计算应按现行国家标准《建筑地基基础设计规范》（GB 50007）的有关规定执行。复合土层的分层与天然地基相同，各复合土层的压缩模量等于该层天然地基压缩模量的 ζ 倍，ζ 值可按下式确定：

$$\xi = \frac{f_{spk}}{f_{ak}} \tag{2-17}$$

式中　f_{ak}——基础底面下天然地基承载力特征值（kPa）。

变形计算经验系数 φ_s 根据当地沉降观测资料及经验确定，也可采用表 2-3 中的数值。

变形计算经验系数 φ_s 表 2-3

$\bar{E}_s$（MPa）	2.5	4.0	7.0	15.0	20.0
φ_s	1.1	1.0	0.7	0.4	0.2

表中 $\bar{E}_s$ 为变形计算深度范围内压缩模量的当量值，应按下式计算：

$$\bar{E}_s = \frac{\sum A_i}{\sum \dfrac{A_i}{E_{si}}} \tag{2-18}$$

式中　A_i——第 i 层土附加应力系数沿土层厚度的积分值；

　　　　E_{si}——基础底面下第 i 层土的压缩模量值（MPa）。桩长范围内的复合土层按复合层的压缩模量取值。

（9）地基变形计算深度应大于复合土层的厚度，并符合现行国家标准《建筑地基基础设计规范》（GB 50007）中地基变形计算深度的有关规定。

5. 施工

（1）方法选用。

CFG 桩复合地基技术采用的施工方法有：长螺旋钻孔灌注成桩，长螺旋钻孔、管内泵压混合料灌注成桩，振动沉管灌注成桩等。

（2）施工要点：

1）施工前应按设计要求由试验室进行配合比试验，施工时按配合比配制混合料。长螺旋钻孔、管内泵压混合料成桩施工的坍落度宜为 160～200mm，振动沉管灌注成桩施工的坍落度宜为 30～50mm，振动沉管灌注成桩后桩顶浮浆厚度小于 200mm。

2）桩机就位，调整沉管与地面垂直，确保垂直度偏差不大于 1‰；对满堂布桩基础，桩位偏差不应大于 0.4 倍桩径；对条形基础，桩位偏差不应大于 0.25 倍桩径；对单排布桩桩位偏差不应大于 60mm。

3）控制钻孔或沉管入土深度，确保桩长偏差在 100mm 范围内。

4）长螺旋钻孔、管内泵压混合料成桩施工在钻至设计深度后，应准确掌握提拔钻杆时间，混合料泵送量应与拔管速度相配合，遇到饱和砂土或饱和粉土层，不得停泵待料；沉管灌注成桩施工拔管速度应按匀速控制，拔管速度应控制在 1.2～1.5m/min，如遇淤泥土或淤泥质土，拔管速度可适当放慢。

5）施工时，桩顶标高应高出设计标高，高出长度应根据桩距、布桩形式、现场地质条件和施打顺序等综合确定，一般不应小于 0.5m。

6）成桩过程中，抽样做混合料试块，每台机械一天应做一组（3 块）试块（边长 150mm 立方体），标准养护，测定其立方体 28d 抗压强度。

7）冬期施工时，混合料入孔温度不得低于 5℃，对桩头和桩间土应采取保温措施。

8）清土和截桩时，不得造成桩顶标高以下桩身断裂和扰动桩间土。

9）褥垫层厚度宜为 150～300mm，由设计确定。虚铺完成后宜采用静力压实法至设计厚度；当基础底面下桩间土的含水量较小时，也可采用动力夯实法。对较干的砂石材料，虚铺后可适当洒水再进行碾压或夯实。

复合地基施工、检测合格后，方可进行褥垫层施工；褥垫层材料采用平板振动器振密，平板振动器功率大于 1500kW，压振 3～5 遍，控制振速，振实后的厚度与虚铺厚度之比小于 0.93。

6. 质量标准

（1）水泥、粉煤灰、砂及碎石等原材料应符合设计要求。

（2）施工中应检查桩身混合料的配合比、坍落度和提拔钻杆速度（或提拔套管速度）、成孔深度、混合料的灌入量等。

（3）施工结束后，应对桩顶标高、桩位、桩体质量、地基承载力以及褥垫层的质量进行检查。地基承载力应采用复合地基载荷试验。

2.2.8　夯实水泥土桩地基技术

1. 定义

夯实水泥土桩是用人工或机械成孔，选用相对单一的土质材料，与水泥按一定配合比，在孔外充分拌合均匀制成水泥土，分层向孔内回填并强力夯实，制成均匀的水泥土桩。桩、桩间土和褥垫层一起形成复合地基。

2. 适用范围

夯实水泥土桩作为中等粘结强度桩，不仅适用于地下水位以上素填土、粉土、粉质黏土等地基加固，对地下水位以下情况，在进行降水处理后，采取夯实水泥土桩进行地基加固，也是行之有效的一种方法。处理深度不宜超过 10m。

3. 加固机理

夯实水泥土桩通过两方面作用使地基强度提高，一是成桩夯实过程中挤密桩间土，使桩周土强度有一定程度提高；二是水泥土本身夯实成桩，且水泥与土混合后可产生离子交换等一系列物理化学反应，形成增强体，使桩体本身有较高强度，具水硬性。处理后的复合地基强度和抗变形能力有明显提高。

4. 优点

（1）夯实水泥土桩的地基处理，一般处理复合地基承载力可达 180～300kPa。

（2）桩身强度均匀，施工质量可靠且容易控制。夯实水泥土桩是在干作业情况下成孔，水泥土料在孔外拌合，分层夯填而成。桩身质量均匀，差异性很小，且其成孔深度、直径及拌合料的配合比等参数，控制检验手段简易，质量容易得到保证。

（3）施工速度快、工期短、不受场地的影响。夯实水泥土桩成孔成桩一般采用机械和人工两种方法，施工组织灵活，可根据工期、场地情况采用不同的施工方法和组织形式，均可做到快速可行，一般四个单元六层住宅楼条形基础，成桩只需 7～10d 即可完成。

（4）造价低、无污染。夯实水泥土桩所用材料除水泥外，其他材料就是土，可就地取材，也可利用其他工地的弃土，成本少、费用低（一般建筑面积每平方米成本仅 20～30元）。由于施工采用小型机械或人工，无噪声、无污染。

5. 设计计算

夯实水泥土桩的设计包括桩长、桩径、桩距、布桩范围、垫层、桩身材料的设计和承载力、沉降的计算。

（1）桩长。

夯实水泥土桩处理地基的深度应根据土质情况、工程要求和成孔设备等因素确定。采用人工洛阳铲成孔工艺时，考虑到施工效率的因素，深度不宜超过 6m。当相对硬层的埋藏深度不大时，桩长应按相对硬层埋藏深度确定。当相对硬层的埋藏深度较大时，应按建筑物地基的变形允许值确定。即当存在软弱下卧层时，应验算其变形，按允许变形控制设计。

（2）桩径。

桩孔直径宜为 300～600mm，常用的桩径为 350～400mm，可根据设计及所选用的成孔方法确定。选用的夯锤应与桩径相适应。

（3）桩距。

桩距宜为 2～4 倍桩径。实际桩距在桩径选定后由复合地基面积置换率确定。

（4）布桩范围。

由于夯实水泥土桩具有一定的粘结强度，在荷载作用下不会产生大的侧向变形，因此夯实水泥土桩可只在基础范围内布桩。

（5）垫层。

夯实水泥土的变形模量远大于土的变形模量，为了调整基底压力分布，设置厚 100～300mm 的褥垫层，荷载通过垫层传到桩和桩间土上，保证桩间土承载力的发挥。褥垫层材料可采用中砂、粗砂或碎石等，最大粒径不宜大于 20mm。

（6）复合地基承载力。

夯实水泥土桩复合地基承载力特征值应按现场复合地基载荷试验确定。

复合地基承载力计算：

$$f_{spk} = m \times \frac{R_a}{A_p} + \beta(1-m)f_{sk} \tag{2-19}$$

$$m = \frac{d^2}{d_e^2} \tag{2-20}$$

式中　f_{spk}——复合地基承载力特征值（kPa）；

　　　f_{sk}——处理后桩间土承载力特征值（kPa），宜按当地经验取值，如无经验，也可取天然地基承载力特征值；

　　　m——桩土面积置换率；

　　　d——桩身平均直径；

　　　d_e——一根桩分担的处理地基面积的等效圆直径；等边三角形布桩：$d_e = 1.05s$；正方形布桩：$d_e = 1.13s$；

　　　β——桩间土承载力折减系数；宜按地区经验取值，如无经验时可取 0.9～1，天然地基承载力较高时取大值；

　　　A_p——桩身截面面积（m^2）；

　　　R_a——单桩竖向承载力特征值（kN）。

单桩竖向承载力特征值按下两式综合取值：

$$R_a = \pi d \sum q_{si}L_i + q_p A_p \tag{2-21}$$

$$f_{cu} \geqslant 3\frac{R_a}{A_p} \tag{2-22}$$

6. 施工

（1）施工准备：

1）现场取土，确定原位土的土质及含水量是否适宜用作水泥土桩的混合料。

2）调查有无廉价的工业废渣（如粉煤灰、炉渣等）可供使用。

3）根据设计选用的成孔方法做现场成孔试验。确定成孔的可行性，事前发现问题，研究对策。

（2）桩材制备：

1）一般采用 32.5 级水泥，使用前应做强度及稳定性试验。夯实水泥土桩的强度主要由土的性质、水泥品种、水泥强度等级、龄期、养护条件等控制。必须采用现场土料和施工采用的水泥品种及强度等级进行混合料配合比设计。

2）掺合料确定后，进行室内配合比试验，用击实试验确定掺合料的最佳含水量。选择配合比时，对重要工程，在掺合料最佳含水量的状态下，在 150mm×150mm×150mm 试模中试制几种配合比的水泥土试块，按标准试验方法做 3d、7d、28d 的立方体强度试验，决定适宜的配合比。

一般工程可采用水泥∶混合料 = 1∶6（体积比）试配。

3）当采用原位土作混合料时，宜用无污染、有机质含量不超过 5％的黏性土、粉土或砂类土，混合料含水量应满足土料的最优含水量，允许偏差不大于 2％。混合料含水量是决定桩体夯实密度的重要因素，在现场施工时应严格控制。用机械夯实时，因锤较重，夯实功大，宜采用土料最佳含水量－（1％～2％），人工夯实时宜采用土料最佳含水量

+（1%～2%），均应由现场试验确定。使用黏性土时常有土团存在，使用前应过10～20mm的筛，如土料含水量过大，需风干或另掺加其他含水量较小的掺合料。在现场可按"一攥成团，一捏即散"的原则对土的含水量进行鉴别。采用工业废料（如粉煤灰、炉渣等）作混合料，拌合质量容易保证。

4）现场使用时，待成孔已经完成或接近完成时，用强制式混凝土拌合机或人工进行拌合，拌合操作标准参照混凝土的拌合要求。如拌合时需要加水，则应边拌边加水，以免形成土团，拌合均匀后待用。

（3）成孔。

在旧城危改工程中，由于场地环境条件的限制，多采用人工洛阳铲、螺旋钻机成孔方法。当土质较松软时采用沉管、冲击等方法挤土成孔，可收到良好的效果。

1）人工挖孔法。夯实水泥土的施工，应按设计要求选用成孔工艺。挤土成孔可选用沉管、冲击等方法；非挤土成孔可选用洛阳铲、螺旋钻等方法。

夯实水泥土桩按复合地基设计时，桩径通常为300～400mm，可采用特制的洛阳铲人工成孔。

如持力层强度高，而按大直径桩或深基础施工时，桩径为800～1000mm，底部尚可扩孔，此时，则采用人工挖孔桩的办法成孔。

其工艺流程为：人工挖孔至设计深度→清孔及检查→孔底夯实→拌合水泥土→将水泥土逐层灌入孔内。逐层夯实直至设计桩顶标高以上0.2m→素土封顶。

2）机械成孔施工法。机械成孔分为挤土和排土成孔，当被加固土体密度较大或挤密性差时，宜选用排土成孔，如用螺旋钻、长螺杆钻机、机动洛阳铲、大锅锥等成孔。当土的挤密性较好时，宜选用挤土成孔工艺，如沉管法、干振法、"法兰克"法等。沉管法施工类似石灰桩管外投料施工法，利用桩管反插压实。干振法采用干振碎石桩的干振成孔器成孔，投入水泥土加以振实。

（4）夯填。

由于各种成孔工艺均可能使孔底存在部分扰动和虚土，因此夯填混合料前应将孔底土夯实，有利于发挥桩端阻力，提高复合地基承载力。

为保证桩顶的桩体强度，现场施工时均要求桩体夯填高度大于桩顶设计标高200～300mm。在垫层施工时将多余桩体凿除，桩顶面应水平。

夯填桩孔时，宜选用机械夯实。大孔径水泥土桩的夯实，可采用灰土井桩的夯实机。分段夯填时，夯锤的落距和填料厚度应根据现场试验确定，混合料的压实系数λ_c不应小于0.93。相同水泥掺量下，桩体密实度是决定桩体强度的主要因素，当$\lambda_c \geq 0.93$时，桩体强度约为最大密度下桩体强度的50%～60%。

若采用人工夯实，夯重25kg左右。孔内水泥土每层虚铺厚度30cm左右，先用小落距轻夯3～5次，然后重夯不少于8次，夯锤落距不小于60cm。

垫层材料应级配良好，不含植物残体、垃圾等杂质。垫层铺设时应压（夯）密实，夯填度不得大于0.9。为减少施工期地基的变形量，采用的施工方法应严禁使基底土层扰动。

施工工程中，应有专人监测成孔及回填夯实的质量，并做好施工记录。

7. 质量检验

(1) 施工质量检验。

施工过程中，对夯实水泥土桩的成桩质量应及时进行抽样检验。抽样检验的数量不应少于总桩数的 2%。对一般工程，可检查桩的干密度和施工记录。干密度的检验方法可在 24h 内采用取土样测定或采用轻型动力触探击数 N_{10} 与现场试验确定的干密度进行对比，以检验桩身质量。

(2) 竣工验收承载力检验。

竣工验收应采用单桩复合地基载荷试验进行检验，数量为总桩数的 0.5%~1%，并不应少于 3 点。对重要或大型工程，必要时尚应进行多桩复合地基载荷试验。

2.2.9   排水固结法技术

1. 定义

排水固结法（Consolidation）是处理软黏土地基的有效方法之一。该法是对天然地基，或先在地基中设置砂井等竖向排水体，然后利用建（构）筑物本身重量分级逐渐加载，或是在建（构）筑物建造以前，在场地先行加载预压，使土体中的孔隙水排出，逐渐固结，地基发生沉降，同时强度逐步提高的方法。

2. 适用范围

排水固结法适用于处理饱和和软弱土层，但对渗透性极低的泥炭土要慎重对待。

3. 加固机理

饱和软黏土地基在荷载作用下，产生孔隙水压力，孔隙水在压差作用下，由排水通道缓慢排出，使孔隙体积减小，地基固结沉降，同时土中有效应力增加，地基土强度逐渐增长。

4. 分类

(1) 堆载预压法。

在建筑场地临时堆填土石等，对地基进行加载预压，使地基沉降能够提前完成，并通过地基土固结提高地基承载力，然后卸去预压荷载建造建筑物，以消除建筑物基础的不均匀沉降，这种方法就成为堆载预压法。

一般情况是预压荷载与建筑物荷载相等，但有时为了减少再次固结产生的障碍，预压荷载也可大于建筑物荷载，一般预压荷载的大小约为建筑物荷载的 1.3 倍，特殊情况则可根据工程具体要求来确定。

为了加速堆载预压地基固结速度，常与砂井法同时使用，称为砂井堆载预压法。

砂井法适用于渗透性较差的软弱黏性土，对于渗透性良好的砂土和粉土，无需用砂井排水固结处理地基；含水平夹砂或粉砂层的饱和软土，水平向透水性良好，不用砂井处理地基也可获得良好的固结效果。

(2) 真空预压法。

真空预压指的是砂井真空预压。即在黏土层上铺设砂垫层，然后用薄膜密封砂垫层，用真空泵对砂垫及砂井进行抽气，使地下水位降低，同时在地下水位作用下加速地基固结。亦即真空预压是在总压力不变的条件下，使孔隙水压力减小、有效应力增加而使土体压缩和强度增长。

(3) 降水预压法。

即用水泵抽出地基地下水来降低地下水位，减少孔隙水压力，使有效应力增大，促进地基加固。

降水预压法特别适用于饱和粉土及饱和细砂地基。

（4）电渗排水法。

即通过电渗作用可逐渐排出土中水。

降水预压法和电渗排水法目前应用还比较少。

5. 设计计算

堆载预压法设计计算（其他方法计算略）：

因软黏土地基抗剪强度较低，无论直接建造建（构）筑物还是进行堆载预压往往都不可能快速加载，而必须分级逐渐加荷，待前期荷载下地基强度增加到足以加下一级荷载时才可加下一级荷载。具体计算步骤是，首先用简便的方法确定一个初步的加荷计划，然后校核这一加荷计划下地基的稳定性和沉降，其步骤如下：

（1）利用地基的天然地基土抗剪强度计算第一级容许施加的荷载 p_1，对饱和软黏土可采用下列公式估算：

$$p_1 = \frac{5.14c_u}{K} + \gamma D \tag{2-23}$$

式中 K——安全系数，建议采用 $1.1\sim1.5$；

c_u——天然地基的不排水抗剪强度（kPa）；

γ——基底标高以上土的重度（kN/m³）；

D——基础埋深（m）。

（2）计算第一级荷载下地基强度增长值。在 p_1 荷载作用下，经过一段时间预压地基强度会提高，提高以后的地基强度为 c_{u1}：

$$c_{u1} = \eta(c_u + \Delta c'_u) \tag{2-24}$$

式中 η——考虑剪切蠕变的强度折减系数；

$\Delta c'_u$——作用下地基因固结而增长的强度。

（3）计算 p_1 作用下达到所确定固结度所需要的时间。目的在于确定第一级荷载停歇的时间，亦即第二级荷载开始施加的时间。

（4）根据第二步所得到的地基强度 c_{u1}，计算第二级所能施加的荷载 p_2。p_2 可近似地按下式估算：

$$p_2 = \frac{5.52c_{u1}}{K} \tag{2-25}$$

同样，求出在 p_2 作用下地基固结度达 70%时的强度以及所需要的时间，然后计算第三级所能施加的荷载，依次可计算出以后的各级荷载和停歇时间。

（5）按以上步骤确定的加荷计划进行每一级荷载下地基的稳定性验算。如稳定性不满足要求，则调整加荷计划。

（6）计算预压荷载下地基的最终沉降量和预压期间的沉降量。这一项计算的目的在于确定预压荷载卸除的时间。这时地基在预压荷载下所完成的沉降量已达到设计要求，所余的沉降量是建筑物所允许的。

6. 施工

堆载预压施工方法要保证排水固结法的加固效果，从施工角度考虑，主要应重视以下三个环节：铺设水平垫层、设置竖向排水体和施加固结压力。

（1）水平垫层的施工。

排水垫层的作用是使在预压过程中，从土体进入垫层的渗流水迅速地排出，使土层的固结能正常进行，防止土颗粒堵塞排水系统。因而垫层的质量将直接关系到加固效果和预压时间的长短。

1）垫层材料。垫层材料应采用透水性好的砂料，其渗透系数一般较高，同时能起到一定的反滤作用。通常采用级配良好的中粗砂，含泥量不大于3%。一般不宜采用粉、细砂。也可采用连通砂井的砂沟来代替整片砂垫层。排水盲沟的材料一般采用粒径为3～5cm的碎石或砾石。

2）垫层施工。排水砂垫层目前有四种施工方法：

① 当地基表层有一定厚度的硬壳层，其承载力较好，能上一般运输机械时，一般采用机械分堆摊铺法，即先堆成若干砂堆，然后用机械或人工摊平。

② 当硬壳层承载力不足时，一般采用顺序推进摊铺法。

③ 当软土地基表面很软，如新沉积或新吹填不久的超软地基，首先要改善地基表面的持力条件，使其能上施工人员或轻型运输工具。

④ 尽管对超软地基表面采取了加强措施，但持力条件仍然很差，一般轻型机械上不去，在这种情况下，通常要用人工或轻便机械顺序推进铺设。

不论采用何种施工方法，都应避免对软土表层的过大扰动，以免造成砂和淤泥混合，影响垫层的排水效果。另外，在铺设砂垫层前，应清除干净砂井顶面的淤泥和其他杂物，以利砂井排水。

（2）竖向排水体施工。

竖向排水体在工程中的应用有：普通砂井、袋装砂井、塑料排水带。

① 普通砂井成孔的典型方法有套管法、射水法、螺旋钻成孔法和爆破法。

② 袋装砂井是用具有一定伸缩性和抗拉强度很高的聚丙烯或聚乙烯编织袋装满砂子，它基本上解决了大直径砂井中所存在的问题，使砂井的设计和施工更加科学化，保证了砂井的连续性，施工设备实现了轻型化，比较适应在软弱地基上施工；用砂量大为减少；施工速度加快、工程造价降低，是一种比较理想的竖向排水体。

袋装砂井成孔的方法有锤击打入法、水冲法、静力压入法、钻孔法和振动贯入法五种。

③ 塑料排水带打设顺序包括：定位；将塑料带通过导管从管靴穿出；将塑料带与桩尖连接贴紧管靴并对准桩位；插入塑料带；拔管剪断塑料带等。

7. 质量检验

排水固结法加固地基施工中经常进行的质量检验和检测项目有孔隙水压力观测、沉降观测、侧向位移观测、真空度观测、地基土物理力学指标检测等。

竣工质量检验包括：

（1）排水竖井处理深度范围内和竖井底面以下受压土层，经预压所完成的竖向变形和平均固结度应满足设计要求。

（2）应对预压的地基土进行原位十字板剪切试验和室内土工试验。必要时，尚应进行现场载荷试验，试验数量不应少于3点。

2.2.10　水泥土搅拌法技术

1. 定义

水泥土搅拌法是用于加固饱和黏性土地基的一种新方法。它是利用水泥（或石灰）等材料作为固化剂，通过特制的搅拌机械，在地基深处就地将软土和固化剂（浆液或粉体）强制搅拌，由固化剂和软土间所产生的一系列物理-化学反应，使软土硬结成具有整体性、水稳定性和一定强度的水泥加固土，从而提高地基强度和增大变形模量。

2. 分类

水泥土搅拌法分为喷粉法（或称干法）和喷浆法（或称湿法）两种。前者是用水泥浆和地基土搅拌，后者是用水泥粉或石灰粉和地基土搅拌。天然含水量小于 30% 的软弱土层，如杂填土及粉粒含量高的粉土、砂土宜采用喷浆法；若地基土为天然含水量大于30%、塑性指数大于 10 的软土，则宜采用喷粉法。

3. 适用范围

水泥土搅拌法适用于处理正常固结的淤泥与淤泥质土、粉土、饱和黄土、素填土、黏性土以及无流动地下水的饱和松散砂土等地基。当地基土的天然含水量小于30%（黄土含水量小于 25%）、大于 70% 或地下水的 pH 值小于 4 时不宜采用干法。湿法的加固深度不宜大于 20m，干法不宜大于 15m。水泥土搅拌桩的桩径不应小于 500mm。

水泥加固土的室内试验表明，有些软土的加固效果较好，而有的不够理想。一般认为含有高岭石、多水高岭石、蒙脱石等黏土矿物的软土加固效果较好，而含有伊里石、氯化物和水铝英石等矿物的黏性土以及有机质含量高、酸碱度（pH 值）较低的黏性土的加固效果较差。

4. 特点

水泥土搅拌法不仅可以较大地提高地基土的承载力，而且在加固深度内可以减少原地基沉降量的 1/3～2/3，沉降较快趋于稳定，具有明显优势。

水泥土搅拌法与其他处理方法相比，一般造价较高，水泥用量大，所以寻求更经济合理的配方以降低工程费用，是亟待解决的课题之一。此外，水泥土搅拌法索获得的加固体虽成桩形或柱形，但不能理解为桩基，将其视为复合地基更妥当。这些加固体即使在某些部位有缺陷，却不影响整体加固效果。

5. 加固机理

水泥加固土的物理化学反应过程与混凝土的硬化机理不同，混凝土的硬化主要是在粗填充料（比表面积不大、活性很弱的介质）中进行水解和水化作用，所以凝结速度较快。而在水泥加固土中，由于水泥掺量很小，水泥的水解和水化反应完全是在具有一定活性的介质-土的围绕下进行，所以水泥加固土的强度增长过程比混凝土相对缓慢。

（1）水泥的水解和水化反应。普通硅酸盐水泥主要是氧化钙、二氧化硅、三氧化二铝、三氧化二铁及三氧化硫等组成，由这些不同的氧化物分别组成了不同的水泥矿物：硅酸三钙、硅酸二钙、铝酸三钙、铁铝酸四钙、硫酸钙等。用水泥加固软土时，水泥颗粒表面的矿物很快与软土中的水发生水解和水化反应，生成氢氧化钙、含水硅酸钙、含水铝酸钙及含水铁酸钙等化合物。

所生成的氢氧化钙、含水硅酸钙能迅速溶于水中，使水泥颗粒表面重新暴露出来，再与水发生反应，这样周围的水溶液就逐渐达到饱和。当溶液达到饱和后，水分子虽继续深入颗粒内部，但新生成物已不能再溶解，只能以细分散状态的胶体析出，悬浮于溶液中，形成胶体。

（2）土颗粒与水泥水化物的作用。当水泥的各种水化物生成后，有的自身继续硬化，形成水泥石骨架；有的则与其周围具有一定活性的黏土颗粒发生反应。

1）离子交换和团粒化作用。黏土和水结合时就表现出一种胶体特征，如土中含量最多的二氧化硅遇水后，形成硅酸胶体微粒，其表面带有阴离子 Na+或钾离子 K+，它们能和水泥水化生成的氢氧化钙中钙离子 Ca++进行当量吸附交换，使较小的土颗粒形成较大的土团粒，从而使土体强度提高。

水泥水化生成的凝胶粒子的比表面积约比原水泥颗粒大 1000 倍，因而产生很大的表面能，有强烈的吸附活性，能使较大的土团粒进一步结合起来，形成水泥土的团粒结构，并封闭各土团的空隙，形成坚固的连接，从宏观上看也就使水泥土的强度大大提高。

2）硬凝反应。随着水泥水化反应的深入，溶液中析出大量的钙离子，当其数量超过离子交换的需要量后，在碱性环境中，能使组成黏土矿物的二氧化硅及三氧化二铝的一部分或大部分与钙离子进行化学反应，逐渐生成不溶于水的稳定结晶化合物，增大了水泥土的强度，从电子显微镜观察中可见，拌入水泥 7d 时，土颗粒周围充满了水泥凝胶体，并有少量水泥水化物结晶的萌芽。一个月后水泥土中生成大量纤维状结晶，并不断延伸充填到颗粒间的孔隙中，形成网状构造。到五个月时，纤维状结晶辐射向外伸展，产生分叉，并相互连接形成空间网状结构，水泥的形状和土颗粒的形状已不能分辨出来。

（3）碳酸化作用。水泥水化物中游离的氢氧化钙能吸收水中和空气中的二氧化碳，发生碳酸化反应，生成不溶于水的碳酸钙，这种反应也能使水泥土增加强度，但增长的速度较慢，幅度也较小。

从水泥土的加固机理分析，由于搅拌机械的切削搅拌作用，实际上不可避免地会留下一些未被粉碎的大小土团。在拌入水泥后将出现水泥浆包裹土团的现象，而土团间的大孔隙基本上已被水泥颗粒填满。所以，加固后的水泥土中形成一些水泥较多的微区，而在大小土团内部则没有水泥。只有经过较长的时间，土团内的土颗粒在水泥水解产物渗透作用下，才逐渐改变其性质。因此在水泥土中不可避免地会产生强度较大和水稳性较好的水泥石区和强度较低的土块区。两者在空间相互交替，从而形成一种独特的水泥土结构。可见，搅拌越充分，土块被粉碎得越小，水泥分布到土中越均匀，则水泥土结构强度的离散性越小，其宏观的总体强度也最高。

6. 设计计算

（1）单桩竖向承载力的设计计算。单桩竖向承载力特征值应通过现场载荷试验确定。初步设计时也可按式（2-26）估算。并应同时满足式（2-29）的要求，应使由桩身材料强度确定的单桩承载力大于（或等于）由桩周土和桩端土的抗力所提供的单桩承载力：

$$R_a = u_p \sum_{i=1}^{n} q_{si} l_i + \alpha q_p A_p \tag{2-26}$$

$$R_a = \eta f_{cu} A_p \tag{2-27}$$

式中　f_{cu}——与搅拌桩桩身水泥土配比相同的室内加固土试块（边长为 70.7mm 的立方体，也可采用边长为 50mm 的立方体）在标准养护条件下 90d 龄期的立方体抗压强度平均值（kPa）；

η——桩身强度折减系数，干法可取 0.20～0.30；湿法可取 0.25～0.33；

u_p——桩的周长（m）；

n——桩长范围内所划分的土层数；

q_{si}——桩周第 i 层土的侧阻力特征值。对淤泥可取 4～7kPa；对淤泥质土可取 6～12kPa；对软塑状态的黏性土可取 10～15kPa；对可塑状态的黏性土可以取 12～18kPa；

l_i——桩长范围内第 i 层土的厚度（m）；

q_p——桩端地基土未经修正的承载力特征值（kPa），可按现行国家标准《建筑地基基础设计规范》（GB 50007）的有关规定确定；

α——桩端天然地基土的承载力折减系数，可取 0.4～0.6，承载力高时取低值。

（2）复合地基的设计计算。加固后搅拌桩复合地基承载力特征值应通过现场复合地基载荷试验确定，也可按下式计算：

$$f_{spk} = m \cdot \frac{R_a}{A_p} + \beta(1-m)f_{sk} \tag{2-28}$$

式中　f_{spk}——复合地基承载力特征值（kPa）；

m——面积置换率；

A_p——桩的截面积（m²）；

f_{sk}——桩间天然地基土承载力特征值（kPa），可取天然地基承载力特征值；

β——桩间土承载力折减系数，当桩端土未经修正的承载力特征值大于桩周土的承载力特征值的平均值时，可取 0.1～0.4，差值大时取低值；当桩端土未经修正的承载力特征值小于或等于桩周土的承载力特征值的平均值时，可取 0.5～0.9，差值大时或设置褥垫层时均取高值；

R_a——单桩竖向承载力特征值（kN）。

根据设计要求的单桩竖向承载力特征值 R_a 和复合地基承载力特征值 f_{spk} 计算搅拌桩的置换率 m 和总桩数 n'：

$$m = \frac{f_{spk} - \beta \cdot f_{sk}}{\dfrac{R_a}{A_p} - \beta \cdot f_{sk}} \tag{2-29}$$

$$n' = \frac{mA}{A_p}$$

式中　A——地基加固的面积（m²）。

竖向承载搅拌桩复合地基应在基础和桩之间设置褥垫层。褥垫层厚度可取 200～300mm。其材料可选用中砂、粗砂、级配砂石等，最大粒径不宜大于 20mm。

当搅拌桩处理范围以下存在软弱下卧层时，应按现行国家标准《建筑地基基础设计规范》（GB 50007）的有关规定进行下卧层承载力验算。

（3）水泥土搅拌桩沉降验算。竖向承载搅拌桩复合地基的变形包括搅拌桩复合土层的平均压缩变形 s_1 与桩端下未加固土层的压缩变形 s_2：

1）搅拌桩复合土层的压缩变形 s_1 可按下式计算：

$$s_1 = \frac{(p_z + p_{zl})l}{2E_{sp}}$$

(2-30)

式中　p_z——搅拌桩复合土层顶面的附加压力值（kPa）；

　　　p_{zl}——搅拌桩复合土层底面的附加压力值（kPa）；

　　　l——桩长（m）；

　　　E_{sp}——搅拌桩复合土层的压缩模量（kPa）。

2）桩端以下未加固土层的压缩变形 s_2 可按现行国家标准《建筑地基基础设计规范》（GB 50007）的有关规定进行计算。

7. 施工

（1）水泥土搅拌法施工现场事先应予以平整，必须清除地上和地下的障碍物。遇有明浜、池塘及洼地时应抽水和清淤，回填黏性土料并予以压实，不得回填杂填土或生活垃圾。

（2）水泥土搅拌桩施工前应根据设计进行工艺性试桩，数量不得少于两根。当桩周为成层土时，应对相对软弱土层增加搅拌次数或增加水泥掺量。

（3）搅拌头翼片的枚数、宽度、与搅拌轴的垂直夹角、搅拌头的回转数、提升速度应相互匹配，以确保加固深度范围内土体的任何一点均能经过 20 次以上的搅拌。

（4）竖向承载搅拌桩施工时，停浆（灰）面应高于桩顶设计标高 300～500mm。在开挖基坑时，应将搅拌桩顶端施工质量较差的桩段用人工挖除。

（5）施工中应保持搅拌桩机底盘的水平和导向架的竖直，搅拌桩的垂直偏差不得超过1%；桩位的偏差不得大于 50mm；成桩直径和桩长不得小于设计值。

（6）水泥土搅拌法施工步骤由于湿法和干法的施工设备不同而略有差异。其主要步骤应为：

1）搅拌机械就位、调平；

2）预搅下沉至设计加固深度；

3）边喷浆（粉）、边搅拌提升直至预定的停浆（灰）面；

4）重复搅拌下沉至设计加固深度；

5）根据设计要求，喷浆（粉）或仅搅拌提升直至预定的停浆（灰）面；

6）关闭搅拌机械。在预（复）搅下沉时，也可采用喷浆（粉）的施工工艺，但必须确保全桩长上下至少再重复搅拌一次。

（7）水泥浆搅拌法施工注意事项：

1）现场场地应予平整，必须清除地上和地下一切障碍物。明浜、暗塘及场地低洼时应抽水和清淤，分层夯实回填黏性土料，不得回填杂填土或生活垃圾。开机前必须调试，检查桩机运转和输浆管畅通情况。

2）根据实际施工经验，水泥土搅拌法在施工到顶端 0.3～0.5m 范围时，因上覆压力较小，搅拌质量较差。因此，其场地整平标高应比设计确定的基底标高再高出 0.3～0.5m，桩制作时仍施工到地面，待开挖基坑时，再将上部 0.3～0.5m 的桩身质量较差的桩段挖去。而对于基础埋深较大时，取下限；反之，则取上限。

3）搅拌桩的垂直度偏差不得超过 1%，桩位布置偏差不得大于 50mm，桩径偏差不得大于 4%。

4）施工前应确定搅拌机械的灰浆泵输浆量、灰浆经输浆管到达搅拌机喷浆口的时间和起吊设备提升速度等施工参数；并根据设计要求通过成桩试验，确定搅拌桩的配比等各项参数和施工工艺。宜用流量泵控制输浆速度，使注浆泵出口压力保持在 0.4～0.6MPa，并应使搅拌提升速度与输浆速度同步。

5）制备好的浆液不得离析，泵送必须连续。拌制浆液的罐数、固化剂和外掺剂的用量以及泵送浆液的时间等应有专人记录。

6）为保证桩端施工质量，当浆液达到出浆口后，应喷浆坐底 30s，使浆液完全到达桩端。特别是设计中考虑桩端承载力时，该点尤为重要。

7）预搅下沉时不宜冲水，当遇到较硬土层下沉太慢时，方可适量冲水，但应考虑冲水成桩对桩身强度的影响。

8）可通过复喷的方法达到桩身强度为变参数的目的。搅拌次数以 1 次喷浆两次搅拌或两次喷浆 3 次搅拌为宜，且最后 1 次提升搅拌宜采用慢速提升。当喷浆口到达桩顶标高时，宜停止提升，搅拌数秒，以保证桩头的均匀密实。

9）施工时因故停浆，宜将搅拌机下沉至停浆点以下 0.5m，待恢复供浆时再喷浆提升。若停机超过 3h，为防止浆液硬结堵管，宜先拆卸输浆管路，妥为清洗。

10）壁状加固时，桩与桩的搭接时间不应大于 24h，如因特殊原因超过上述时间，应对最后一根桩先进行空钻留出榫头以待下一批桩搭接，如间歇时间太长（如停电等），与第二根无法搭接；应在设计和建设单位认可后，采取局部补桩或注浆措施。

11）搅拌机凝浆提升的速度和次数必须符合施工工艺的要求，应有专人记录搅拌机每米下沉和提升的时间。深度记录误差不得大于 100mm，时间记录误差不得大于 5s。

12）根据现场实践表明，当水泥土搅拌桩作为承重桩进行基坑开挖时，桩顶和桩身已有一定的强度，若用机械开挖基坑，往往容易碰撞损坏桩顶，因此基底标高以上 0.3m 宜采用人工开挖，以保护桩头质量。

（8）粉体喷射搅拌法施工中应注意的事项：

1）喷粉施工前应仔细检查搅拌机械、供粉泵、送气（粉）管路、接头和阀门的密封性、可靠性。送气（粉）管路的长度不宜大于 60m。

2）喷粉施工机械必须配置经国家计量部门确认的具有能瞬时检测并记录出粉量的粉体计量装置及搅拌深度自动记录仪。

3）搅拌头每旋转一周，其提升高度不得超过 16mm。

4）施工机械、电气设备、仪表仪器及机具等，在确认完好后方准使用。

5）在建筑物旧址或回填建筑垃圾地区施工时，应预先进行桩位探测，并清除已探明的障碍物。

6）桩体施工中，若发现钻机不正常的振动、晃动、倾斜、移位等现象，应立即停钻检查。必要时应提钻重打。

7）施工中应随时注意喷粉机、空压机的运转情况，压力表的显示变化。当送灰过程中出现压力连续上升，发送器负载过大，送灰管或阀门在轴具提升中途堵塞等异常情况，应立即判明原因，停止提升，原地搅拌。为保证成桩质量，必要时应予复打。堵管的原因除漏气外，主要是水泥结块。施工时不允许用已结块的水泥，并要求管道系统保持干燥状态。

8）在送灰过程中如发现压力突然下降、灰罐加不上压力等异常情况，应停止提升，原地搅拌，及时判明原因。若由于灰罐内水泥粉体已喷完或容器、管道漏气所致，应将钻具下沉到一定深度后，重新加灰复打，以保证成桩质量。有经验的施工监理人员往往从高压送粉胶管的颤动情况来判明送粉的正常与否。检查故障时，应尽可能不停止送风。

9）设计上要求搭接的桩体须连续施工，一般相邻桩的施工间隔时间不超过 8h。若因停电、机械故障而超过允许时间，应征得设计部门同意，采取适宜的补救措施。

10）在 SP-1 型粉体发送器中有一个气水分离器，用于收集因压缩空气膨胀而降温所产生的凝结水。施工时应经常排除气水分离器中的积水，防范因水分进入钻杆而堵塞送粉通道。

11）喷粉时灰罐内的气压比管道内的气压高 0.02～0.05MPa 以确保正常送粉。

12）对地下水位较深，基底标高较高的场地；或喷灰量较大，停灰面较高的场地，施工时应加水或施工区及时地面加水，以使桩头部分水泥充分水解水化反应，以防桩头呈疏松状态。

2.3　检测方法及目标

地基处理的检测方法根据地基处理选用的技术和方法不同而不同，各种地基处理的检测方法和检测项目详见现行国家标准《建筑地基基础工程施工质量验收规范》（GB 50202）。

对灰土地基、砂和砂石地基、土工合成材料地基、粉煤灰地基、强夯地基、注浆地基、预压地基，其竣工后的结果（地基强度或承载力）必须达到设计要求的标准。检验数量，每个单位工程不应少于 3 点，1000m² 以上工程，每 100m² 至少应有 1 点，3000m² 以上工程，每 300m² 至少应有 1 点。每一独立基础下至少应有 1 点，基槽每 20 延米应有 1 点。

对水泥土搅拌复合地基、高压喷射注浆桩复合地基、砂桩地基、振冲桩复合地基、土和灰土挤密桩复合地基、水泥粉煤灰碎石桩复合地基及夯实水泥土桩复合地基，其承载力检验，数量为总数为 1%～1.5%，但不应少于 3 根。

各类地基质量检验标准及检测方法见表 2-4～表 2-12。

灰土地基质量检验标准和方法　　　　　　表 2-4

项目	序号	检查项目	允许偏差或允许值		检查方法
			单位	数值	
主控项目	1	地基承载力	设计要求		按规定方法
	2	配合比	设计要求		按拌和时的体积比
	3	压实系数	设计要求		现场实测
一般项目	1	石灰粒径	mm	≤5	筛选法
	2	土料有机质含量	%	≤5	试验室焙烧法
	3	土颗粒粒径	mm	≤5	筛分法
	4	含水量（与要求的最优含水量比较）	%	±2	烘干法
	5	分层厚度偏差（与设计要求比较）	mm	±50	水准仪

砂及砂石地基质量检验标准和方法　　　　表 2-5

项目	序号	检查项目	允许偏差或允许值		检查方法
			单位	数值	
主控项目	1	地基承载力	设计要求		按规定方法
	2	配合比	设计要求		检查拌和时的体积比或重量比
	3	压实系数	设计要求		现场实测
一般项目	1	砂石料有机质含量	%	≤5	焙烧法
	2	砂石料含泥量	%	≤5	水洗法
	3	石料粒径	mm	≤100	筛分法
	4	含水量（与要求的最优含水量比较）	%	±2	烘干法
	5	分层厚度偏差（与设计要求比较）	mm	±50	水准仪

强夯地基质量检验标准和方法　　　　表 2-6

项目	序号	检查项目	允许偏差或允许值		检查方法
			单位	数值	
主控项目	1	地基强度	设计要求		按规定方法
	2	地基承载力	设计要求		按规定方法
一般项目	1	夯锤落距	mm	±300	钢索设标志
	2	锤重	kg	±100	称重
	3	夯击遍数及顺序	设计要求		计数法
	4	夯点间距	mm	±500	用钢尺量
	5	夯击范围（超出基础范围距离）	设计要求		用钢尺量
	6	前后两遍间歇时间	设计要求		

预压地基和塑料排水带质量检验标准和方法　　　　表 2-7

项目	序号	检查项目	允许偏差或允许值		检查方法
			单位	数值	
主控项目	1	预压载荷	%	≤2	水准仪
	2	固结度（与设计要求比）	%	≤2	根据设计要求采用不同的方法
	3	承载力或其他性能指标	设计要求		按规定方法
一般项目	1	沉降速率（与控制值比）	%	±10	水准仪
	2	砂井或塑料排水带位置	mm	±100	用钢尺量
	3	砂井或塑料排水带插入深度	mm	±200	插入时用经纬仪检查
	4	插入塑料排水带时的回带长度	mm	≤500	用钢尺量
	5	塑料排水带或砂井高出砂垫层距离	mm	≥200	用钢尺量
	6	插入塑料排水带的回带根数	%	<5	目测

注：如真空预压，主控项目中预压载荷的检查为真空降低值≤2%。

振冲地基质量检验标准和方法　　　　　　表 2-8

项目	序号	检查项目	允许偏差或允许值		检查方法
			单位	数值	
主控项目	1	填料粒径	设计要求		抽样检查
	2	密实电流（黏性土）	A	50～55	电流表读数
		密实电流（砂性土或粉土）	A	40～50	
		（以上为功率 30kW 振冲器）		(1.5～2.0)	电流表读数，A_0 为空振电流
		密实电流（其他类型振冲器）	A	A_0	
	3	压实系数	设计要求		按规定方法
一般项目	1	石灰粒径	mm	≤5	抽样检查
	2	土料有机质含量	%	≤5	用钢尺量
	3	土颗粒粒径	mm	≤5	用钢尺量
	4	含水量（与要求的最优含水量比较）	%	±2	用钢尺量
	5	分层厚度偏差（与设计要求比较）	mm	±50	量钻杆或重锤测

水泥土搅拌桩地基质量检验标准和方法　　　　　　表 2-9

项目	序号	检查项目	允许偏差或允许值		检查方法
			单位	数值	
主控项目	1	水泥及外掺剂质量	设计要求		查产品合格证书或抽样送检
	2	水泥用量	参数指标		查看流量计
	3	桩体强度	设计要求		按规定办法
	4	地基承载力	设计要求		按规定办法
一般项目	1	机头提升速度	m/min	≤0.5	量机头上升距离及时间
	2	桩底标高	mm	+200	测机头深度
	3	桩顶标高	mm	+100 −50	水准仪（最上部 500mm 不计入）
	4	桩位偏差	mm	<50	用钢尺量
	5	桩径		<0.04D	用钢尺量，D 为桩径
	6	垂直度	%	≤1.5	经纬仪
	7	搭接	mm	>200	用钢尺量

土和灰土挤桩地基质量检验标准和方法　　　　　　表 2-10

项目	序号	检查项目	允许偏差或允许值		检查方法
			单位	数值	
主控项目	1	桩体及桩间土干密度	设计要求		现场取样检查
	2	桩长	mm	500	测桩管长度或垂球测孔深
	3	地基承载力	设计要求		按规定方法
	4	桩径	mm	−20	用钢尺量
一般项目	1	土料有机质含量	%	≤5	试验室焙烧法
	2	石灰粒径	mm	≤5	筛选法
	3	桩位偏差	满堂布桩≤0.04D 条基布桩≤0.25D		用钢尺量，D 为桩径
	4	垂直度	%	≤1.5	用经纬仪测桩管
	5	桩径	mm	−20	用钢尺量

注：桩径允许偏差负值是指个别断面。

水泥粉煤灰碎石（CFG）桩复合地基质量检验标准和方法　　表 2-11

项目	序号	检查项目	允许偏差或允许值		检查方法
			单位	数值	
主控项目	1	原材料	设计要求		查产品合格证或抽样送检
	2	桩径	mm	－20	用钢尺量或计算填料量
	3	桩身强度	设计要求		查 28d 试块强度
	4	地基承载力	设计要求		按规定的办法
一般项目	1	桩身完整性	按桩基检测技术规范		按桩基检测技术规范
	2	桩位偏差	满堂布桩≤0.04D 条基布桩≤0.25D		用钢尺量，D 为桩径
	3	桩垂直度	%	≤1.5	用经纬仪测桩管
	4	桩长	mm	100	测桩管长度或垂球测孔深
	5	褥垫层夯填度	≤0.9	用钢尺量	用钢尺量

注：1. 夯填土指夯实后的褥垫层厚度与虚体厚度的比值；
　　2. 桩径允许偏差负值是指个别断面。

夯实水泥土桩复合地基质量检验标准和方法　　表 2-12

项目	序号	检查项目	允许偏差或允许值		检查方法
			单位	数值	
主控项目	1	桩径	mm	－20	用钢尺量
	2	桩长	mm	500	测桩孔深度
	3	桩体干密度	设计要求		现场取样检查
	4	地基承载力	设计要求		按规定的方法
一般项目	1	土料有机质含量	%	≤5	焙烧法
	2	含水量（与最优含水量比）	%	±2	烘干法
	3	土料粒径	mm	≤20	筛分法
	4	水泥质量	设计要求		查产品质量合格证书或抽样送检
	5	桩位偏差	满堂布桩≤0.04D 条基布桩≤0.25D		用钢尺量，D 为桩径
	6	桩孔垂直度	%	≤1.5	用经纬仪测桩管
	7	褥垫层夯填度	≤0.9		用钢尺量

2.4　技 术 前 景

1. 地基处理技术前景

因为地质不一样，建筑需要的地基承载力不一样，各种地基处理方法应用前景也不一样。

（1）换填地基技术。

换填地基技术是地基处理中造价较低的一种技术，在我国得到广泛的应用，其多用于坑底局部软弱下卧层的地基处理。由于造价低，施工操作简便易行，因此该技术仍是适用技术，前景广阔。

（2）强夯地基技术。

强夯地基技术是地基处理中造价较低的一种技术。但对于强夯法，对含有良好透水性夹层的饱和细粒土地基应通过试验后采用；对于采用桩基的湿陷性黄土地基、可液化地基、填土地基、欠固结地基，可先用强夯法进行地基预处理，然后再进行桩基施工；对于强夯置换法仅用于对变形控制要求不严的工程中。由于造价低，施工操作简便，因此该技术在地质条件许可又能就地取材的地基处理中仍是适用技术，前景较好。

（3）预压地基技术。

预压地基技术适用于软黏土地基，施工机具设备简单，且可重复使用，费用相对低廉，因此该技术仍是适用技术，前景广阔。

（4）振冲地基技术。

振冲地基技术施工操作简便，费用相对低廉，因此该技术在能就地取材的地基处理中仍是适用技术，前景较好。

（5）土和灰土挤密桩地基技术。

土和灰土挤密桩地基技术由于就地取材，不需开挖，可降低造价并缩短工期，因此该技术中仍是适用技术，前景广阔。

（6）水泥粉煤灰碎石桩地基技术。

水泥粉煤灰碎石桩地基技术适用于处理黏性土、粉土、砂土和已自重固结的素填土等地基。由于不同置换率、厚径比等设计理论研究和实践的成功，该技术是比较先进的技术，应用前景广阔。

（7）夯实水泥土桩地基技术。

夯实水泥土桩地基技术因施工质量均匀易保证，工期短，桩体材料除了水泥外其余可就地取材，造价相对较低，而处理后复合地基承载力可达 $180\sim300kPa$，因此该技术是比较先进的技术，应用前景广阔。

（8）排水固结法技术。

预压地基技术适用于软黏土地基，施工机具设备简单，且可重复使用，费用相对低廉，因此该技术仍是先进技术，应用前景广阔。

（9）水泥土搅拌法技术。

夯实水泥土桩地基技术因工期短，桩体材料除了水泥外其余可就地取材，造价相对较低，但处理后的个别加固体不均匀，因此该技术是适用技术，应用前景较好。

2. 地基处理技术新发展

（1）采用两种及两种以上方法的综合处理尝试。例如，"双控动力固结法"是结合两种控制方法处理软弱地基的一种施工工艺。一是通过控制电渗井点降水的各项参数，利用淤泥质土含水量大，渗透系数小的特点，在电渗离子的作用下改变淤泥质土的特性，达到固结的效果。通过改变电渗井点管的长度，调整井点间距、电渗时间、电流密度等参数使之达到所需加固处理的深度及达到土体密实所需的最佳含水量；二是通过控制施加动力的各项参数，在经电渗降水后土体达到最佳含水量的情况下进一步对需处理土体进行加固密实，达到所需的承载力。通过调整施加动力的能量、遍数、时间以及击振频率等，使之达到所需加固处理的承载力。例如，"强夯—降排水固结法"，排水条件良好，吹填土（细砂）属饱和无黏性土地基，在垂直向和水平向具有高的渗透系数，有利于土体排水固结，加固深度适宜，有效加固深度在 $5\sim7m$ 左右，能够满足要求，强夯对软弱黏性土也有一定的影响改善作用，能有效地消除液化，利用强夯时的瞬间冲击能使土体产生振动液化，土颗粒被压密或重组，土体有效应力增加，土体强度提高，从而消除土层液化，施工效率高，对工期紧、任务急的工程，"强夯-降排水固结法"施工具有较大的优势，经济节约，其成本可降低 30%～50%。

（2）水泥搅拌桩和高压旋喷桩。在处理软土地基中是有效的方法，具有施工方便、工艺简单、工期短等特点，并能达到工后沉降的控制标准，也是比较经济的方法，在保证软土地基处理效果方面具有广泛的推广性。

（3）高真空击密法：

1）原理：一是采用特制的高真空系统强制调整土体的含水量，控制需处理的土体逐步接近最优含水量；二在需处理土体分遍逐步接近最优含水量的同时，采用特制的大型击密设备分遍击密需处理的土体，逐步接近最大密实度；三是根据处理土体的自振频率，调整击振频率；四是正确计算被处理土体超孔隙水压的消散时间，合理确定土体每遍击密的固结恢复时间，严防"弹簧土"的形成；五是根据不同土体的渗透系数、含水量，分层多遍强制调整各层土的真空度、真空气量、平衡参数；六是根据地基的处理深度要求，正确计算各层不同土体击密所需的击振能量。

2）特点：一是在夯前采用高真空系统，合理控制施工参数，减小了饱和土的饱和度，使"饱和软土不宜强夯"结论成为过去；二是高真空结合合适的变能量动力击密，扩大了规范的真空井点在低渗透性土中排水的应用范围；三是由于数遍高真空的作用，缩短了软黏性二遍夯击间隔时间，软土强夯的间隔时间从原规定"不小于 3～4 周"缩短为 5～10天，大大缩短了工期；四是通过高真空击密，使浅层地基（10m 内）形成超固结硬壳层，改善地基的受力性能；由于深层软土不形成排水通道，深层软土工后沉降将明显减小；五是大面积加固，对地基有一定的降水预压作用。

小结：

目前，高层建筑工程地基基础应用较多的是换填和桩基。换填处理局部地基具有经济性好，施工效率高，地基承载力能大幅提高等优点；桩基具有强度高，地基承载力能大幅提高，施工效率高，施工质量均匀可靠，特别是超高层建筑的增多，对地基基础的要求更高，桩基具有显著优势。

3 桩　　基

建筑工程由于自重大，对地基产生的荷载大，建筑地基要求较高，在软土地基等不良地质中，桩基是应用较广的一种方式，特别是高层及超高层建筑应用广泛。保证桩基的质量才能保证整个建筑的安全。

3.1　质量问题分析

影响桩基质量的因素较多，一般有：工程地质勘察报告不够详尽准确；设计的合理取值；施工中的各种原因。

在桩基施工中对质量问题及隐患的分析与处理，将影响建筑物的结构安全。

3.1.1　打入预制桩

1. 常见质量问题

打入预制桩常见质量问题主要有单桩承载力低于设计值，桩倾斜过大，断桩，桩接头断离，桩位偏差过大五大类。

2. 造成问题的原因

（1）单桩承载力低于设计要求的常见原因有：

1）桩沉入深度不足；

2）桩端未进入设计规定的持力层，但桩深已达设计值；

3）最终贯入度过大；

4）桩倾斜过大、断裂等原因导致单桩承载力下降；

5）勘察报告所提供的地层剖面、地基承载力等有关数据与实际情况不符。

（2）桩倾斜过大的常见原因：

1）预制桩质量差，其中桩顶面倾斜和桩尖位置不正或变形，最易造成桩倾斜；

2）桩机安装不正，桩架与地面不垂直；

3）桩锤、桩帽、桩身的中心线不重合，产生锤击偏心；

4）桩端遇石块或坚硬的障碍物；

5）桩距过小，打桩顺序不当而产生强烈的挤土效应；

6）基坑土方开挖不当。

（3）断桩的常见原因：

除了桩倾斜过大可能产生桩断裂外，其他还有三种原因：

1）桩堆放、起吊、运输的支点或吊点位置不当；

2）沉桩过程中，桩身弯曲过大而断裂。如桩制作质量造成的弯曲，或桩细长又遇到较硬土层时，锤击产生的弯曲等；

3）锤击次数过多。如有的设计要求的桩锤击过重，设计贯入度过小，以至于施工时，锤击过度而导致桩断裂。

(4) 桩接头断离的常见原因：

设计桩较长时，因施工工艺的需要，桩分段预制，分段沉入，各段之间常用钢材焊接连接件做桩接头。这种桩接头的断离现象也较常见。其原因，除了上述外，还有上、下节桩中心线不重合；桩接头施工质量差，如焊缝尺寸不足等。

(5) 桩位偏差过大的常见原因：

主要是测量放线差错；沉桩工艺不良。如桩身倾斜造成竣工桩位出现较大的偏差。

3.1.2 静压桩

1. 常见质量问题

静压桩常见质量问题主要有桩位偏移、沉桩深度不足。

2. 造成问题的原因

(1) 桩位偏移的常见原因有：

1) 桩机定位不准，在桩机移动时，由于施工场地松软，致使原定桩位受到挤压而产生位移；

2) 地下障碍物未清除，使沉桩时产生位移；

3) 桩机不平，压桩力不垂直。

(2) 沉桩深度不足的常见原因有：

1) 勘察设计原因；

2) 在沉桩时遇到下层土为粉砂层或硬夹层，沉桩时穿不透而达不到标高；

3) 在沉桩过程中，因故停压，停歇时间太长，土体固结，无法沉到规定标高；

4) 由于桩身强度不够，桩身被压碎，而无法沉到设计标高；

5) 由于桩身倾斜，而用桩机强行校直，产生桩身断裂、错位而达不到设计标高。

3.1.3 泥浆护壁钻孔灌注桩

1. 常见质量问题

泥浆护壁钻孔桩常见质量问题有成孔质量不合格、钢筋笼的制作和安装质量差、成桩桩身质量不良。成孔质量不合格包括塌孔、斜孔、弯孔、缩孔、孔底沉渣厚度超过允许值、成孔深度达不到设计要求等问题。塌孔是孔壁坍塌；斜孔是桩孔垂直度偏差大于1%；弯孔是孔道弯曲，钻具升降困难，钻进时钻机架或钻杆晃动，成孔后安放钢筋笼或导管困难；缩孔是成孔后钻孔尺寸不足钢筋笼安放不下去。成桩桩身质量包括成桩桩顶标高偏差过大；桩身混凝土强度偏低或存在缩颈、断桩等缺陷。

2. 常见质量问题原因分析

(1) 成孔质量不合格的原因：

1) 塌孔事故的原因主要有：

① 孔口护筒埋置不当。

② 孔内静水压力不足。

③ 护壁泥浆指标选用不当。

④ 钻进过快或停留在一处空钻时间过长。

⑤ 清孔时间太长或成孔后未及时浇筑。

⑥ 施工过程中对孔壁扰动太大。

2）斜孔、弯孔事故的原因：

① 钻杆垂直度偏差大。

② 钻头结构偏心。

③ 开孔时，进尺太快，孔形不直。

④ 孔内障碍物或地层软硬不均，钻进时产生偏斜。

3）缩孔的原因：

① 塑性土膨胀。

② 钻头直径偏小。

4）孔底沉渣厚度超允许值的原因：

① 孔内泥浆的比重、黏度不够，携带钻渣的能力差。

② 清孔方法不当，孔底有流沙或孔壁坍塌。

③ 停歇时间太长。

（2）钢筋笼的制作、安装质量差的原因：

1）孔形呈现斜孔、弯孔、缩孔或孔内地下障碍物清理不彻底。

2）钢筋笼制作成型偏差大；或运输堆放时变形大；或孔内分段钢筋笼对接不直；或在孔内下放时速度过快使下端插到孔壁上。

3）钢筋笼上浮的主要原因是：导管挂碰钢筋笼或孔内混凝土上托钢筋笼。

（3）成桩桩身质量不良的原因

1）成桩桩顶标高偏差较大，原因主要是标高误判：

① 孔底回淤量过大，造成桩顶浮浆层较厚，测量混凝土标高不准。

② 孔内局部扩孔，混凝土充盈量大，未及时测量孔内混凝土面上升情况，造成灌注量不足。

2）断桩的形成原因：

① 混凝土坍落度偏小，或骨料粒径偏大，造成导管内混凝土堵管，形成断桩。

② 导管在混凝土中埋置深度太浅，或下口脱离了混凝土面层使部分桩顶混凝土浮浆保留在桩身上。

③ 因排除现场施工故障，使混凝土灌注中断时间过长。

④ 导管拼接质量差，管内漏气、漏水。

⑤ 浇混凝土时发生塌孔。

3.1.4　锤击沉管夯扩灌注桩

1. 常见质量问题

锤击沉管夯扩灌注桩常见质量问题主要有成孔质量差、钢筋笼位置偏差大、桩身质量常见缺陷。

（1）成孔质量差主要问题包括：

1）锤击沉管达不到设计标高。

2）锤击沉管后管内有水或内夯扩后管内有水。

（2）钢筋笼位置偏差大的主要问题是成桩钢筋笼的标高超过设计要求和规范规定。

（3）桩身质量常见缺陷：

1）外管被埋，即在灌注混凝土以后，外管拔起困难。

2）内管被埋，即在内夯扩作业后，内管拔起困难。

3）外管内混凝土拒落，即在灌注混凝土后，拔起外管时，内管同时向上，外管内混凝土拒落。

4）缩颈、断桩。

5）桩顶标高不符合设计要求和规范规定。

6）成桩桩头直径偏小。

2. 常见质量问题原因分析

(1) 成孔质量差的原因：

1）沉管达不到设计标高的主要原因有：

① 局部地质情况复杂，遇有各类地下障碍物。

② 持力层的变化大，施工失控。

③ 沉桩管偏斜。

④ 以砂层为持力层时，群桩施工影响砂层，使砂层越挤越密。

⑤ 地下水位的下降，也会发生沉管困难。

2）造成外管内有水的原因：

① 封底用的干硬性混凝土搅拌不匀而透水。

② 内管和外管长度差偏小，不能形成止水饼。

③ 内夯扩施工时，内外管共同下沉的标高低于原沉管标高，使原有止水失效。

(2) 钢筋笼位置偏差大的原因：

1）受邻桩施工振动影响，造成钢筋笼下滑。

2）局部土层松软，桩身混凝土充盈量大，使成桩桩顶偏低。

(3) 桩身质量常见缺陷：

1）外管被埋的主要原因：

① 施工机械起吊能力不足。

② 沉管作业时，最终贯入度偏小，拔外管时，外壁摩擦阻力增大。

③ 外管下端破裂。

2）内管被埋的主要原因：

① 内夯管底端与外管内壁之间被碎石或异物卡住。

② 内夯管在夯扩施工中产生变形。

③ 内外管下端长度差偏小，造成内夯管拔起时下端吸泥。

④ 沉管时外管变形后卡住了内夯管。

3）外管内混凝土拒落的主要原因：

① 内外管下端长度偏差过大，在内夯扩作业后，外管下口形成管塞子，堵住了外管下口，使外管内混凝土无法流出。

② 灌注混凝土以后，间隔时间过长，拔外管作业时，管内混凝土初凝。

③ 外管内钢筋笼受压变形后混凝土被卡住。

4）缩颈、断桩的主要原因：

① 外管内混凝土拒落。

② 群桩施工影响，浇注不久的桩身混凝土受邻桩施工振动或土体挤压影响而剪断，

或因地基土隆起将桩拉断。

③ 在流态的淤泥质土层中孔壁坍塌。

④ 外管内严重进水，造成夹层。

⑤ 钢筋笼部位混凝土坍落度偏小，使桩身在钢筋笼下端产生缩颈。

5）成桩桩顶位置偏差大的原因：

① 受群桩施工影响，将已成桩桩身上部挤动移位。

② 受地下障碍物影响或机架垂直度偏移较大，造成沉管偏移或斜桩。

6）成桩桩头直径偏小的原因：

① 受群桩施工振动、挤压影响，桩孔缩小，桩顶混凝土上升。

② 成桩作业拔起外管时，速度偏快。

3.2 先进适用技术

采取先进适用的桩基技术，对解决桩基施工质量问题，保证桩基工程质量具有十分重要的作用。先进适用的桩基技术通常有打入预制桩技术、静压预制桩技术、泥浆护壁钻孔灌注桩技术、锤击沉管夯扩灌注桩技术、振动沉管灌注桩技术等。

3.2.1 施工质量问题处理技术

打桩过程中，发现质量问题，施工单位切忌自行处理，必须报监理、业主，然后会同设计、勘察等相关部门分析、研究，作出正确处理方案。由设计部门出具修改设计通知。一般处理方法有：补沉法、补桩法、送补结合法、纠偏法、扩大承台法、复合桩基法等。

1. 补沉法

桩入土深度不足时，或打入桩因土体隆起将桩上抬时，均可采用此法。

2. 补桩法

可采用下述两种的任一种：

（1）桩基承台前补桩。当桩距较小时，可采用先钻孔，后植桩，再沉桩的方法。

（2）桩基承台或地下室完成再补静压桩。此法的优点是可以利用承台或地下室结构承受静压桩的施工反力，设施简单，操作方便，不延长工期。

3. 补送结合法

当打入桩采用分节连接，逐根沉入时，差的接桩可能发生连接节点脱开的情况，此时可采用送补结合法。

（1）对有疑点的桩复打，使其下沉，把松开的接头再顶紧，使之具有一定的竖向承载力。

（2）适当补些全长完整的桩，一方面补足整个基础竖向承载力的不足，另一方面补打的整桩可承受地震作用。

4. 纠偏法

桩身倾斜，但未断裂，且桩长较短，或因基坑开挖造成桩身倾斜，而未断裂，可采用局部开挖后用千斤顶纠偏复位法处理。

5. 扩大承台法

由于以下三种原因，原有的桩基承台平面尺寸满足不了构造要求或基础承载力的要求，而需要扩大桩基承台的面积。

（1）桩位偏差大。原设计的承台平面尺寸满足不了规范规定的构造要求，可用扩大承台法处理。

（2）考虑桩土共同作用。当单桩承载力达不到设计要求，需要扩大承台并考虑桩与天然地基共同分担上部结构荷载。

（3）桩基质量不均匀，防止独立承台出现不均匀沉降，或为提高抗震能力，可采用把独立的桩基承台连成整块，提高基础整体性，或设抗震地梁。

6. 复合桩基法

此法是利用桩土共同作用的原理，对地基作适当处理，提高地基承载力，更有效的分担桩基的荷载。常用方法有以下几种。

（1）承台下做换土地基。在桩基承台施工前，挖除一定深度的土，换成砂石填层分层夯填，然后再在人工地基和桩基上施工承台。

（2）桩间增设水泥土桩。当桩承载力达不到设计要求时，可采用在桩间土中干喷水泥形成水泥土桩的方法，形成复合地基基础。

7. 修改桩型或沉桩参数

（1）改变桩型。如，预制方桩改为预应力管桩等。

（2）改变桩入土深度。例如，预制桩过程中遇到较厚的密实粉砂或粉土层，出现桩下沉困难，甚至发生断桩事故，此时可采用缩短桩长，增加桩数量，取密实的粉砂层作为持力层。

（3）改变桩位。如沉桩中遇到坚硬的、不大的地下障碍物，使桩产生倾斜，甚至断裂时，可采用改变桩位重新沉桩。

（4）改变沉桩设备。当桩沉入深度达不到设计要求时，可采用大吨位桩架，采用重锤低击法沉桩。

8. 其他方法

（1）底板架空。底层地面改为架空楼板，以减填土自重，降低承台的荷载。

（2）上部结构卸荷。有些重大桩基事故处理困难，耗资巨大，耗时过多，只有采取削减上部建筑层数的方法，减小桩基荷载。也有采用轻质高强的隔墙或其他材料代替原设计的厚重结构而减轻上部建筑的自重。

（3）结构验算。当出现桩身混凝土强度不足、单桩承载力偏低等事故，可通过结构验算等方法寻找处理方案。如验算结果仍符合规范的要求时，可与设计单位协商，不作专门处理。但此方法属挖设计潜力，必须征得设计部门的同意，万不得已用之时，应慎之又慎。

（4）综合处理法。选用前述各种方法的几种综合应用，往往可取得比较理想的效果。

（5）采用外围补桩，增加周边嵌固，防止或减少桩位侧移等。

总之，桩基施工质量关系到整个建筑物的工程质量，在桩基施工过程中，遇到各种意外情况，应及时和业主、监理与设计部门联系，根据具体情况进行分析，按设计部门的设计修改通知或会议纪要进行施工。

3.2.2　打入预制桩技术

预制桩常用的有混凝土方桩、预应力混凝土管桩和钢管桩，打入法是最常用的沉桩方法。

1. 打桩设备

打桩设备主要是桩锤和桩架。

桩锤有落锤、蒸汽锤、柴油锤和液压锤，目前应用最多的是柴油锤。柴油锤是利用燃油爆炸推动活塞往复运动而锤击打桩，活塞重量从几百公斤到数吨。

用锤击沉桩，为防止桩受冲击应力过大而损坏，宜用重锤轻击。如用轻锤重打，锤击功大部分被桩身吸收，桩不易打入，且桩头易打碎。锤重与桩重应有一定的比值，或控制锤击应力，以防把桩打坏。

桩架是支持桩身和桩锤，沉桩过程中引导桩的方向，并使桩锤能沿着要求的方向冲击的打桩设备。

常用桩架有多能桩架和履带式桩架，多用后者。履带式桩架以履带式起重机为底盘，增设了立柱和斜撑用以打桩。

2. 打桩

打桩前应做好下列准备工作：清除妨碍施工的地上和地下的障碍物；平整施工场地；定位放线。

柱基轴线的定位点应设置在不受打桩影响的地点，打桩地区附近需设置不少于 2 个水准点，在施工过程中可据此检查桩位的偏差以及桩的入土深度。

3. 打桩时应注意的问题

（1）打桩顺序。打桩顺序应根据地形、土质和桩布置的密度决定。

由于桩对土体产生挤压，打桩时先打入的桩常被后打入的桩推挤而发生水平位移，尤其是在满堂打桩时，这种现象尤为突出。因此在桩的中心距小于 4 倍桩的直径时，应拟定合理的打桩顺序。

当逐排打设时，打桩的推进方向应逐排改变，以免土朝一个方向挤压，导致土壤挤压不均匀。对同一排桩而言，必要时可采用间隔跳打的方式进行。大面积打桩时，可从中间先打，逐渐向四周推进，若从四周向中间打设，则中间部分土壤受到挤压，使桩难于打入，分段打设可以减少对桩的挤动，在大面积打桩时较为适宜。

（2）打桩方法。

在桩架就位后即可吊桩，垂直对准桩位中心，缓缓放下插入土中，位置要准确。在桩顶扣好桩帽或桩箍，使桩稳定后，即可除去吊钩，起锤轻压并轻击数锤，随即观察桩身与桩帽、桩锤等是否在同一轴线上，接着可正常施打。在沉桩过程中，要经常注意桩身有无移和倾斜现象，如发现问题，应及早纠正。为了防止击碎桩顶，除用桩帽外，如桩顶不平，可用麻袋或厚纸垫平，落锤高度不宜大于 1m。如用送桩法将桩顶打入土中时，桩与送桩的纵轴线应尽量在同一直线上。拔出送桩后，桩孔应及时回填。沉桩到接近要求时，需进行观察，看是否满足贯入度或沉桩标高的要求。如达到设计要求，即做好记录，并将桩架移至新桩位施工。

4. 打桩的质量控制

打桩的质量视打入后的偏差是否在允许范围之内，最后贯入度与沉桩标高是否满足设计要求以及桩顶、桩身是否打坏而定。

桩的垂直偏差应控制在 1% 以内，平面位置的偏差除上面盖有基础梁的桩和桩数为 1～2 根或单排桩基中桩外，一般为 1/2～1 个桩的直径或边长。

摩擦桩的入土深度控制，以标高为主，而以贯入度作参考；端承桩的入土深度控制，以贯入度为主，而以标高作参考。贯入度指最后贯入度，即最后 10 击桩的平均入土深度。

5. 保证质量的措施

(1) 保证单桩承载力符合设计的措施：

1) 预制桩混凝土强度等级不宜低于 C30。

2) 原材料质量必须符合施工规范要求，严格按照混凝土配合比配制。

3) 钢筋骨架尺寸、形状、位置应正确。

4) 混凝土浇筑顺序必须从桩顶向桩尖方向连续浇筑，并用插入式振捣器捣实。

5) 桩在制作时，必须保证桩顶平整度和桩间隔离层有效。

6) 按规范要求养护，打桩时混凝土龄期不少于 28d。

(2) 防治桩身偏移过大措施：

1) 施工前需平整场地，其不平整度控制在 1‰ 以内。

2) 插桩和开始沉桩时，控制桩身的垂直度在 1/200（即 0.5％）桩长内，若发现不符合要求，要及时纠正。

3) 桩基轴线的控制点和水准点应设在不受施工影响的地方，开工前，经复核后应妥善保护，施工中应经常复测。

4) 在饱和软土中施工，要严格控制沉桩速率。采取必要的排水措施，以减少对邻桩的挤压偏位。

5) 根据工程特点选用合理的沉桩顺序。

6) 接桩时，要保证上下两节桩在同一轴线上，接头质量符合设计要求和施工规范规定。

7) 沉桩前，桩位下的障碍物务必清理干净，发现桩倾斜，应及时调查分析和纠正。

8) 发现桩位偏差超过规范要求时，应会同设计人员研究处理。

(3) 防治桩接头破坏措施：

1) 接桩时，对连接部位上的杂质、油污等必须清理干净，保证连接部件清洁。

2) 采用硫磺胶泥接桩时，胶泥配合比应由试验确定。严格按照操作规程进行操作，在夹箍内的胶泥要满浇，胶泥浇注后的停歇时间一般为 15min 左右，严禁浇水使温度急剧下降，以确保硫磺胶泥达到设计强度。

3) 采用焊接法接桩时，首先将上下节桩对齐保持垂直，保证在同一轴线上。两节桩之间的空隙应用钢垫片填实，确保表面平整垂直，焊缝应连续饱满，满足设计要求。

4) 采用法兰螺栓接桩时，保持平整和垂直，拧紧螺母，锤击数次再重新拧紧。

5) 当接桩完毕后应锤击几下，再检查一遍，看有无开焊、螺栓松脱、硫磺胶泥开裂等现象，如有发生应立即采取措施，补救后才能使用。如补焊、重新拧紧螺栓并用电焊焊死螺母或丝扣凿毛。

(4) 防治桩头打碎措施：

1) 混凝土强度等级不宜低于 C30，桩制作时要振捣密实，养护期不宜少于 28d。

2) 桩顶处主筋应平齐（整），确保混凝土振捣密实，保护层厚度一致。

3) 桩制作时，桩顶混凝土保护层不能过大，以 3cm 为宜，沉桩前对桩进行全面检查，用三角尺检查桩顶的平整度，不符合规范要求的桩不能使用或经处理（修补）后才能使用。

4）根据地质条件和断面尺寸及形状，合理选用桩锤，严格控制桩锤的落距，遵照"重锤低击"的原则，严禁"轻锤高击"。

5）施工前，认真检查桩帽与桩顶的尺寸，桩帽一般大于桩截面周边 2cm。如桩帽尺寸过大和翘曲变形不平整，应进行处理后方能施工。

6）发现桩头被打碎，应立即停止沉桩，更换或加厚桩垫。如桩头破裂较严重，将桩顶补强后重新沉桩。

（5）防治断桩措施：

1）桩的混凝土强度不宜低于 C30，制桩时各分项工程应符合有关验评标准的规定，同时，必须要有足够的养护期和正确的养护方法。

2）桩在堆放、起吊、运输过程中，应严格按照有关规定或操作规程执行，发现桩开裂超过有关验收规定时，严禁使用。

3）接桩时，要保持相接的两节桩在同一轴线上，接头构造及施工质量符合设计要求和规范规定。

4）沉桩前，应对桩构件进行全面检查，若桩身弯曲大于 1% 桩长，且大于 20mm 的桩，不得使用。

5）沉桩前，应将桩位下的障碍物清理干净，在初沉桩过程中，若桩发生倾斜、偏位，应将桩拔出重新沉桩；若桩打入一定深度，发生倾斜、偏位，不得采用移动桩架的方法来纠正，以免造成桩身弯曲。一节桩的长细比一般不超过 40，软土中可适当放宽。

6）在施工中出现断桩时，应会同设计人员共同处理。

（6）防治沉桩指标达不到设计要求措施：

1）核查地质报告，必要时应补勘。

2）正式施工前，先打两根试桩，以检验设备和工艺是否符合要求。根据工程地质资料，结合桩断面尺寸、形状，合理选择沉桩设备和沉桩顺序。

3）采取有效措施，防止桩顶击碎和桩身断裂。

4）遇硬夹层时，可采用钻孔法钻透硬夹层，把桩插进孔内，以达到设计要求。

3.2.3 静压预制桩技术

1. 定义

静压法施工是通过静力压桩机以其自重及桩架上的配重作反力，将预制桩压入土中的一种沉桩工艺。

早在 20 世纪 50 年代初，我国沿海地区就开始采用静力压桩法。到 80 年代，随着压桩机械的发展和环保意识的增强得到了进一步推广。至 90 年代，压桩机实现系列化，且最大压桩力为 6800kN 的压桩机已问世，它既能施压预制方桩，也可施压预应力管桩。适用的建筑物已不仅是多层和中高层，也可以适用于 20 层及以上的高层建筑及大型构筑物。目前我国湖北、广东、上海、江苏、浙江、福建等省、市都有应用，尤以上海、南京、广州及珠江三角洲应用较多。

2. 静压法沉桩机理

静压预制桩主要应用于软土地基。在沉桩过程中，桩尖直接使土体产生冲切破坏，伴随或先发生沿桩身土体的直接剪切破坏。孔隙水受此冲剪挤压作用形成不均匀水头，产生超孔隙水压力，扰动了土体结构，使桩周约一倍桩径的一部分土体抗剪强度降低，发生严重软化（黏性土）或稠化（粉土、砂土），出现土重塑现象，从而可容易地连续将静压桩送入很深的地基土层中。压桩过程中如发生停顿，一部分孔隙水压力会消失，桩周土会发生径向固结现象，使土体密实度增加，桩周的侧壁摩阻力也增长，尤其是扰动重塑的桩端土体强度得到恢复，致使桩端阻力增长较大，停顿时间越长扰动土体强度恢复增长越多。因此，静压沉桩不宜中途停顿，必须接桩停留时，宜考虑浅层接桩，还应尽量避开在好土层深度处停留接桩。静压桩是挤土桩，压入过程中会导致桩周围土的密度增加，其挤土效应取决于桩截面的几何形状、桩间距以及土层的性能。

3. 静压法适用范围

静压法通常适用于高压缩性黏土层或砂性较轻的软黏土层，当桩须贯穿有一定厚度的砂性土夹层时，必须根据桩机的压桩力与终压力及土层的形状、厚度、密度、上下土层的力学指标、桩型、桩的构造、强度、桩截面规格大小与布桩形式、地下水位高低以及终压前的稳压时间与稳压次数等综合考虑其适用性。

压桩力大于 4000kN 的压桩机，可穿越 5～6m 厚的中密、密实砂层。中型压桩机（压桩力≤2400kN），穿越砂层的能力较有限，所以对其情况需进行压桩可行性判断。

静压桩也适用于覆土层不厚的岩溶地区。在这些地区采用钻孔桩，很难钻进；采用冲孔桩，容易卡锤；采用打入式桩，容易打碎。只有采用静压桩可缓慢压入，并能显示压桩阻力，但在溶洞、溶沟发育充分的岩溶地区，静压桩宜慎用，以及在土层中有较多孤石、障碍物的地区，静压桩宜慎用。

小型压桩机（压桩力≤600kN）用于压制预制小桩，适用于在 10m 以内存在持力层（如硬塑粉质黏土层、粉土层及中密粉细砂层等）。

4. 静压桩施工

（1）桩的类型。

用于静压桩施工的钢筋混凝土预制桩有 RC 方桩、PC 管桩、PHC 管桩和 PTC 管桩，还有的地区采用外方内圆空心式钢筋混凝土预制桩。

（2）桩的沉设。

静压预制桩的施工一般采用分段压入、逐段接长的方法。其施工工艺为：测量定位→压桩机就位→吊装喂桩→桩身对中调直→压桩→接桩→再压桩→（送桩）→终止压桩→切割桩头。

1）测量定位。

通常在桩身中心打入一根短钢筋，若在较软的场地施工，由于桩机的行走而挤压预打入的短钢筋，故当桩机大体就位之后要重新测定桩位。

2）压桩机就位。

经选定的压桩机进行安装调试就位后，行至桩位处，使桩机夹持钳口中心（可挂中心线砣）与地面上的样桩基本对准，调平压桩机后，再次校核无误，将长步履（长船）落地受力。

3）吊装喂桩。

静压预制桩桩节长度一般在 12m 以内，可直接用压桩机上的工作吊机自行吊装喂桩，也可以配备专门吊机进行吊装喂桩。第一节桩（底桩）应用带桩尖的桩，当桩被运到压桩机附近后，一般采用单点吊法起吊，采用双千斤（吊索）加小扁担（小横梁）的起吊法可使桩身竖直进入夹桩的钳口中。当接桩采用硫磺胶泥接桩法时，起吊前应检查浆锚孔的深度并将孔内的夹物和积水清理干净。

4）桩身对中调直。

当桩被吊入夹桩钳口后，由指挥员指挥桩机操作工将桩缓慢降到桩尖离地面 10cm 左右为止，然后夹紧桩身，微调压桩机使桩尖对准桩位，并将桩压入土中 0.5～1.0m，暂停下压，在从桩的两个正交侧面校正桩身垂直度，当桩身垂直度偏差小于 0.5％时才可正式压桩。

5）压桩。

压桩是通过主机的压桩油缸行程的力将桩压入土中，压桩油缸的最大行程因不同型号的压桩机而有所不同，一般为 1.5～2.0m，所以每一次下压，桩入土深度约为 1.5～2.0m，然后松夹具→上升→再夹紧→再压，如此反复进行，方可将一节桩压下去。当一节桩压到其桩顶离地面 80～100cm 时，可进行接桩或放入送桩器将桩压至设计标高。

6）接桩。

静压预制桩常用接头形式有电焊焊接和硫磺胶泥锚固接头。电焊焊接施工时焊前须清理接口处砂浆、铁锈和油污等杂质，坡口表面要呈金属光泽，加上定位板。接头处如有空隙，应用楔形铁片全部填实焊牢。焊接坡口槽应分 3～4 层焊接，每层焊渣应彻底清除，焊接采用人工对称堆焊，预防气泡和夹渣等焊接缺陷。焊缝应连续饱满，焊好接头自然冷却 15min 后方可施压，禁止用水冷却或焊好即压。硫磺胶泥锚固接头，施工时要认真把好质量关。

7）送桩。

如果桩顶已接近设计标高，而桩压力尚未达到规定值，可以送桩。如果桩顶高出地面一段距离，而压桩力已达到规定值时则要截桩，以便压桩机移位。

静压桩的送桩作业可以利用现场的预制桩段作送桩器。施压预制桩最后一节桩的桩顶面达到施工地面以上 1.5m 左右时，应再吊一节桩放在被压桩的顶面，不要将接头连接起来。

5. 保证工程质量措施

（1）防治桩位偏移措施：

1）施工前应对施工场地进行适当处理，增强地耐力；在压桩前，应对每个桩位进行复验，保证桩位正确。

2）在施工前，应将地下障碍物，如旧墙基、混凝土基础等清理干净，如果在沉桩过程中出现明显偏移，应立即拔出（一般在桩入土 3m 内是可以拔出的），待重新清理后再沉桩。

3）在施工过程中，应保持桩机平稳，不能在桩机未校平时，就开始施工作业。

4）当施工中出现严重偏位时，应会同设计人员研究处理，如采用补桩措施，按预制桩的补桩方法即可。

（2）防治沉桩深度不足措施：

1）在施工前，应核查地质钻探资料，一般宜用大吨位桩机。

2）桩机必须满足沉桩要求，并应对桩机进行全面整修，确保在沉桩过程中机械完好，一旦出现故障，应及时抢修。

3）按设计要求与规范规定验收预制桩质量合格后才能沉桩。

4）桩机必须保持平整且垂直，一旦出现桩身倾斜，不得强行校正。

5）遇有硬土层或粉砂层时，可采用植桩法或射水法施工。

3.2.4 泥浆护壁钻孔灌注桩技术

1. 定义

泥浆护壁成孔灌注桩是采用钻机钻孔，在钻孔的同时排除孔内泥土，并用泥浆护壁，待清除孔底泥土后，再由导管灌注混凝土形成的钢筋混凝土桩。

2. 适用范围

泥浆护壁钻孔灌注桩按成孔工艺和成孔机械的不同，可分为如下几种，其适用范围如下：

（1）冲击成孔灌注桩：适用于黄土、黏性土或粉质黏土和人工杂填土层中应用，特别适合于有孤石的砂砾石层、漂石层、坚硬土层、岩层中使用，对流沙层亦可克服，但对淤泥及淤泥质土，则应慎重使用。

（2）冲抓成孔灌注桩：适用于一般较松软黏土、粉质黏土、砂土、砂砾层以及软质岩层应用，孔深在 20m 内。

（3）回转钻成孔灌注桩：适用于地下水位较高的软、硬土层，如淤泥、黏性土、砂土、软质岩层。

（4）潜水钻成孔灌注桩：适用于地下水位较高的软、硬土层，如淤泥、淤泥质土、黏土、粉质黏土、砂土、砂夹卵石及风化页岩层中使用，不得用于漂石。

3. 施工

（1）工艺流程。泥浆护壁钻孔灌注桩的施工工艺流程如图 3-1 所示：

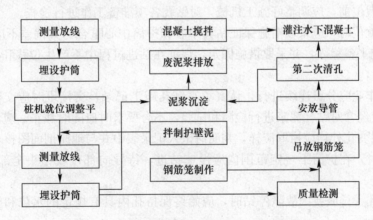

图 3-1　泥浆护壁钻孔灌注桩施工工艺流程图

（2）护筒。

1）护筒一般由钢板卷制而成，钢板厚度视孔径大小采用 4～8mm，护筒内径宜比设计桩径大 100mm，其上部宜开设 1～2 个溢流孔。

2）护筒埋置深度，一般情况下，在黏性土中不宜小于 1m；砂土中不宜小于 1.5m；其高度尚应满足孔内泥浆面高度的要求。淤泥等软弱土层应增加护筒埋深；护筒顶面宜高出地面 300mm。

3）旱地、筑岛处护筒可采用挖坑埋设法，护筒底部和四周回填黏性土并分层夯实；水域护筒设置应严格注意平面位置、竖向倾斜，护筒沉入可采用压重、振动、锤击并辅以护筒内取土的方法。

4）护筒埋设完毕后，护筒中心应与桩中心重合，除设计另有规定外，平面允许偏差为 50mm，竖直线倾斜不大于 1%。

5）护筒连接处要求筒内无凸出物，应耐拉、压，不漏水。应根据地下水位涨落影响，适当调整护筒的高度和深度，必要时应打入不透水层。

（3）护壁泥浆的调制和使用：

1）护壁泥浆一般由水、黏土（或膨润土）和添加剂按一定比例配制而成，可通过机械在泥浆池、钻孔中搅拌均匀。

2）泥浆的配置应根据钻孔的工程地质情况、孔位、钻机性能、循环方式等确定。

3）泥浆池一般分循环池、沉淀池、废浆池三种，从钻孔中排出的泥浆首先经过沉淀池沉淀，再通过循环池进入钻孔，沉淀池中的超标废泥浆通过泥浆泵排至废浆池后集中排放。

4）泥浆池的容量宜不小于桩体积的 3 倍。

5）混凝土灌注过程中，孔内泥浆应直接排入废浆池，防止沉淀池和循环池中的泥浆被污染破坏。

（4）钻孔施工。

1）一般要求：

① 钻孔前，应根据工程地质资料和设计资料，使用适当的钻机种类、型号，并配备适用的钻头，调配合适的泥浆。

② 钻机就位前，应调整好施工机械，对钻孔各项准备工作进行检查。

③ 钻机就位时，应采取措施保证钻具中心和护筒中心重合，其偏差不应大于 20mm。钻机就位后应平整稳固，并采取措施固定，保证在钻进过程中不产生位移和摇晃，否则应及时处理。

④ 钻孔作业应分班连续进行，认真填写钻孔施工记录，交接班时应交待钻进情况及注意事项。应经常对钻孔泥浆进行检测和试验，不合要求时应随时纠正。应经常注意土层变化，在土层变化处均应捞取渣样，判明后记入记录表中并与地质剖面图核对。

⑤ 开钻时，在护筒下一定范围内应慢速钻进，待导向部位或钻头全部进入土层后，方可加速钻进。

⑥ 在钻孔、排渣或因故障停钻时，应始终保持孔内具有规定的水位和要求的泥浆相对密度和黏度。

2）潜水钻机成孔：

潜水钻机适用于小口径桩、较软弱土层，在卵石、砾石及硬质岩层中成孔困难，成孔时应注意控制钻进速度，采用减压钻进，并在钻头上设置不小于 3 倍直径长度的导向装置，保证成孔的垂直度，并根据土层变化调整泥浆的相对密度和黏度。

3）回转钻机成孔：

① 回转钻机适用于各种口径、各种土层的钻孔桩，成孔时应注意控制钻进速度，采

用减压钻进，保证成孔的垂直度，根据土层变化调整泥浆的相对密度和黏度。

② 在黏土、砂性土中成孔时宜采用疏齿钻头，翼板的角度根据土层的软硬在30°～60°之间，刀头的数量根据土层的软硬布置，注意要互相错开，以保护刀架。在卵石及砾石层中成孔时，宜选用平底楔齿滚刀钻头；在较硬岩石中成孔时，宜选用平底球齿滚刀钻头。

③ 桩深在30m以内的桩可采用正循环成孔，深度在30～50m的桩宜采用砂石泵反循环成孔，深度在50m以上的桩宜采用气举反循环成孔。

④ 对于土层倾斜角度较大，孔深大于50m的桩，在钻头、钻杆上应增加导向装置，保证成孔垂直度。

⑤ 在淤泥、砂性土中钻进时宜适当增加泥浆的相对密度；在卵石、砾石中钻进时应加大泥浆的相对密度，提高携渣能力；在密实的黏土中钻进时可采用清水钻进。

⑥ 在卵石、砾石及岩层中成孔时，应增加钻具的重量即增加配重。

4) 冲击钻机成孔：

① 开孔时应低锤密击，表土为淤泥、细砂等软弱土层时，可加黏土块夹小石片反复冲击造壁。

② 在护筒刃脚以下2m以内成孔时，采用小冲程1m左右，提高泥浆比重，软弱层可加黏土块夹小石片。

③ 在砂性土、砂层中成孔时，采用中冲程2～3m，泥浆比重1.2～1.4，可向孔中投入黏土。

④ 在密实的黏土层中成孔时，采用小冲程1～2m，泵入清水和稀泥浆，防粘钻可投入碎石、砖。

⑤ 在砂卵石层中成孔时，采用中高冲程2～4m，泥浆比重1.2～1.3，可向孔中投入黏土。

⑥ 软弱土层或塌孔回填重钻时，采用小冲程1m左右、加黏土块夹小石片反复冲击，泥浆比重1.3～1.5。

5) 冲抓锥成孔与冲击钻成孔方法基本相同，只是起落冲抓锥高度随土质而不同，对一般松软散土层为1.0～1.5m；对坚实的砂卵石层为2～3m。

(5) 清孔：

1) 清孔分两次进行，钻孔深度达到设计要求，对孔深、孔径、孔的垂直度等进行检查，符合要求后进行第一次清孔；钢筋骨架、导管完放完华，混凝土浇筑之前，应进行第二次清孔。

2) 第一次清孔根据设计要求，施工机械采用换浆、抽浆、掏渣等方法进行，第二次清孔根据孔径、孔深、设计要求采用正循环、泵吸反循环、气举反循环等方法进行。

3) 第二次清孔后的沉渣厚度和泥浆性能指标应满足设计要求，一般应满足下列要求；沉渣厚度：摩擦桩≤300mm，端承桩≤50mm，摩擦端承或端承摩擦桩≤100mm；泥浆性能指在浇筑混凝土前，孔底500mm以内的比重≤1.25，黏度≤28s，含砂率≤8%。

4) 不论采用何种清孔方法，在清孔排渣时，必须注意保持孔内水头，防止塌孔。

5) 不应采取加深钻孔深度的方法代替清孔。

(6) 钢筋骨架制作、安放。

1) 钢筋骨架的制作应符合设计与规范要求。

2）长桩骨架宜分段制作，分段长度应根据吊装条件和总长度计算确定，应确保钢筋骨架在移动、起吊时不变形，相邻两段钢筋骨架的接头需按有关规范要求错开。

3）应在钢筋骨架外侧设置控制保护层厚度的垫块，可采用与桩身混凝土等强度的混凝土垫块或用钢筋焊在竖向主筋上，其间距竖向为 2m，横向圆周不得少于 4 处，并均匀布置。骨架顶端应设置吊环。

4）大口径钢筋骨架制作完成后，应在内部加强箍上设置十字撑或三角撑，确保钢筋骨架在存放、移动、吊装过程中不变形。

5）骨架入孔一般用起重机，对于小口径桩无起重机时可采用钻机钻架、灌注塔架等。起吊应按骨架长度的编号入孔，起吊过程中应采取措施确保骨架不变形。

6）钢筋骨架的制作和吊放的允许偏差应符合要求。

7）搬运和吊装时，应防止变形，安放要对准孔位，避免碰撞孔壁，就位后应立即固定。钢筋骨架吊放入孔时应居中，防止碰撞孔壁，钢筋骨架吊放入孔后，应采用钢丝绳或钢筋固定，使其位置符合设计及规范要求，并保证在安放导管、清孔及灌注混凝土过程中不发生位移。

（7）灌注水下混凝土。

1）灌注水下混凝土时的混凝土拌合物供应能力，应满足桩孔在规定时间内灌注完毕；混凝土灌注时间不得长于首批混凝土初凝时间。

2）混凝土运输宜选用混凝土泵或混凝土搅拌运输车；需保证混凝土不离析，具有良好的和易性和流动性。

3）灌注水下混凝土一般采用钢制导管回顶法施工，导管内径为 200～250mm，视桩径大小而定，壁厚不小于 3mm；直径制作偏差不应超过 2mm；导管接口之间采用丝扣或法兰连接，连接时必须加垫密封圈或橡胶垫，并上紧丝扣或螺栓。导管使用前应进行水密承压和接头抗拉试验（试水压力一般为 0.6～1.0MPa），确保导管口密封性。导管安放前应计算孔深和导管的总长度，第一节导管的长度一般为 4～6m，标准节一般为 2～3m，在上部可放置 2～3 根 0.5～1.0m 的短节，用于调节导管的总长度。导管安放时应保证导管在孔中的位置居中，防止碰撞钢筋骨架。

4）水下混凝土配制：

① 水下混凝土必须具备良好的和易性，在运输和灌注过程中应无显著离析、泌水现象，灌注时应保持足够的流动性。配合比应通过试验，坍落度宜为 180～220mm。

② 混凝土配合比的含砂率宜采用 0.4～0.5，并宜采用中砂；粗骨料的最大粒径应小于 40mm；水灰比宜采用 0.5～0.6。

③ 水泥用量不少于 360kg/m³，当掺有适宜数量的减少缓凝剂或粉煤灰时，可小于 300kg。

④ 混凝土中应加入适宜数量的缓凝剂，使混凝土的初凝时间长于整根桩的灌注时间。

5）首批灌注混凝土数量的要求：

首批灌注混凝土数量应能满足导管埋入混凝土中 0.8m 以上。

4. 保证工程质量的措施

（1）防治成孔质量不合格措施：

1）机具安装或钻机移位时，都要进行水平、垂直度校正。

2）选用合适形状的钻头，检查钻头是否偏心。

3）正确埋置护筒。

4）预先探明浅层地下障碍物，清除后埋置护筒。

5）依据现场土质和地下水位情况，决定护筒的埋置深度，一般在黏性土中不宜小于 1m，在砂土及松软填土中不宜小于 1.5m。要保证下端口埋置在较密实的土层，且护筒外围要用黏土等渗漏小的材料封填压实。护筒上口应高出地面 100mm。护筒内径宜比设计桩径大 100mm，且有一定刚度。

6）做好现场排水工作，如果潮汐变化引起孔内外水压差变化大，可加高护筒，增大水压差调节能力。

7）制备合格的泥浆。

8）选择恰当的钻进方法。

9）加强测控，确保钻进深度和清孔质量。

（2）防治钢筋笼的制作、安装质量差的措施：

1）抓好从钢筋笼制作到孔内拼装焊接全过程的工作质量。

2）提高成孔质量，出现斜孔、弯孔时不要强行进行下钢筋笼和下导管作业。

3）安放不通长配筋的钢筋笼时，应在孔口设置钢筋笼的吊扶设施。

4）在不通长配筋的孔内浇混凝土时，当水下混凝土接近钢筋笼下口时，要适当加大导管在混凝土中的埋置深度，减小提升导管的幅度且不宜用导管下冲孔内混凝土，以便钢筋笼顺利埋入混凝土之中。

5）在施工桩径 800mm 以内，孔深大于 40m 的桩时，应设置导管扶正装置。

6）合理安排现场作业，减少成桩作业时间。

（3）防治成桩桩身质量不良措施：

1）深基坑内的桩，宜将成桩标高提高 50～80cm。

2）防止误判，准确导管定位。

3）加强现场设备的维护。施工现场要有备用的混凝土搅拌机，导管的拼接质量要通过 0.6MPa 试压合格后方可使用。

4）灌注混凝土时要连续作业，不得间断。

3.2.5 锤击沉管夯扩灌注桩技术

1. 定义

锤击沉管夯扩灌注桩，又称夯扩桩。是在桩管内加一根与外桩管长度基本相同的内夯管，与外管同步打入设计深度，并作为传力杆将锤击力传至桩端夯扩成大头形，增大地基的密实度，同时利用内管和桩锤的自重将外管内的现浇桩身混凝土压密成型，使水泥浆压入桩侧土体并挤密桩侧的灌注桩。

2. 夯扩桩的成桩原理

夯扩桩是充分发挥桩侧摩阻力和桩端支承力的一种新桩型，以单桩承载力为主，同时起到挤密和加固地基土，提高桩端地基土强度的作用。有资料显示，经静力触探测试，桩侧比贯入阻力提高 5%～10%，扩大头比贯入阻力提高 25%～35%。

夯扩桩是在锤击沉管桩的机械设备与施工方法的基础上加以改进，采用夯扩的方式将桩端现浇混凝土扩大成大头形的一种桩型，通过增大桩端截面和挤密地基土，使桩的承载力大幅提高。

锤击沉管夯扩桩成孔部分采用内外双管，外桩管为通心钢管，内桩管的下端封底，两管套装长度相等，一般无桩靴。用桩锤将其打到设计深度后拔出内管，往外管内灌入一定高度的扩底混凝土，重新插入内管并将外管向上拔一定高度，锤击力经内外桩管直接传给混凝土，通过桩管的挤撑作用，将管底的混凝土夯出管外，迫使扩底混凝土向下部和四周基土挤压，形成扩大头（扩大头设计要求，采用一次或二次夯扩），再浇筑桩身混凝土。

3. 夯扩桩的特点

夯扩桩实质上是种侧壁阻力与端承力共同承载的摩擦支承桩，通过增大桩端面积和挤密地基土，使单桩承载力有了很大的提高。

夯扩桩有如下突出优点：

（1）对地质适应性强、持力层选择范围广，投资省。只要层位稳定、有足够厚度的稍密～密实的中砂～砾砂层、硬塑～坚硬状态的一般黏性土和网纹状黏性土、可塑～硬塑状态的砂质或砾质黏性土，均宜作为桩端持力层，这样可以较容易找到合适的持力层，只要桩底处在中等强度的土层即可，通过不断地夯扩挤密土层，可以达到其他需要较长桩身桩型的同等承载，而夯扩桩的造价却很低，实际上减小了桩的长度，并可最大限度地控制桩长的一致性。实践证明，除了岩石面距离地面很浅或上部淤泥、松土层总厚度达到 15m 以上地区，其他地质情况均可采用；

（2）地基土挤密程度高，桩端面积大，承载力高。通过一次或二次夯扩，使桩端下被夯实土层中一定范围的土体得到了极大的密实，纵向的实际承载力比较高，也有利于减小沉降。

（3）在内管底部放置干硬性混凝土作为薄形土塞，可有效起到止淤和短时止水作用，保证混凝土的浇筑质量。

（4）相对其他桩型，特别是锤击沉管灌注桩，可省去桩靴或桩尖。

（5）控制外管的提升距离，可以形成更为理想的扩大头形状。

（6）桩身混凝土借助于柴油锤力量和内夯管的自重作用压密成型，能避免或减少缩颈和断桩等现象的产生，设计桩径能够保证。

（7）可视地层土质条件，调节施工参数、桩长和扩大头直径以提高单桩承载力。

（8）采用振动拔管，可以增加桩身混凝土的密实度，改善成桩质量。

（9）抗拔性能好，夯扩桩与仅依靠桩身摩擦力作为抗拔力的等截面桩型相比，抗拔力可以成倍的提高。可以广泛应用于独立的地下室结构。

（10）施工机械轻便，机动灵活，适应性强；施工速度快、工期短、性价比高。

4. 施工要点

（1）桩机就位后必须保持垂直、平稳，桩管垂直按规定标准 1‰ 进行验收，确保在施工中不会发生倾斜、移位。内外桩管上作出控制深度标记，以便施工中进行套管入土深度和夯扩投料高度的观测、控制。施工顺序按流水线向后退打。

（2）用强度等级为 C25 的干混凝土止淤，预先用水泥袋装好干硬性混凝土 30kg，置于桩位中心，堆成小堆，把套管对准桩中心，压在干硬性混凝土上进行沉管，沉管后若发现冒水反淤，用干混凝土将管内泥水用内夯压出管外，若压不出则重新止淤沉管。

（3）钢筋笼预先按设计图纸在场内制作成型，当采用电弧焊时，焊缝要饱满，长度要满足规范要求，钢筋笼吊装就位时还要检查垂直度，安放标高准确，并预先焊好钢筋头限位以确保保护层厚度。

（4）严格控制最后的贯入度，锤落高度要大于等于 1.5m，将锤击桩管至设计要求，把内管从桩管拔出，灌入制作扩大头所需的混凝土，将锤和内管压在混凝土上，然后拔起桩管 80~100cm，在桩锤作用下将套管内的混凝土打出，并使内外管同时沉管 60~80cm，二次夯扩时，重复上述步骤。

（5）施工中根据充盈系数（不小于 1.15）计算出单桩所需的混凝土量，并折合成料斗浇筑的次数，以核对实际混凝土灌注量，当实际灌注量小于理论数量时，应采用单桩单打。

（6）成桩拔管时，除了锤和内管须压在桩身混凝土上，拔管速度应控制在 0.8~1.0m/min 内，根据地质条件和施工周围环境，若遇软弱或在软硬土层交接处拔管速度还应控制在 0.8m/min 或以内。拔管成桩后对桩顶以下 2.0~2.5m 范围内桩身用插入式振捣器振捣密实，以免造成桩顶部分的混凝土松散。

5. 保证质量措施

（1）防治成孔质量差的措施：

1）合理选择施工机械和桩锤。

2）群桩施工时，合理安排施工顺序，宜采取由里层向外层扩展的施工顺序。

3）因沉管贯入度偏小而达不到设计标高的桩，可会同设计单位研究制定补救方案，可采取调整夯扩参数，增加内夯扩混凝土投料量的方法，来补偿桩长的不足。

（2）防治钢筋笼位置偏差大的措施：

1）成孔后在孔口将钢筋笼顶端用钢丝吊住，以防下滑。

2）控制钢筋笼安装高度，在投放钢筋笼以前用内夯管下冲压实管内混凝土。

3）外管内混凝土的最后投料要高于钢筋笼顶端一定高度，一是预留一定余量，二是避免桩锤压弯钢筋笼。

（3）防治桩身质量常见缺陷的措施：

1）防止外管被埋的措施：

① 选择机械起重能力应留有一定的安全余量。在发生外管被埋时，可配置千斤顶等辅助起重设备顶托，同时用桩锤轻击内、外管，以克服外管静摩阻力。

② 控制沉管作业的最终锤击贯入度不宜太小。

③ 成桩应连续作业。

④ 在黏土层较厚或地下水位较高的地区施工，宜在外管下端加焊钢筋外箍（通常 $\phi 14 \sim \phi 16$）。

2）防止内管被埋的措施：

① 选用内夯管的钢管管壁不能过小，宜大于 10mm。内夯管下端的底板直径与外管内径差应小于 10mm，内外管下端高差 140~150mm 为宜。

② 一次配足止水封底的干硬性混凝土用量，在遇有桩底流沙层容易吸泥时，要适当加大封底干硬性混凝土的用量。

③ 沉管作业时，要避免外管偏斜。

④ 在发生内夯管拔起困难时，可临时改用拔外管的主卷扬机拔内夯管。

3）防止外管内混凝土拒落的措施：

① 桩身混凝土坍落度应分段调整。一般在内夯扩大头部分采用坍落度 3～5cm，在无钢筋笼的桩身部位采用坍落度 5～7cm，在钢筋笼部位宜用坍落度 7～9cm。

② 防止在内夯管下落时压弯钢筋笼，造成管内混凝土拒落。

4）缩颈、断桩的防治措施：

① 正确安排打桩顺序，同一承台的桩应一次连续打完。桩距小于 4 倍桩径或初凝后不久的群桩施工，宜采用跳打法或控制间隔时间的方法，一般间隔时间为一周。

② 在流态淤泥质土层中施工，应采用较低的外管提升速度，一般控制在 60cm/min 左右。

③ 在管内混凝土下落过快时，应及时在管内补充混凝土。

④ 外管内进水时，应及时用干硬混凝土二次封填。

5）桩顶位置偏差大的防治措施：

① 在沉管作业时，应先复测桩位，在沉管作业时发现桩位偏移要及时调整。

② 机架垫木要稳，注意经常调整机架的垂直度。

③ 用桩位钎探的方法，清除浅层地下障碍物。

6）成桩桩头直径偏小的防治措施：

① 成桩作业后，桩顶混凝土以上须及时用干土回填压实，避免受挤压和振动。

② 成桩作业时，将内夯管始终轻压在外管内的混凝土面层上，控制拔管速度不宜过快。

3.2.6　振动沉管灌注桩技术

1. 定义

振动沉管灌注桩，是利用振动锤的激振力，进行振动沉管，使桩周和桩尖处的土层受挤压变密实。然后又借助于振动锤和卷扬机，在振动的同时，边拔管边灌注混凝土，使混凝土拌合物得到充分的振捣密实，达到成桩的目的。

2. 特点

能沉能拔，施工速度快，效率高，操作方便，安全，费用也较低，但容易出现施工质量问题。

3. 施工

1）振动沉管打桩机就位，预制的桩尖（或活瓣桩尖）对准桩位，桩管放在桩尖上，放松卷扬机钢丝绳，通过桩管自重的压力桩尖进入土中 300～500mm 后将卷扬机钢丝绳收紧。

2）进一步调整好桩架位置，专人校正桩管垂直度，允许偏差为桩长的 ±0.5%。

3）开启振动装置进行沉管，沉管速度不宜太快，控制在 2.5m/min 左右，如遇土层较硬时，可通过卷扬机滑轮组对桩管加压，使其顺利通过硬土层。沉管期间严禁将桩管提起后在行沉管。

4）桩管下沉到设计标高后停机，应用吊砣检查管内有无泥浆或渗水，同时确认孔深。

5）将钢筋笼从进料口安插至设计标高，用专用钢丝绳固定在钢筋笼吊环上。

6）浇筑混凝土，桩管内灌满混凝土后，先振动 5～10s，再开始拔管，应边振边拔，在桩底标高 1.5m 范围内应进行反插数次，反插深度 0.3～0.5m，即可向上拔管，每拔 0.5～1.0m，停拔 5～10s，但保持振动，如此反复，直至桩管全部拔出。

在一般土层内，如选用混凝土预制桩尖，拔管速度宜为 1.2～1.5m/min，用活瓣桩尖时应<1.2m/min。

拔管过程中，桩管内应至少保持 2m 以上高度的混凝土，或不低于地面，可用吊锤检测，不足时要及时补灌，以防混凝土中断形成缩颈、断桩。

7）如遇饱和土层或混凝土充盈系数小于 1.0 的桩，以及怀疑有缩颈、断桩时，可采用反插法施工，反插法施工应符合下列规定：

流动性、塑状淤泥土层不宜采用反插法施工；

反插 1～3 次，反插深度 0.3～0.5m；

桩管内应至少保持 2m 以上高度的混凝土，或不低于地面，并随时向桩管内添加混凝土，以保证桩管内的混凝土高度。

4. 保证质量措施

（1）防治桩身缩颈措施：

1）施工前应根据地质报告和试桩情况提出有效措施，在易缩颈的软土层中，严格控制拔管速度，采取"慢拔密击"的方法。

2）对于设计桩距较小者，采取跳打法施工。

3）在拔管过程中，桩管内应至少保持 2.0m 以上高度的混凝土，或不低于地面，可用吊锤探测，不足时要及时补灌，以防混凝土中断，形成缩颈。

4）严格控制拔管速度，当套管内灌入混凝土后，须在原位振动 5～10s，再开始拔管，应边振边拔，如此反复至桩管全部拔出，当穿过易缩颈的软土层时必须采用反插法施工。

5）按配合比配制混凝土，混凝土需具有良好的和易性。

6）在流塑状淤泥质土中出现缩颈，采用复打法处理。

（2）防治断桩措施

1）控制拔管速度，桩管内确保 2.0m 以上高度的混凝土，对怀疑有断桩和缩颈的桩，可采取局部复打或反插法施工，其深度应超过有可能断桩或缩颈区 1.0m 以上。

2）在地下水位较高的地区施工时，应事先在管内灌入 1.5m 左右的封闭混凝土，防止地下水渗入。

3）选用与桩管内径匹配、密封性能好的混凝土桩尖。

4）桩距小于 3.0～3.5 倍桩径时，采用跳打或对角线打的施工措施来扩大桩距，减少振动和挤压影响。

5）合理安排打桩顺序和桩架行走路线。

6）桩身混凝土强度较低时，尽量避免振动和外力干扰，当采用跳打法仍不能防止断桩时，可采用控制停歇时间的办法来避免断桩。

7）沉管达到设计深度，桩管内未灌足混凝土时不得提拔套管。

8）对于断桩、缩颈（严重）的部位较浅时，可在开挖后将断的桩段清除，采用接桩的方法将桩身接至设计标高，如断桩的部位较深时，一般按设计要求进行补桩。

（3）防治桩身混凝土质量差措施：

1）对于混凝土的原材料必须经试验合格后方可使用，混凝土按配合比配制，和易性良好，坍落度控制在 6～10cm 之间。

2）严格控制拔管速度，保持适当留振时间，拔管时，用吊锤测量，随时观察桩身混凝土灌入量，发现混凝土充盈系数小于 1h，应立即采取措施。

3）当采用反插法时，反插深度不宜超过活瓣长度的 2/3，当穿过淤泥夹层时，应适当放慢拔管速度，并减少拔管高度和反插深度。

4）当采用复打法施工时，拔管过程中应及时清除桩管外壁、活瓣桩尖和地面上的污泥，前后两次沉管的轴线必须重合。

5）对于桩身混凝土质量较差、较浅部位，清理干净后，按接桩方法接长桩身，对于较严重、较深部位，应会同设计人员研究处理。

（4）防治桩长不足措施：

1）在有代表性的不同位置先打试桩，与地质资料核对是否相符，并确定施工机械、施工工艺以及技术要求是否适宜，若不能满足设计要求，应事先会同设计、建设等有关单位进行协商。

2）对桩位下埋深较浅的障碍物，清除后填土再打；对埋置较深者，移位重打。对于较厚的硬夹层，施工确有困难时，可会同设计、勘察、建设等有关单位进行协商处理。

3）根据工程地质资料，选择激振力等振动参数合适的机械设备，如由于正压力不足而使桩管沉不下去可采取加配重和加压的办法来增加正压力，若振动沉管时，由于振动激振力不够，可更换大一级的锤。

4）打桩时，合理选择打桩顺序。

（5）防治钢筋笼上浮或下沉措施：

1）施工中经常复测水准控制点并加以妥善保护。

2）钢筋笼放入混凝土后，在上部将钢筋笼固定。

3.2.7 灌注桩后注浆技术

1. 定义

灌注桩后注浆是指在灌注桩成桩后一定时间，通过预设在桩身内的注浆导管及与之相连的桩端、桩侧处的注浆阀注入水泥浆。注浆的目的一是加固桩底沉渣和桩身侧泥皮；二是通过桩底和桩侧一定范围的土体通过渗入、劈裂和压密注浆起到加固作用，从而增强桩侧阻力和桩端阻力，提高单桩承载力，减少桩基沉降。

2. 特点

单桩承载力大，桩基沉降小，单桩承载力可提高 40%～120%，桩基沉降减小 30% 左右；施工速度快，效率高，操作方便，质量可靠。

3. 适用范围

适用于各类钻、挖、冲孔灌注桩及地下连续墙的沉渣、泥皮和桩底、桩侧一定范围土体的加固。

4. 设计

灌注桩经后注浆处理后的单桩极限承载力，应通过静载试验确定。在没有地方经验的地方，可按下式估算单桩竖向极限承载力标准值。

$$Q_{uk} = u \sum q_{sjk} l_j + u \sum \beta_{si} q_{sik} l_{gi} + \beta_p \times q_{pk} \times A_p$$

式中　　　　u——桩身周长；

　　　　　　l_j——后注浆非竖向增强段第 j 层土厚度；

　　　　　　l_{gi}——后注浆非竖向增强段第 i 层土厚度；

q_{sik}、q_{sjk}、q_{pk}——分别为后注浆非竖向增强段第 i 土层初始极限侧阻力标准值、非竖向
　　　　　　　增强段第 j 土层初始极限侧阻力标准值、初始极限端阻力标准值；按
　　　　　　　JGJ 94 标准取值；

β_{si}、β_p——分别为后注浆侧阻力、端阻力增强系数；没有地方经验，可按 JGJ 94
　　　　　　　标准取值。

在确定单桩承载力设计值时，应验算桩身承载力。

5. 施工

(1) 施工工艺：

1) 孔底设置注浆工艺。采用该工艺时钢筋笼需下到桩底。该工艺比较复杂，成本较高，国内很少使用。

2) 灌注桩成孔后，在孔内设置注浆管，注浆管的下端口设置出浆口，并用胶带、塑料膜或橡胶膜包住；出浆口的位置要高出孔底 30～50cm；浇筑混凝土之前，先向孔底倒入碎石块或块石，使出浆口埋入碎石内，然后再浇筑混凝土。此种工艺主要用于桩底加固。

3) 将注浆管固定在钢筋笼上，出浆口采用单向截流阀并压入桩底土中 30～50cm。该工艺注浆成功率可达 97% 以上，且压力相对稳定，注浆效果较好。因此，一般应采用此种工艺。

(2) 施工要点：

1) 注浆管制作。注浆管一般应采用钢管，其结构分为三部分：端部花管、中部直管及上部带丝扣的接头。花管段侧壁一般按梅花形设置出浆孔，孔径通常为 6mm 或 7mm。直径可采用 $\phi25$ 或 $\phi30$。对于超长桩，考虑到管内摩阻力对压力的影响，可考虑采用 $\phi30$ 或 $\phi38$。同时，花管段一定要用胶带、塑料膜或橡胶膜包裹好，用钢丝等缠绕扎紧，防止漏浆。

2) 注浆管安装下放。当采用第三种工艺施工时，应将两根注浆管点焊在钢筋笼的内圈上，安装注浆管时必须保证浆管之间的对接，确保焊缝饱满、连续、密封良好；在花管全长范围内用胶带、塑料膜或橡胶膜包裹好，用钢丝等缠绕扎紧，保证密封良好。端部花管、注浆管连接完成后，每节或每段应当有一定压力的自来水灌水检验其是否密封。同时，注浆管安装时还必须保证花管底部与钢筋笼底端齐平，而后注满水同钢筋笼一起放入孔中，注浆管顶应低于地面 0.2～0.3m，防止钻机移位时碰断注浆管。

3) 压水试验。成桩后 3～7d，用高压水压通注浆通道，压水量一般控制在 0.2～0.6m³，压水时间 3～5min，压水压力 0.5～1.0MPa。

4) 注浆施工。注浆过程要重点控制好注浆压力、浆液水灰比、注浆水泥量三个指标。注浆压力应根据压水试验结果，结合土的类别、土的饱和度、地层岩土性状、桩的长度等因素适当调整，并通过现场试注浆确定。通常以压水压力作为注浆的起始压力，注浆终压力为初压的 2～3 倍。浆液水灰比控制原则先用稀浆，再用中等浓度浆液，最后注浓浆。水灰比控制，如在地下水位以下的按（0.45～0.7）：1 控制，如在地下水位以上按（0.7～0.9）：1 控制为宜。注浆时应根据桩端持力层的岩土性状和沉渣量等因素，事先计算所需注浆量。注浆结束时的标准是注浆压力达到终压，此时注浆量逐步变小并稳定 5～15min，完成设计的注入量及浆液体积，终压稳定条件下达到大于设计要求的浆液注入量。

3.3 检测方法及目标

各种桩的检测方法和检测项目详见现行国家标准《建筑地基基础工程施工质量验收规范》（GB 50202）。

对于打（压）入桩的桩位偏差，必须符合表 3-1 的规定。斜桩倾斜度的偏差不得大于倾斜角正切值的 15%。

预制桩（钢桩）桩位的允许偏差（mm）   表 3-1

序 号	项 目	允许偏差
1	盖有基础梁的桩： （1）垂直基础梁的中心线； （2）沿基础梁的中心线	100＋0.01H 150＋0.01H
2	桩数为 1～3 根桩基中的桩	100
3	桩数为 4～16 根桩基中的桩	1/2 桩径或边长
4	桩数大于 16 根桩基中的桩： （1）最外边的桩； （2）中间桩	1/3 桩径或边长 1/2 桩径或边长

注：H 为施工现场地面标高与桩顶设计标高的距离。

对于灌注桩的桩位偏差必须符合表 3-2 的规定，桩顶标高至少要比设计标高高出 0.5m，桩底清孔质量按不同的成桩工艺有不同的要求，应按本章的各节要求执行。每浇筑 50m³ 必须有 1 组试件，小于 1m³ 的桩，每根桩必须有 1 组试件。

灌注桩的平面位置和垂直度的允许偏差   表 3-2

序号	成孔方法		桩径允许偏差（mm）	垂直度允许偏差（%）	桩位允许偏差（mm）	
					1～3 根、单排桩基垂直于中心线方向和群桩基础的边桩	条形桩基沿中心线方向和群桩基础的中间桩
1	泥浆护壁	D≤1000mm	±50	＜1	D/6，且不大于 100	D/4，且不大于 150
		D＞1000mm	±50		100＋0.01H	150＋0.01H
2	套管成孔灌注桩	D≤500mm	－20	＜1	70	150
		D＞500mm			100	150
3	干成孔灌注桩		－20	＜1	70	150
4	人工挖孔桩	混凝土护壁	＋50	＜0.5	50	150
		钢套管护壁	＋50	＜1	100	200

注：1. 桩径允许偏差的负值是指个别断面；
    2. 采用复打、反插法施工的桩，其桩径允许偏差不受上表限制；
    3. H 为施工现场地面标高与桩顶设计标高的距离，D 为设计桩径。

工程桩应进行承载力检验。对于地基基础设计等级为甲级或地质条件复杂，成桩质量可靠性低的灌注桩，应采用静载荷试验的方法进行检验，检验桩数不应少于总数的 1%，且不应少于 3 根，当总桩数不少于 50 根时，不应少于 2 根。

静力压桩、先张法预应力管理、钢筋混凝土预制桩和混凝土灌注桩质量检验标准和方法见表 3-3～表 3-6。

静力压桩质量检验标准和方法 表 3-3

项目	序号	检查项目	允许偏差或允许值		检查方法
			单位	数值	
主控项目	1	桩体质量检验	按基桩检测技术规范		按基桩检测技术规范
	2	桩位偏差	见 GB 50202 表 7.1.3		用钢尺量
	3	承载力	按基桩检测技术规范		按基桩检测技术规范
一般项目	1	成品桩质量： 外观 外形尺寸 强度	表面平整，颜色均匀，掉角深度<10mm，蜂窝面积小于总面积 0.5% 见 GB 50202 表 7.4.5 满足设计要求		直观 见 GB 50202 表 7.4.5 查产品合格证书或钻芯试压
	2	硫磺胶泥质量（半成品）	设计要求		查产品合格证书或抽样送检
	3	接桩	电焊接桩：焊缝质量 电焊结束后停歇时间	见 GB 50202 表 7.5.4-2	见 GB 50202 表 7.5.4-2
			min	>1.0	秒表测定
			硫磺胶泥接桩：胶泥浇注时间浇注后停歇时间	min	<2	秒表测定
			min	>7	秒表测定
	4	电焊条质量	设计要求		查产品合格证书
	5	压桩压力（设计有要求时）	%	±5	查压力表读数
	6	接桩时上下节平面偏差接桩时节点弯曲矢高	mm	<10	用钢尺量
				<1/1000l	用钢尺量，l 为桩长
	7	桩顶标高	mm	±50	水准仪

先张法预应力管桩质量检验标准和方法 表 3-4

项目	序号	检查项目	允许偏差或允许值		检查方法
			单位	数值	
主控项目	1	桩体质量检验	按基桩检测技术规范		按基桩检测技术规范
	2	桩位偏差	见 GB 50202 表 7.1.3		用钢尺量
	3	承载力	按基桩检测技术规范		按基桩检测技术规范
一般项目	1	成品桩质量	外观	无蜂窝、露筋、裂缝、色感均匀、桩顶处无孔隙		直观
			桩径	mm	±5	用钢尺量
			管壁厚度	mm	±5	用钢尺量
			桩尖中心线	mm	<2	用钢尺量
			顶面平整度	mm	10	用水平尺量
			桩体弯曲		<1/1000l	用钢尺量，l 为桩长
	2	砂料的有机质含量	见 GB 50202 表 7.5.4-2		见 GB 50202 表 7.5.4-2
			min	>1.0	秒表测定
			mm	<10	用钢尺量
				<1/1000l	用钢尺量，l 为桩长
	3	桩位	设计要求		现场实测或查沉桩记录
	4	砂桩标高	mm	±50	水准仪

钢筋混凝土预制桩的质量检验标准和方法　　　　　　　　表 3-5

项目	序号	检查项目	允许偏差或允许值		检查方法
			单位	数值	
主控项目	1	桩体质量检验	按基桩检测技术规范		按基桩检测技术规范
	2	桩体偏差	见《建筑地基基础工程施工质量验收规范》表5.1.3		用钢尺量
	3	承载体	按基桩检测技术规范		按基桩检测技术规范
一般项目	1	砂、石、水泥、钢材等原材料（现场预制时）	符合设计要求		查出厂质保文件或抽样送检
	2	混凝土配合比及强度（现场预制时）	符合设计要求		检查称量及查试块记录
	3	成品桩外形	表面平整，颜色均匀，掉角深度<10mm，蜂窝面积小于总面积0.5%。		直观
	4	成品桩裂缝（收缩裂缝或起吊、装运、堆放引起的裂缝）	深度<20mm，宽度<0.25mm，横向裂缝不超过边长的一半		裂缝测定仪，该项在地下水有侵蚀地区及锤击数超过500击的长桩不适用
	5	成品桩尺寸：横截面边长 桩顶对角线差 桩尖中心线 桩身弯曲矢高 桩顶平整度	mm mm mm mm	±5 <10 <10 <1/1000l <2	用钢尺量 用钢尺量 用钢尺量 用钢尺量，l为桩长 用水平尺量
	6	电焊接桩：焊缝质量 电焊结束后停歇时间 上下节平面偏差 节点弯曲矢高	见GB 50202 表 7.5.4-2 min mm 	 >1.0 <10 <1/1000l	见GB 50202 表 7.5.4-2 秒表测定 用钢尺量 用钢尺量，l为两节桩长
	7	硫磺胶泥接桩：胶泥浇注时间 浇注后停歇时间	min min	<2 >7	秒表测定 秒表测定
	8	桩顶标高	mm	±50	水准仪
	9	停锤标准	设计要求		现场实测或查沉桩记录

混凝土灌注桩质量检验标准和方法　　　　　　　　表 3-6

项目	序号	检查项目	允许偏差或允许值		检查方法
			单位	数值	
主控项目	1	桩位	见GB 50202 表 7.1.4		基坑开挖前量护筒，开挖后量桩中心
	2	孔深	mm	+300	只深不浅，用重锤测，或测钻杆、套管长度，嵌岩桩应确保进入设计要求的嵌岩深度
	3	桩体质量检验	按基桩检测技术规范。如钻芯取样，大直径嵌岩桩应钻至桩尖下50mm		按基桩检测技术规范
	4	混凝土强度	设计要求		试件报告或钻芯取样送检
	5	承载力	按基桩检测技术规范		按基桩检测技术规范

项目	序号	检查项目	允许偏差或允许值		检查方法
			单位	数值	
一般项目	1	垂直度	见 GB 50202 表 7.1.4		测大管或钻杆，或用超声波探测，干施工时吊垂球
	2	桩径	见 GB 50202 表 7.1.4		井径仪或超声波检测，干施工时吊垂球
	3	泥浆比重（黏土或砂性土中）	1.15～1.20		用比重计测，清孔后在距孔底50cm处取样
	4	泥浆面标高（高于地下水位）	m	0.5～1.0	目测
	5	沉渣厚度：端承桩摩擦桩	mm mm	≤50 ≤150	用沉渣仪或重锤测量
	6	混凝土坍落度：水下灌注干施工	mm mm	160～220 70～100	坍落度仪
	7	钢筋笼安装深度	mm	±100	用钢尺量
	8	混凝土充盈系数	＞1		检查每根桩的实际灌注量
	9	桩顶标高	mm	+30 −50	水准仪，需扣除桩顶浮浆层及劣质桩体

3.4 技 术 前 景

3.4.1 预制桩技术

因预制桩工厂化制作，各种规格齐全，制作质量均匀可靠，各种打压装机械配套齐全，因此预制桩技术仍是适用技术。因某地"楼脆脆"事件影响，预制桩技术在超高层建筑地基基础中使用受到一定限制。保证预制桩施工质量最关键的接头抗水平剪力问题，仍需不断完善，以保证其施工质量的均匀性和可靠性。将来预制桩在多层建筑的基础中仍然有广阔的应用前景。

3.4.2 灌注桩技术

灌注桩在超高层建筑的基础中仍有广阔的应用前景。目前灌注桩技术无论从设计理念还是施工技术都取得较大的发展。桩基础变刚度调平设计理论是考虑上部结构形式、荷载和地层分布以及相互作用效应，通过调整桩径、桩长、桩距等改变基桩支承刚度分布，以使建筑物沉降趋于均匀、承台内力降低的设计理论，目前已写入新的桩基规范《建筑桩基技术规范》（JGJ 94—2008）。由于500m高、600m高的摩天大楼相继在我国建设，桩的长度也越来越向超长方向发展，上海环球金融中心桩长约78m，上海中心桩端后注浆桩长约80m，天津高银金融大厦桩长约120m。现在，超过200m以上的超高层建筑每年建设超过200多栋，大多采用灌注桩基础。将来，灌注桩仍是超高层建筑桩基的首选，灌注桩技术前景广阔。

钢结构工程

参编单位：中建钢构有限公司

北京城建集团有限责任公司

目　　录

近年来，钢结构建筑不断呈现出大型化、新型化、复杂化的发展趋势，新材料、新设备、新技术、新工艺不断涌现，客观上导致钢结构工程建设难度增加，工程质量不易保证，而人类对建筑使用功能及性能以及对钢结构工程施工质量也提出了更高的要求。为此，钢结构工程施工及管理应不断地探寻规范化、科学化、信息化，尤其应在现有技术的集成和创新基础上，研究科学可行的先进适用技术，以此保证钢结构工程建设的高标准和高质量。

1 焊接及紧固件连接

钢结构工程施工不同于混凝土工程，其首先是将建筑结构按一定方式离散为一系列相对独立的零部件，并在工厂进行加工制作，继而将加工合格的零部件组装为钢构件，再将钢构件于安装现场组装成整体结构，而实现"组装"的关键就是钢结构的"连接"。

目前，焊接和紧固件连接（包括普通紧固件连接、高强度螺栓连接）是钢结构工程最主要的两种连接方式，运用相当普及，几乎涵盖所有钢结构工程。两种连接方式的优缺点及适用范围见表1-1。

钢结构主要连接方式的优缺点和适用范围　　　　　　　　　　表 1-1

连接方式		优缺点	适用范围
焊接		(1) 对构件几何形体适应性强，构造简单； (2) 不消弱构件截面，节约钢材； (3) 焊接程序严格，宜产生焊接变形、残余应力、微裂纹等焊接缺陷，质检工作量大； (4) 对疲劳敏感性强	除少数直接承受动力荷载的结构的连接（如重级工作制吊车梁）与有关构件的连接在目前不宜使用焊接外，其他可广泛用于工业与民用建筑钢结构中
普通紧固件连接	A、B级	(1) 栓径与孔径间空隙小，制造与安装较复杂，费工费料； (2) 能承受拉力及剪力	用于有较大剪力的安装连接
	C级	(1) 栓径与孔径间有较大空隙，结构拆装方便； (2) 只能承受拉力； (3) 费料	(1) 适用于安装连接和需要装拆的结构； (2) 用于承受拉力的连接，如有剪力作用，需另设支托
高强度螺栓连接		(1) 连接紧密，受力好，耐疲劳； (2) 安装简单迅速，施工方便，可拆换，便于养护与加固； (3) 摩擦面处理略微复杂，造价略高	广泛用于工业与民用建筑钢结构中，也可用于直接承受动力荷载的钢结构

焊接或紧固件连接施工贯穿于钢结构工程施工全部，也是钢结构工程施工的核心，其施工质量合格与否直接影响结构的整体质量，尤其与结构的安全性直接关联，其连接质量不合格可能导致结构局部或整体失稳破坏，引起重大安全事故。而工程中，由于施工条件有限、现场环境复杂、施工周期较长等原因，常常导致焊接及紧固件连接等产生各种各样的质量缺陷。例如，长期的环境作用引起高强度螺栓摩擦面抗滑移系数变异，导致连接性

能弱化；构件安装精度不佳或板叠不平整等使得高强度螺栓难以自由穿入，导致施工困难；焊接工艺参数控制不佳或环境条件不理想等引起较大焊接残余应力或残余变形（或咬边、焊瘤、夹渣、气孔等），导致连接性能不达标等。

基于此，针对焊接和紧固件连接施工涉及的所有工序、设备、工艺及环境条件等，结合相关工程经验，研究采取科学、实用、安全、经济的施工技术，以此保证采用先进适用技术实现焊接和紧固件连接的质量要求。

1.1 焊缝表面缺陷

1.1.1 质量问题分析

焊缝表面质量缺陷类型及产生原因见表 1-2 和图 1-1。

焊缝表面缺陷类型及产生原因   表 1-2

缺陷类型	表　征	产生原因
焊缝形成不良	焊喉不足、增高过大、焊脚尺寸不足或过大	(1) 操作不熟练； (2) 焊接电流过大或过小； (3) 焊接坡口不正确
咬边	因焊接造成的焊趾（或焊根）外的沟槽，咬边可能是连续的或间断的	(1) 电流过大； (2) 电弧过长或运条角度不当； (3) 焊接位置不当
焊瘤	焊接过程中，熔化金属流淌到焊缝以外未熔化的母材上形成金属瘤，焊瘤处常伴随产生未焊透和缩孔等缺陷	(1) 焊条质量不好； (2) 运条角度不当； (3) 焊接位置及焊接规范不当
夹渣	残留在焊缝中的熔渣，根据其形成的状况可分为线状、孤立及其他形式	(1) 焊接材料质量不好，熔渣太稠； (2) 焊件上或坡口内有锈蚀或其他杂质未清理干净； (3) 各层熔渣在焊接过程中未彻底清除； (4) 电流太小，焊速太快
未焊透	焊缝与母材金属之间或焊缝层间的局部未熔合	(1) 焊接电流太小，焊接速度太快； (2) 坡口角度太小，焊条角度不当； (3) 焊条有偏心； (4) 焊件上有锈蚀等未清理干净的杂质
未焊满	由于填充金属不足，在焊缝表面形成的连续或断续的沟槽	(1) 盖面焊道的焊接速度太快； (2) 焊条、焊丝的直径太细； (3) 焊接电流太小； (4) 手工操作时，手势不稳； (5) 焊接速度突然加快
根部收缩	由于对接焊缝根部收缩造成的浅的沟槽	(1) 工件拘束度大； (2) 预热温度不够，焊缝被收缩
电弧擦伤	在焊缝坡口外部引弧或打火时产生于母材金属表面上的局部损伤	(1) 焊把与工件无意碰触； (2) 焊接电缆破损； (3) 未在坡口内引弧，而在母材上任意打火

缺陷类型	表　征	产生原因
气孔	焊缝表面和内部存在近似圆球形或洞形的空穴	(1) 碱性焊条受潮； (2) 酸性焊条的烘焙温度太高； (3) 焊接不清洁； (4) 电流过大，使焊条发红； (5) 电弧太长，电流保护失效； (6) 极性不对； (7) 气保护焊时，保护气体不纯； (8) 焊丝有锈蚀
弧坑裂纹	在焊缝收弧弧坑处出现纵向、横向或星形的裂纹	(1) 焊缝金属结晶时造成严重偏析，存在低熔点杂质； (2) 焊接坡口未清理干净； (3) 焊接接头存在淬硬组织； (4) 扩散氢的存在和浓集； (5) 焊接拉伸应力的作用

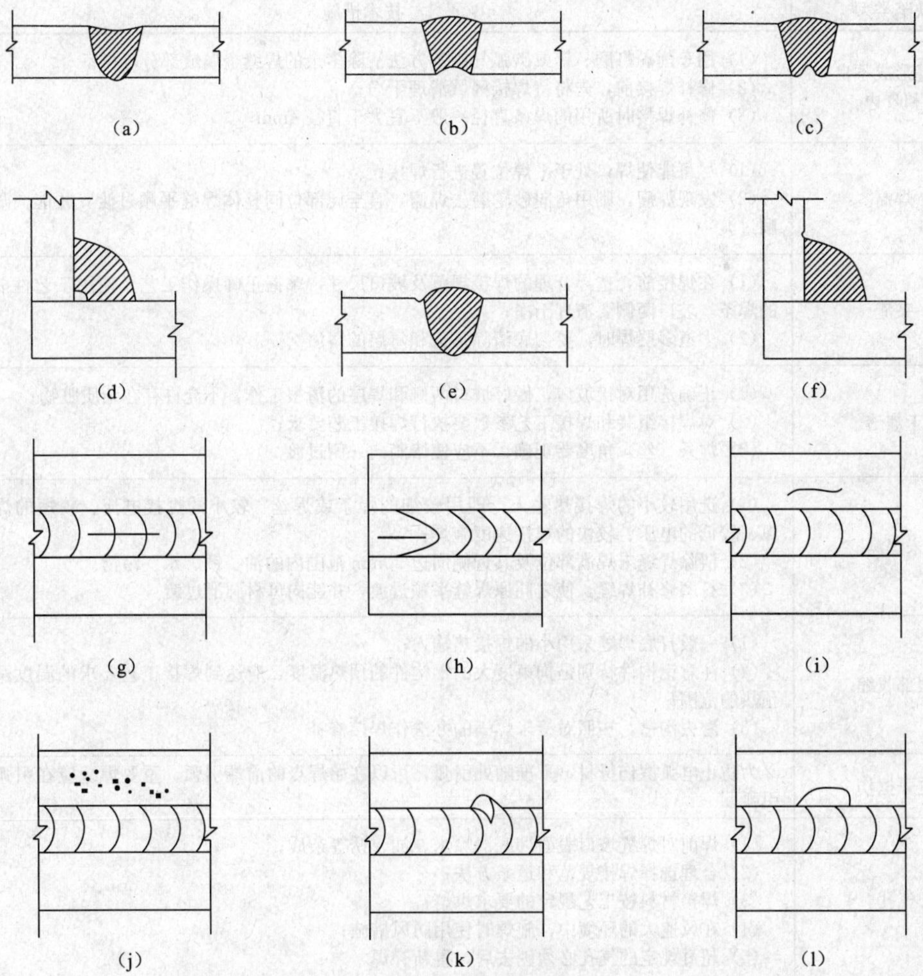

图 1-1　常见焊缝表面缺陷示意（一）

（a）未焊满 1；（b）未焊满 2；（c）根部收缩；（d）根部收缩；（e）咬边；（f）咬边；（g）裂纹；

（h）弧坑裂纹；（i）电弧擦伤；（j）飞溅；（k）接头不良；（l）焊瘤

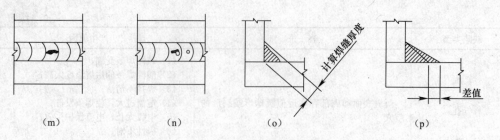

图 1-1 常见焊缝表面缺陷示意（二）

（m）表面夹渣；（n）表面气孔；（o）角焊缝厚度不足；（p）角焊缝焊脚不对称（偏内）

1.1.2 先进适用技术

解决焊缝质量缺陷的技术措施见表 1-3。

焊缝表面缺陷类型及相应技术措施   表 1-3

缺陷类型	技术措施
焊缝形成不良和咬边	（1）用车削、打磨、铲或碳弧气刨等方法清除多余的焊缝金属或部分母材； （2）修补焊接前，先将待焊接区域清理干净； （3）修补焊接时所用的焊条直径一般不宜大于直径 4mm
焊瘤	（1）尽可能使焊口处于平焊位置进行焊接； （2）发现焊瘤，则用角向砂轮磨去焊瘤，直至此部位同整体焊缝平顺过渡，并能向母材平顺过渡
夹渣	（1）在焊接前，选择合理的焊接规范及坡口尺寸，掌握正确操作工艺及使用工艺性能良好的焊条，坡口两侧要清理干净； （2）多道多层焊时，要彻底清除每道和每层的熔渣
未焊透	（1）正确选用对接坡口，做好坡口两侧和焊层的清根工作，不允许存在杂质脏物； （2）对焊接组装和焊接工艺参数要执行焊接工艺要求； （3）焊条（丝）角度要正确，不应使熔滴向一侧过渡
未焊满	（1）选用较小的焊接热输入，即用较细的焊条或焊丝、较小的焊接电流、较短的焊接电弧、较低的电压、较快的焊接速度施焊； （2）清除焊缝未焊满部位及其近侧周边 30mm 范围内的油、锈、水、污物； （3）打磨修补焊缝，使之同原焊缝平顺过渡，并能向母材圆滑过渡
根部收缩	（1）一般打底焊缝采用小的焊接热输入； （2）注意钢构件特别是拘束度大的钢构件的预热温度，应达到焊接工艺要求的温度及相应预热的范围； （3）磨去沟槽，按照对接未焊满的办法作焊接修补
电弧擦伤	为防止电弧擦伤母材，不准随处引弧，可以在始焊点的前端引弧，重要焊缝应在引弧板上引弧
气孔	（1）焊前对焊缝坡口表面彻底清除水、油、锈等杂质； （2）合理选择焊接规范和运条方法； （3）焊接材料按工艺规定的要求烘焙； （4）在风速大的环境中，施焊时使用防风措施； （5）超过规定的气孔必须刨去后，重新补焊
弧坑裂纹	（1）安装必要的引弧板和引出板； （2）用角向砂轮磨修补焊缝表面，使之同原焊缝平顺过渡，并能向母材圆滑过渡； （3）在焊接因故中断或在焊接终端应注意填满弧坑

1.1.3 检测方法及目标

（1）焊缝表面不得有裂纹、焊瘤等缺陷。一级、二级焊缝不得有表面气孔、夹渣、弧坑裂纹、电弧擦伤等缺陷，且一级焊缝不得有咬边、未焊满、根部收缩等缺陷。二级、三级焊缝外观质量标准应符合表1-4的要求。三级对接焊缝应按二级焊缝标准进行外观质量检验。

（2）观察检查或使用放大镜焊缝量规和钢尺检查，当存在疑义时，采用渗透或磁粉探伤检查。

（3）每批同类构件抽查10%，且应不少于3件；被抽查构件中，每一类型焊缝按条数抽查5%，且应不少于1条；每条检查1处，总抽查数应不少于10处。

二级、三级焊缝外观质量标准　　　　　　表1-4

项　目	允许偏差（mm）	
缺陷类型	二级	三级
未焊满	$\leqslant 0.2+0.02t$，且$\leqslant 1.0$	$\leqslant 0.2+0.04t$，且$\leqslant 2.0$
	每100mm焊缝内缺陷总长$\leqslant 25.0$	
根部收缩	$\leqslant 0.2+0.02t$，且$\leqslant 1.0$	$\leqslant 0.2+0.04t$，且$\leqslant 2.0$
	长度不限	
咬边	$\leqslant 0.05t$，且$\leqslant 0.5$mm；连接长度$\leqslant 100$mm，且焊缝两侧咬边总长$\leqslant 10\%$焊缝全长	$\leqslant 0.1t$，且$\leqslant 1.0$，长度不限
坑弧裂纹	—	允许存在个别长度$\leqslant 5.0$的弧坑裂纹
电弧擦伤	—	允许存在个别电弧擦伤
接头不良	缺口深度$\leqslant 0.05t$，且$\leqslant 0.5$	缺口深度$\leqslant 0.1t$，且$\leqslant 1.0$
	每1000mm焊缝不应超过1处	
表面夹渣	—	深$\leqslant 0.2t$，长$\leqslant 0.5t$，且$\leqslant 20.0$
表面气孔	—	每50mm焊缝长度内允许存在直径$\leqslant 0.4t$，且$\leqslant 3$mm的气孔2个，孔距$\geqslant 6$倍的孔径

注：表内 t 为连接处较薄的板厚。

1.1.4 技术前景

焊接是一项技术要求较高且易受外界环境影响的特殊工艺，尤其是施焊条件较差的安装现场，焊接作业操作不当或环境条件不理想极有可能导致诸如焊缝成形不良、咬边、未焊满、根部收缩、弧坑裂纹、电弧擦伤、表面气孔、未焊透、夹渣等外观缺陷。本先进适用技术是在广泛集成现有技术的基础上研究而得，所有技术措施对保证焊接外观质量的作用均经过实践的检验，部分措施还经过相关试验的检验。因此，本先进适用技术是当前保证钢结构焊接外观质量的一套科学、实用、高效、经济的技术措施，具有较强的技术应用价值。

焊缝外部缺陷都位于焊缝外表面。目前，主要的检验方法是采用低倍放大镜、卡尺和焊接检验尺来进行检验。

1.2　焊缝内部缺陷

1.2.1　质量问题分析

焊缝内部缺陷应在外观检查合格后进行。内部缺陷主要包括片状夹渣、气孔、未焊透、表面裂缝和气孔等。造成内部缺陷的原因与引起焊缝表面缺陷的原因类似,详见表 1-2。

1.2.2　先进适用技术

由于钢结构焊缝内部缺陷与表面缺陷的原因类似,因此其预防的相关技术措施亦相同,详见表 1-3,下面重点说明出现内部缺陷后的技术补救措施。

对有缺损的钢构件应按钢结构加固技术标准对其承载力进行评估,并采取相应措施进行修补。当缺损性严重、影响结构的安全时,应立即采取卸荷加固措施。对一般缺损,可按下列方法进行修复或补强:

(1) 当缺损为裂纹时,应精确查明裂纹的起始点,在起始点钻直径为 12~16mm 的止裂孔,并根据具体情况采用下列方法修补:

1) 补焊法:用碳弧气刨或其他方法清除裂纹并加工成侧边大于 10°的坡口,当采用碳弧气刨加工坡口时,应磨掉渗碳层。并采用低氢型焊条按全焊透对接焊缝的要求进行修补。补焊前宜按规定将焊接处预热至 100~150℃。对承受动荷载的结构尚应将补焊焊缝的表面磨平。

2) 双面盖板补强法:补强盖板及其连接焊缝应与构件的开裂截面等强,并应采取适当的焊接顺序,以减少焊接残余应力和焊接变形。

(2) 对孔洞类缺损的修补:应将孔边修整后采用两面加盖板的方法补强。

1.2.3　检测方法及目标

碳素结构钢应在焊缝冷却到环境温度、低合金结构钢应在完成焊接 24h 以后,进行焊接探伤检验。钢结构焊缝探伤有超声波法和射线法。

(1) 设计要求全焊透的一、二级焊缝,其内部缺陷的检验应符合表 1-5 的要求。

(2) 焊接球节点网架焊缝,其内部探伤方法与缺陷分级应符合现行行业标准《焊接球节点钢网架焊缝超声波探伤及质量分级法》(JG/T 3034.1) 的规定。

(3) 螺栓球节点网架焊缝,其内部探伤方法与缺陷分级应符合现行行业标准《螺栓球节点钢网架焊缝超声波探伤及质量分级法》(JG/T 3034.2) 的规定。

(4) 圆管 T、K、Y 形节点焊缝,其内部探伤方法与缺陷分级应符合现行国家标准《钢结构焊接规范》(GB 50661) 的规定。

一、二级焊缝质量等级及缺陷分级　　　　　　　　　　表 1-5

焊缝质量等级		一 级	二 级
内部缺陷 超声波探伤	评定等级	Ⅱ	Ⅲ
	检验等级	B 级	B 级
	探伤比例	100%	20%
内部缺陷 射线探伤	评定等级	Ⅱ	Ⅲ
	检验等级	AB 级	AB 级
	探伤比例	100%	20%

注:探伤比例的计数方法应按以下原则确定:
1. 对工厂制作焊缝,应按每条焊缝计算百分比,且探伤长度不应小于 200mm,当焊缝长度不足 200mm 时,应对整条焊缝进行探伤;
2. 对现场安装焊缝,应按同一类型、同一施焊条件的焊缝条数计算百分比,探伤长度不应小于 200mm,并应不少于 1 条焊缝。

1.2.4　技术前景

焊缝外观质量呈现在焊缝表面,比较直观易见,而焊缝内部缺陷则隐藏在焊缝内部,具有较强的隐蔽性，且对焊缝的连接质量影响甚大，降低焊缝的连接性能。本先进适用技术从各种可能的缺陷类型入手，详细研究缺陷的成因，继而从焊接工艺、环境条件等方面着手研究缺陷的预防技术措施，并研究相关缺陷的补救技术措施，形成一套完整的焊缝内部质量保证技术，具有先进性、科学性、实用性、经济性等特点，应用前景广阔。

1.3　焊　接　变　形

1.3.1　质量问题分析

焊接变形类型及原因分析见表 1-6。

焊接变形类型及产生原因　　　　　　　　　　　　表 1-6

焊接变形类型	图　例	产生原因
横向收缩变形	纵向收缩变形　横向收缩变形	焊件焊接后在垂直于焊缝方向上发生收缩变形
纵向收缩变形		焊件焊接后在焊缝方向上发生收缩变形
角变形	角变形　角变形	焊缝的横向收缩，使焊件平面绕焊缝轴产生角度变化
弯曲变形	弯曲变形	由于焊缝的纵向和横向收缩相对于构件的中和轴不对称，引起构件的整体弯曲
扭曲变形	扭曲变形	焊后构件的角变形沿构件纵向方向数值不同及构件翼缘与腹板的纵向收缩不一致，综合而成的变形形态
波浪变形		薄板焊接后，母材受压应力区由于失稳而使板面产生翘曲

1.3.2　先进适用技术

影响焊接变形量的因素较多，有时同一因素对纵向变形、横向变形及角变形会有相反的影响。因此，应在了解各种变形的特征及产生原因的基础上，采用合理的措施对焊接变形加以控制。常用的方法有：

（1）反变形法。

反变形法是生产中经常使用的方法，它是按照事先估计好的焊接变形的大小和方向，在装配时预加一个相反的变形，使其与焊接产生的变形相抵消，如图 1-2 所示。也可以在构件上预制出一定量的反变形，使之与焊接变形相抵消来防止焊接变形。

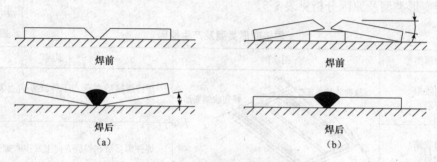

图 1-2　钢板对接焊的反变形示意
(a) 未采用反变形法；(b) 采用反变形法

（2）利用装配和焊接顺序控制变形。

同样的焊接结构如果采用不同的装配、焊接顺序，焊后产生的变形则不相同。为正确地选择装配顺序和焊接顺序，一般应依照下述原则：①收缩量大的焊缝先焊；②采取对称焊；③长焊缝焊接时，应采取对称焊、逐步退焊、分中逐步退焊、跳焊等焊接顺序。

（3）对称施焊法。

对于对称焊缝，可以同时对称施焊，少则 2 人，大的结构可以多人同时施焊，使所焊的焊缝相互制约，使结构不产生整体变形。图 1-3 为圆钢柱和矩形柱的两人对称焊接示意。

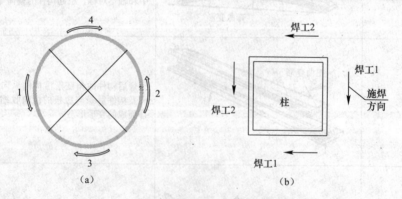

图 1-3　圆柱及矩形柱的双人对称焊接示意

（4）刚性固定法。

该法是在没有反变形的情况下，将构件加以固定来限制焊接变形。此种方法对角变形和波浪变形比较有效。

（5）散热法。

散热法又称强迫冷却法，即将焊接处的热量迅速散走，使焊缝附近的金属受热面大大减少，达到减小焊接变形的目的。

（6）锤击焊缝法。

锤击焊缝法，即用圆头小锤对焊缝敲击，可减少焊接变形和应力。因此对焊缝适当锻延，使其伸长来补偿焊缝缩短，就能减小变形和应力。锤击时用力要均匀，一般采用0.5～1.0kg的手锤，其端部为圆角（$R=3\sim5$mm）。底层和表面焊道一般不锤击，以免金属表面冷作硬化。其余各道焊完一道后立刻锤击，直至将焊缝表面打出均匀致密的点为止。

1.3.3　检测方法及目标

在实际生产中，焊接变形检测常采用卷尺、直角尺、千分尺或三维坐标仪等工具或通过非接触光干涉法，测量标记点焊接前后标距的变化来实现。各种构件变形的允许偏差详见《钢结构工程质量验收规范》（GB 50205—2001）附录C中的规定。

1.3.4　技术前景

焊接变形的检测技术根据时间相关性，大致可以分为静态和瞬态测量两大类。上述检测方法都属于静态测量范畴。虽然静态变形测量方法简便、快捷，但不能反映焊接变形的瞬态信息。瞬态测量是在焊接过程中通过位移传感元件，实时采集焊接变形的变化，反映焊接变形随时间的变化规律。从焊接瞬态过程入手，研究焊接变形形成机理，建立焊接变形与材料、焊接方法、焊接过程之间的关系，为焊接变形预测与控制提供依据是今后重要的发展方向。

1.4　高强异形节点厚钢板现场超长斜立焊施工

1.4.1　质量问题分析

（1）质量问题：

1）钢板变形过大。

2）存在焊接缺陷。

（2）原因分析：

1）高强超厚板（如60～100mm厚的Q390D、Q420D、Q460E等材质钢板）现场焊接难度大。

2）高强钢材现场可焊性差。

3）焊接应力和变形控制受现场条件、焊接位置及环境的影响，存在较多的不确定性因素，尚无成熟的规范及焊接工艺参数作参照。

1.4.2　先进适用技术

针对上述缺陷，结合中央电视台新址工程CCTV主楼钢结构安装中，超长、超厚焊缝的成功焊接，提出关于高强钢超长、超厚板的现场焊接思路和方法。施工工艺流程及操作要点如下：

（1）施工工艺流程，如图1-4所示。

（2）焊接顺序和焊接方法。

分体钢柱的立向焊缝纵向通长分布在钢柱内箱体一侧，焊接熔敷金属量大，由于焊接

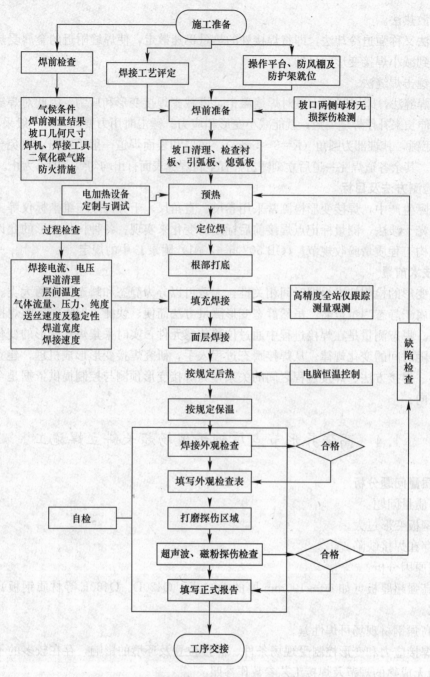

图 1-4　施工工艺流程

收缩变形产生的焊接应力对结构质量将造成不利因素，而且母体横截面大、刚性大、对子体形成很大约束，因此控制焊接应力、防止厚板在焊接时的冷裂纹及层状撕裂，将是主要的技术重点，在焊接施工前必须制定出合理的焊接顺序及方法，并严格按照制定的焊接顺序和方法进行焊接作业。

1）安装及焊接顺序：

① 整体顺序。母体（本体）与下节柱焊接→母体与子体立焊缝的焊接→子体和母体

部分与下节柱焊接。

② 母体与子体的焊接顺序及方法。母体与子体的焊接方法为分层退焊，其焊接顺序总体为：多人同时、分段、对称焊接；每名操作焊工在焊接所在分段时，应再将所在分段分为两段或三段，以三段为例，焊接顺序为：先从上面的 1/3 处向上面焊接，焊完一层后再从中间的 1/3 处由下向上焊接中间的 1/3 段的第一层，然后再从此分段的底部向上焊接下面 1/3 段的第一层，这样完成第一层的焊接；接着再由下向上焊接上面 1/3 段的第二层，依次类推直到焊接完所在分段部位的全部焊接。

母体与子体焊接顺序示意图如图 1-5 所示。

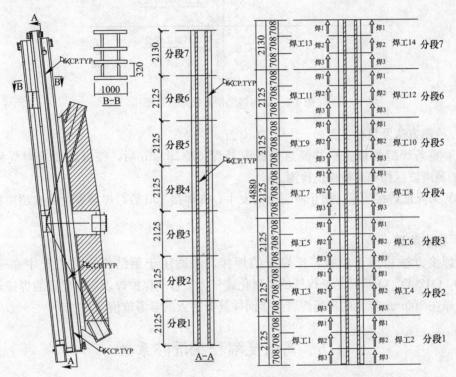

图 1-5　分体钢柱立焊缝焊接分段及焊接顺序示意图
焊 1、焊 2、焊 3 代表某焊工在焊接此分段焊缝的焊接先后顺序

2）焊接方法。采用薄层多道窄摆幅和分段退焊的焊接方法进行施焊，严格控制单道焊缝的厚度和宽度，减少焊接热输入，以减小降低焊缝的机械性能因素，单道焊缝厚度应不大于 5mm、摆动宽度不大于 20mm。

分段退焊焊接接头的处理：

在分段退焊上段焊缝时，每一层焊接至上一区域分段处止焊，再退至下段与下一区域分段处起焊，焊接至上一段起焊处止。在某一段焊接前，需将上段焊缝起焊处和下区域止焊处的焊接缺陷需用碳弧气刨和砂论清除干净，并将接头处处理成缓坡形状，达到焊接要求，每一层的焊缝接头必须错开不小于 50mm，以避免焊接缺陷的集中。立向焊缝接头处理示意图如图 1-6 所示。

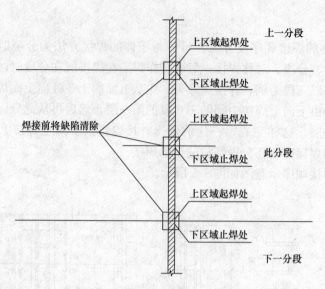

图 1-6　立向焊缝接头处理示意图

1.4.3　检测方法及目标

（1）整条焊缝焊接完毕并经后热保温处理、冷却 48h 后，按设计要求对焊缝进行 100% 的超声波探伤和磁粉探伤检测。

（2）为保证焊接质量、防止冷裂纹的发生，在焊接 15d 后对焊缝进行再次超声波探伤检测。

1.4.4　技术前景

该焊接方法适用于厚板、长焊缝的焊接，最适用于钢结构安装工程中高强材质 Q390D、Q420D、Q460E 的长焊缝的二氧化碳气体半自动保护焊、立焊位置的焊接；对于其他板厚在 100mm 以上的现场焊缝焊接同样具有很大的参考价值。

1.5　高强度螺栓抗滑移系数

1.5.1　质量问题分析

（1）质量现象：

高强度螺栓摩擦面抗滑移系数最小值小于设计规定值。

（2）出现该现象的原因：

1）摩擦面的加工方法不当。

2）处理的摩擦面未加保护，沾有污物、雨水等。

3）制作、安装未按要求进行试验。

4）试件连接件制作不合理。

5）抗滑移系数计算与螺栓实测预拉力不符。

1.5.2　先进适用技术

（1）高强度螺栓连接摩擦面加工，可采用喷砂、喷（抛）丸和砂轮打磨方法，如采用砂轮打磨方法，打磨方向与构件受力方向垂直，且打磨范围不得小于螺栓直径的 4 倍。

（2）对于加工好的抗滑移面，必须采取保护措施，不能沾有污物。

（3）尽量选择同一种材质、同一摩擦面处理工艺、同批制作、使用同一性能等级的螺栓。

（4）制作厂应在钢结构制作的同时进行抗滑移系数试验，安装单位应检验运到现场的钢结构构件摩擦面抗滑移系数是否符合设计要求。不符合要求不能出厂或者不能在工地上进行安装，必须对摩擦面作重新处理，重新检验，直到合格为止。为避免偏心对试验值的影响，试验时要求构件的轴线与试验机夹具中心线严格对中。试件连接形式采用双面对接拼接。

（5）高强度螺栓预拉力值的大小对测定抗滑移系数有直接影响，抗滑移系数 μ 应根据试验所测得的滑移荷载和螺栓预拉力的实测值，按下式计算（宜取小数点后两位有效数字）：

$$\mu = \frac{N_v}{n_f \cdot \sum_{i=1}^{m} p_i} \tag{1-1}$$

式中　N_v——由试验测得的滑移荷载（kN）；

　　　n_f——摩擦面面数，取 $n_f=2$；

　　　$\sum_{i=1}^{m} p_i$——试件滑移一侧高强度螺栓预拉力实测值（或紧固轴力）之和（取小数点三位有效数字）（kN）；

　　　m——试件一侧螺栓数量，取 $m=2$。

1.5.3　检测方法及目标

（1）试验试件。

抗滑移系数试验采用的双摩擦面拼接的拉力试件如图 1-7 所示。

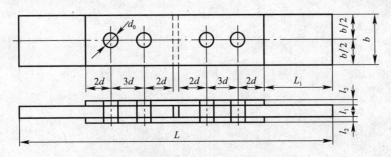

图 1-7　抗滑移系数拼接试件的形式和尺寸

（2）试验方法。试验步骤如下：

1）先将冲钉打入试件孔定位，然后逐个装换成同批经预拉力复验的高强度螺栓。

2）紧固高强度螺栓应分初拧、终拧。初拧应达到螺栓预拉力标准值的 50% 左右，终拧后螺栓预拉应力值应在 $(0.95\sim1.05)P$ 之间。

3）试件应在其侧面画出观察滑移的直线。

4）将组装好的试件置于拉力试验机上，试件的轴线与试验机夹具中心严格对中。

5）加荷，应先加 10% 的抗滑移设计荷载值，停 1min 后，再平稳加荷，加荷速度为 $3\sim5$kN/s。直拉至滑移破坏，测得滑移荷载。

6）由紧固轴力平均值和测得的滑移荷载，按式（1-1）计算抗滑移系数。

抗滑移系数检验的最小值必须大于或等于设计规定值。否则，构件摩擦面应重新处理，处理后的构件摩擦面按上述方法重新检验。

（3）注意事项：

1）制造厂和安装单位应分别以钢结构制造批为单位进行抗滑移系数检验。制造批可按分部（子分部）工程划分规定的工程量每 2000t 为一批，不足 2000t 的可视为一批。

2）选用两种及两种以上表面处理工艺时，每种处理工艺应单独检验。每批三组试件。

3）试件钢板的厚度 t_1、t_2 应根据钢结构工程中有代表性的板材厚度来确定；宽度 b 可参照表 1-7 的规定取值；L_1 应根据试验机夹具的要求确定。

试件板的宽度   表 1-7

螺栓直径 d（mm）	16	20	22	24	27	30
板宽 b（mm）	100	100	105	110	120	120

4）试件板面应平整，无油污，孔和板的边缘无飞边、毛刺。

5）抗滑移系数检验用的试件应由制造厂加工，试件与所代表的钢结构构件应为同一材质、同批制作、采用同一摩擦面处理工艺和具有相同的表面状态，并应用同批、同一性能等级的高强度螺栓连接副，在同一环境条件下存放。

1.5.4 技术前景

目前，我国还没有制定出关于高强度螺栓连接面抗滑移系数测定方法的国家标准。以上检验方法主要依据现行行业标准《钢结构高强度螺栓连接技术规程》（JGJ 82）中有关规定进行的。

2 钢结构安装、组装和拼装

钢结构现场安装是将制作厂加工合格的钢构件在现场根据设计图纸的要求吊装就位、精度调整并连接作业的过程。而吊装前，常常须将待吊装杆件在现场进行拼装，形成一系列拼装单元，继而整体吊装就位，减少高空作业量，提高作业效率。

钢结构安装是一道重要的系统化的大工序，由于钢结构自身的大型化、新颖化、复杂化的发展趋势和人类对建筑功能及建筑质量的持续需求，钢结构现场安装存在较多的技术难题。例如，复杂非常规钢构件的三维空间定位、大跨度屋盖钢结构滑移作业技术及精度控制、大型支撑胎架滑移控制、钢结构整体提升的稳定性及同步控制、大悬臂结构的安装变形控制、超高层的垂直度控制、复杂钢结构安装过程的动态模拟分析、弯扭钢构件的组装技术及精度控制、大直径钢管冷卷及冷弯工艺、弧形 H 型钢弯制、巨型节点现场拼装、巨型钢桁架拼装等。

基于此，针对钢结构现场安装、组装和拼装过程中的各种技术难点，以现有典型技术为基础进行集成和创新研究，探求先进适用技术，以期简化作业，节约成本，提高生产效率。

2.1 复杂构件的三维空间定位

2.1.1 质量问题分析

构件定位偏差现象及原因分析见表 2-1。

构件的定位偏差及产生原因分析　　　　　　　　　　表 2-1

构件类型	表　征	产生原因
钢屋（托）架、桁架、主次梁及受压杆件	安装后，跨中垂直度超过规范规定的允许偏差	（1）测量仪器损坏或超过计量期限； （2）跨中的稳定措施考虑不周，未设置缆风绳或用型钢拉撑
	安装后，侧向弯曲垂直度超过规范规定的允许偏差	主要出现在大跨度屋架或桁架安装时，未设置多道稳定措施
次结构（檩条）	安装偏差超过规范允许偏差规定；搁置长度不足	（1）主构件（柱、屋架）安装时出现弯曲； （2）拉杆、支撑等拧紧程度不同，将主、次结构拉弯； （3）次结构（檩条）构件长度过短或梁的偏移，产生搁置长度不够
钢网架（空间格构结构）	安装完成后，偏差超过允许偏差	（1）拼装平台不稳定而影响拼装精度； （2）拼装过程中，构件强迫就位而影响拼装精度； （3）拼装过程中，螺栓施拧方法不当，焊接工艺不当而引起精度偏差超标

2.1.2 先进适用技术

构件定位偏差防治措施见表 2-2。

构件的定位偏差防治技术措施　　　　　　　　　　表 2-2

构件类型	定位偏差防治技术措施
钢屋（托）架、桁架、主次梁及受压杆件	（1）施工前应检查测量仪器，确保准确完好； （2）跨中的上弦和下弦必要时需设置缆风绳或用型钢拉撑； （3）大跨度的屋架或桁架的安装，仅在跨中控制垂直度是不够的，必须设置多道稳定措施，跨度越大跨道数越多
次结构（檩条）	（1）严格控制主结构安装的尺寸，防止出现弯曲； （2）各种拉杆、支撑等拧紧程度，以不将构件拉弯为原则； （3）搁置长度过短（小于 50mm）的搁置节点现象应分析原因，及时处理，对构件短的应更换
钢网架（空间格构结构）	（1）拼装前，应在坚实的基础上搭设拼装平台，以防止可能产生沉降而影响拼装精度； （2）拼装过程中应使杆件始终处于非受力状态，严禁不按设计规定的受力状态加载或强迫就位； （3）不宜在杆件拼装过程中一次性直接将螺栓拧紧，而须待沿建筑结构纵向、横向安装好一排或两排结构单元并经测量无误后可将螺栓球节点全部拧紧到位； （4）施焊时，应按合适的焊接工艺进行，施焊宜从中心向外对称延伸，严禁同一杆件两端同时施焊，宜先焊接下弦节点，后焊接上弦节点； （5）对拼装过程中发现杆件过长、过短、弯曲的应及时更换； （6）对焊接工作量大的管桁架结构节点可单独先行组装，把已交验的平面段在总装胎架上进行总装合拢

2.1.3　检测方法及目标

（1）钢屋（托）架、桁架梁及受压杆件的垂直度和侧向弯曲矢高的允许偏差应符合表 2-3 的规定。

检查数量：按同类构件数抽查 10% 且不应少于 3 个。

检验方法：用吊线拉线经纬仪和钢尺现场实测。

钢屋（托）架、桁架、主次梁及受压杆件垂直度和侧向弯曲矢高的允许偏差　　　表 2-3

项　　目	允许偏差（mm）		图　　例
跨中的垂直度	$h/250$，且不应大于 15.0		
侧向弯曲矢高 f	$l \leqslant 30\text{m}$	$l/1000$，且不应大于 10.0	
	$30\text{m} < l \leqslant 60\text{m}$	$l/1000$，且不应大于 30.0	
	$l > 60\text{m}$	$l/1000$，且不应大于 50.0	

（2）次结构（檩条）构件安装允许偏差及检验方法，见表 2-4。

次结构（檩条）构件安装允许偏差及检验方法　　　表 2-4

	项　目	允许偏差（mm）	检验方法
墙架立柱	中心线对位轴线的偏移	10.0	用钢尺检查
	垂直度	$L/1000$，且不应大于 10.0	用经纬仪或吊线和钢尺检查
	弯曲矢高	$L/1000$，且不应大于 15.0	用经纬仪或吊线和钢尺检查
抗风桁架的垂直度		$L/250$，且不应大于 15.0	用吊线和钢尺检查
檩条、墙梁的间距		±5.0	用钢尺检查
檩条的弯曲矢高		$L/750$，且不应大于 12.0	用拉线和钢尺检查
墙梁的弯曲矢高		$L/750$，且不应大于 10.0	用拉线和钢尺检查

注：H 为墙架立柱高度；h 为抗风桁架的高度；L 为檩条或墙梁的长度。

（3）钢网架（空间格构结构）安装允许偏差及检验方法，见表 2-5。

钢网架（空间格构结构）安装允许偏差及检验方法　　　表 2-5

项　目	允许偏差（mm）	检验方法
纵向、横向长度	$L/2000$，且不应大于 30.0 $-L/2000$，且不应大于 -30.0	用钢尺实测
支座中心偏移	$L/3000$，且不应大于 30.0	用钢尺和经纬仪实测
周边支撑网架相邻支座高差	$L/400$，且不应大于 15.0	用钢尺和水准仪实测
支座最大高差	30.0	
多点支撑网架相邻支座高差	$L_1/800$，且不应大于 30.0	

注：L 为纵向、横向长度；L_1 为相邻支座间距。

2.1.4　技术前景

对于某些复杂构件，如铸钢件等的定位，由中建钢构有限公司发明的专利"一种铸钢件空间的安装定位方法"，很好地解决了此类构件的空间定位问题。该方法包括：进行坐标转换，使所定位的铸钢件上的控制坐标与安装现场控制坐标统一；将铸钢件在空间中的三维坐标分解为二维平面坐标与标高坐标，并通过得到的二维平面坐标与标高坐标调整好铸钢件安装状态的姿态；通过吊装工具将调整好的铸钢件按安装状态的姿态吊装至空中的安装位置直接进行安装。该定位方式简单，在地面利用铸钢件三维坐标分解后得到的二维平面坐标与标高坐标，调整好铸钢件安装状态的姿态，通过吊装工具直接吊装即可进行快速安装，降低了空间定位的复杂度，提高了安装效率。

2.2　大跨度屋盖钢结构滑移施工技术

2.2.1　质量问题分析

（1）质量问题：

1）屋盖安装精度不满足规范要求。

2）滑道偏离。

（2）原因分析：

1）滑道设计不合理。

2）滑移速度控制不当。

2.2.2　先进适用技术

针对大跨度屋盖结构施工过程存在的一些问题，提出滑移施工技术。

（1）工艺原理。

大跨度屋盖滑移技术，是将屋盖整体钢结构分成若干单元，每单元又分为若干段，由设在滑移开始端胎架外侧的行走式塔吊，按组装顺序将需要的分段吊装至高空拼装胎膜上，拼装焊接成滑移单元后，落放在滑移轨道上，以卷扬机为动力源，通过滑轮组将拼装好的滑移单元在设计牵拉点处牵拉进行等标高滑移，待滑移单元滑移到设计位置后，拆除滑移轨道，固定支座。如此逐单元拼装，分片滑移，直至完成整个屋盖的施工。概括起来该方法为：高空分片组装、单元整体滑移、累积就位的施工工艺。

（2）施工工艺流程，如图 2-1 所示。

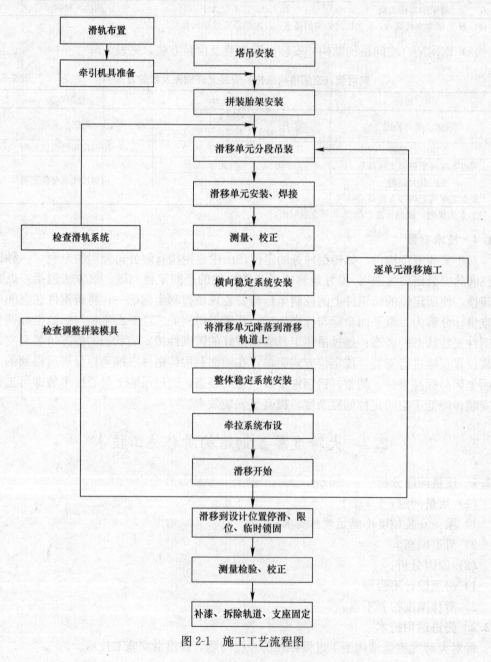

图 2-1 施工工艺流程图

（3）施工要点。

1）滑移轨道的设计、制作、安装及稳定性控制：

① 验算独立柱滑移过程的承载力，如承载力不足，临时加固独立柱。

② 施工独立钢筋混凝土柱支承时，于柱顶及侧面预埋铁件。

③ 滑移轨道沿滑移轴线通长布置，在柱顶设置伸缩缝，必要时要增设至支座外侧，供滑移单元临时支撑构件滑移时使用。

④ 滑移轨道采用组合钢桁架结构形式，支撑在两端的独立柱上，轨道面标高为结构的设计支座标高。桁架应根据滑移时滑移单元传来的外力设计，因滑移轨道需要抵抗较大的水平外推力，因而轨道的设计重点要保证其平面外的稳定，设计成倒 L 形或 T 形组合钢桁架最为合理。

⑤ 轨道侧面应设置标尺，标尺的设置以柱间距为单元，1m 为一大区格，5cm 为一小区格，区格处标有标识符。

2）滑移单元的横向稳定控制：

① 结构在胎架上进行组装时，滑移单元支座在水平方向侧移的相反方向预偏安装，落放时靠重力作用产生的水平侧移复位。

② 滑移单元滑移时，在每个支座点滑移底板后加导向凹凸滚轮，用以限制滑移单元过大的水平位移（轮内边与轨道间距 20mm），并将其产生的水平推力传递到轨道上。

③ 滑移单元滑移时，在滑移的垂直方向各牵拉点间拉接水平拉杆或钢丝绳，限制结构的外涨。

3）滑移单元的整体稳定控制：

滑移单元的整体稳定采用多个支承点连为整体共同滑移的方式进行控制。

① 在滑移单元的刚度较差向增设支撑，通过增加支承点的方式来增加其整体稳定性。

② 同一轴线相邻柱底座及对应的下弦杆位置用大刚度檩条沿水平方向焊接连接，使桁架、柱帽杆、水平拉杆形成稳定的三角形刚体。

③ 各轴均设多个牵挂点同时牵拉，以减小各牵挂点的局部牵拉力及杆件附加应力，以增加其稳定性。

④ 多头牵拉同步控制：

a. 在本方法的滑移方案中采用两台以上卷扬机设计的牵拉轴线处同时牵拉的牵拉系统，如因牵拉支座处摩阻力及牵拉力不同影响滑移同步，施工时应采取相应的措施来保证滑移同步。

b. 采用二台以上改装卷扬机，设计专用的控制柜，多台卷扬机既可以同时启动，又可以单独工作纠偏。

c. 在滑移轨道上设置刻度标尺。每 5cm 为一小格，1m 为一大区格，各柱间为一个控制单元，多条轨道上同时向卷扬机控制总台报数，如不同步值超出限值，即可作相应的停滑处理。如有条件或要求高时可进行滑移过程位移计算机连续监控，在滑移单元的前方安置一个观测台，在牵挂点的附近安置观测点。观测台上安置精度较高的全站仪，每个观测点处安置一个棱镜。进行滑移单元从开滑到到位停滑滑移全过程的监控，间隔 30 秒钟三点同时进行一次扫描，测出三点的同步偏差、水平位移轨迹线以及高程变化线，数据在仪器上连续显示并存入电脑。如发现观测参数有超出限值，即通报总台，停滑调整。

　　d. 合理设计滑轮组机构，在减小单绳牵拉力的同时，尽量减小各台卷扬机牵拉力的差距。

2.2.3　检测方法及目标

（1）滑移过程的质量控制方法：

1）控制卷扬机转速，保持滑移速度在 30cm/min 以下，尽量减小动态对结构的影响。

2）同步控制及水平偏差控制方法见表 2-6。

同步控制及水平偏差控制方法　　　　表 2-6

项　目	控制目标	控制提示
各滑移支座轴线偏移	≥控制目标时	发出警告
	≥计算极限偏移量时	停滑
各轴线支座间不同步	≥50mm 时	不间断修正
	≥100mm 时	停滑
滑移单元跨中挠度	≥$L/250$ 时	停滑

（2）滑移施工精度控制：

1）单元滑移时，滑移单元到位前应采取限位措施，限位精度控制在 10mm 以内。

2）滑移允许偏差见表 2-7。

滑移允许偏差　　　　表 2-7

序　号	分　项	允许偏差（mm）
1	主架支座中心偏移	$L/3000$ 且≤30
2	相邻支座高差	$L1/800$ 且≤30
3	支座最大高差	30
4	主架纵向、横向长度	$±L/2000$ 且≤±30
5	单元间距	$L/2000$
6	跨中垂直度	$H/250$
7	杆件弯曲矢高	$L2/1000$
8	跨中下挠	$L/250$

（3）滑移过程应力监控。

　　通过计算分析，选择最有代表性滑移的单元主要受力构件、焊接节点、临时加固构件、临时支撑构件及滑移轨道作为测试对象，进行滑移单元落放、滑移全过程的应力-应变测试。以控制滑移过程，避免滑移对结构的影响。应力测试采用数据采集系统配备打印机，测点编号并与数据采集系统连接好，进行滑移全过程的应力监控，计算机控制系统每30s 自动采集一组数据，如发现应力值有超过限定值的，通报指挥台，停滑调整，选各测点应力较大、较小及突变数据组打印。

2.2.4　技术前景

　　本方法适用于独立柱支承的大跨度曲线单跨、多跨空间桁架或网架结构，最适用于支座处有较大水平推力、滑移单元二向不同性的独立柱支承的大跨度曲拱形单跨、多跨空间桁架或网架结构的施工。

2.3　大跨度屋盖钢结构胎架滑移施工技术

2.3.1　质量问题分析

（1）质量问题：

1）屋盖安装精度不满足规范要求。

2）胎架变形过大或发生倾覆。

3）滑道偏离。

（2）原因分析：

1）滑道和胎架设计不合理。

2）滑移速度控制不当。

2.3.2　先进适用技术

针对大跨度屋盖结构施工过程中的一些问题，提出胎架滑移施工技术。

（1）工艺原理。

大跨度屋盖钢结构胎架滑移施工方法概括起来是：结构直接就位在设计位置，垂直起重设备和胎架沿屋盖结构组装方向单向移动，通过滑移胎架和行走吊机完成屋盖结构的安装。

将屋盖钢结构按照榀数和网格数分成若干单元，单元可在胎架移走后形成稳定的受力体系，在满足此条件下尽量减少每单元桁架及网格数，但不得少于两榀桁架或两个网格。

各单元按照吊车的起重能力又分为若干段。

沿桁架垂直方向设置行走式塔吊和胎架滑移的轨道。

根据单元的划分制作满足所有单元组装的可搭拆胎架，胎架需要连接成一个整体，通过卷扬机牵拉将胎架移动到屋盖单元的设计位置。

吊机行走至组装单元就近位置，顺次将需要的分段吊装至滑移胎架上，拼装焊接成单元后，拆除滑移胎架支撑，将组装单元直接落放在设计支座位置。

以卷扬机为动力源，通过滑轮组将胎架沿轨道空载滑移至下一组装单元位置，通过调节、修改形成下一单元的组装胎架，与楼面或地面做临时固定。

塔吊行走至本组装单元就近位置点处牵拉进行等标高滑移，待滑移单元滑移到设计位置后，拆除滑移轨道，固定支座。如此逐单元拼装，分片滑移，直至完成整个屋盖的施工。概括起来该工法为：高空分片组装、单元整体滑移、累积就位的施工工艺。

（2）施工工艺流程，如图 2-2 所示。

（3）施工要点。

1）滑移胎架的设计、制作、安装及稳定性控制：

① 滑移胎架竖向支撑体系可采用格构式型钢柱、桁架体系，也可采用普通钢管脚手架，胎架及钢格构架应具有足够的强度和刚度。经计算可承担自重、拼装桁架传来荷载及其他施工荷载，并在滑移时不产生过大的变形。

② 胎架设计需要易于搭拆，必要时根据高度做成标准节，可通用。

③ 胎架的下部底盘需要用型钢或钢管做成，整体胎架固定在铺设于楼面的型钢格构架上刚度满足胎架空载滑移的需要，底盘下部设有滚轮，可在楼面、地面布置的轨道上滚动滑移，详见图 2-3。

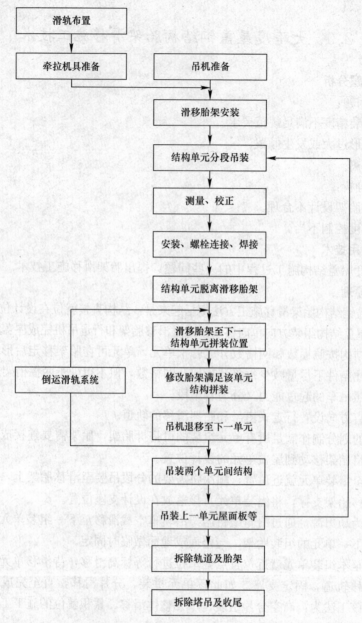

图 2-2 施工工艺流程图

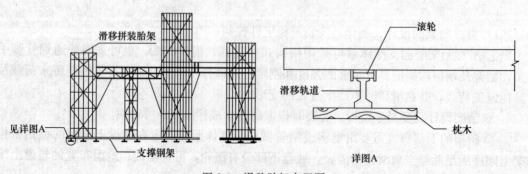

图 2-3 滑移胎架布置图

④ 滑移胎架可在每一个连接上部结构拼接点处单独设置，也可通过过渡胎架及横杆连成整体。

⑤ 滑移胎架的顶部平台既可作为支撑平台，同时可兼作操作平台，面积根据操作空间确定。

2）滑移轨道的设计、铺设和倒运：

① 滑移轨道沿屋盖结构下部的楼面（地面）通长设置。但因为滑轨可倒运，使用时只需要同时铺设满足三个单元安装的滑轨长度。材料按三个结构单元长度准备。

② 根据上部荷载和楼面（地面）承载力确定楼面（地面）是否需要加固处理。胎架滑移轨道尽量设计在下部有梁的位置，避免直接铺设于楼板上。

③ 滑移轨道采用普通钢轨，选型根据上部荷载确定。

④ 为了缓冲摩擦力对下部结构的影响，可在滑轨下部铺设枕木，枕木的间距根据滑移荷载和钢轨选型计算确定。

3）多头牵拉同步控制。

在滑移方案中，采用两台以上卷扬机在设计的牵拉轴线处同时牵拉的牵拉系统，如因牵拉支座处摩阻力及牵拉力不同影响滑移同步，施工时应采取相应的措施来保证滑移同步。

① 采用两台以上改装卷扬机，设计专用的控制柜，多台卷扬机既可以同时启动，又可以单独工作纠偏。

② 在滑移轨道上设置刻度标尺。每 5cm 为一小格，1m 为一大区格，各柱间为一个控制单元，多条轨道上同时向卷扬机控制总台报数，如不同步值超出限值，即可作相应的停滑处理。

③ 合理设计滑轮组机构，在减小单绳牵拉力的同时，尽量减小各台卷扬机牵拉力的差距。

4）变形观测：

① 结构下挠曲变形观测。在每榀桁架组装完毕之后，对所有观测点位进行第一次标高观测，并做好详细记录，待主桁架脱离承重架之后，再进行第二次标高观测，并与第一次观测记录相比较，测定主桁架的变形情况。

② 承重胎架沉降变形观测。由于主桁架静荷载及脚手架自重影响，组装胎架将出现不同程度的沉降现象，需在主桁架标高控制时作相应的调节对策。即根据胎架的沉降报告相应的进形标高补偿，以保证主桁架空间位置的准确性。

③ 组装胎架倾斜变形观测。为保证测量平台上所测放中心线，控制节点在水平位置上的准确性，每次单元组装滑移完毕之后，需通过激光铅直仪将楼地面已经做好永久标志的激光控制点垂直投测到测量操作平台上。建立新的单元组装测控体系，并用全站仪进行角度和距离闭合。

5）计算与分析：

① 结构稳定性分析。根据结构单元的划分进行单元结构的计算分析，分析组装、拆除滑移胎架前后、连接结构完成前后的单元受力，必要时增加临时支撑体系以增加其稳定性。

② 胎架的承载力计算。根据施工方案的要求单元拼装胎架需要承担桁架荷载、施工

临时活荷载及脚手架胎架自重。滑移时还需要根据滑移速度进行惯性力和风荷载的计算。以此为根据进行胎架构件设计、滑移轨道布设、底盘设计和牵引设备布置。

③ 楼面承载力验算。以设计要求楼面允许活荷载为极限荷载，如胎架传至楼面荷载超过此极限，需要对楼面进行加固。加固可采用钢管支撑，钢管布置及选型根据计算定。

2.3.3　检测方法及目标

(1) 滑移过程的质量控制方法：

1) 控制卷扬机转速，保持滑移速度在 30cm/min 以下，尽量减小动态对结构的影响。

2) 同步控制及水平偏差控制方法，见表 2-8。

同步控制及水平偏差控制方法　　　　　　　　表 2-8

项　目	控制目标	控制提示
各滑移支座轴线偏移	≥控制目标时	发出警告
	≥计算极限偏移量时	停滑
各轴线支座间不同步	≥50mm 时	不间断修正
	≥100mm 时	停滑
滑移单元跨中挠度	≥$L/250$ 时	停滑

(2) 结构单元拼装精度控制：

1) 单元滑移时，滑移单元到位前应采取限位措施，限位精度控制在 10mm 以内。

2) 结构单元安装允许偏差，见表 2-9。

结构单元安装允许偏差　　　　　　　　表 2-9

序　号	分　项	允许偏差（mm）
1	主架支座中心偏移	$L/3000$ 且≤30
2	相邻支座高差	$L_1/800$ 且≤30
3	支座最大高差	30
4	主架纵向、横向长度	$\pm L/2000$ 且≤±30
5	单元间距	$L/2000$
6	跨中垂直度	$H/250$
7	杆件弯曲矢高	$L_2/1000$
8	跨中下挠	$L/250$

(3) 结构单元的稳定控制。

在胎架滑移施工时，胎架需要重复使用，因而在屋盖未形成整体结构，就将胎架撤离结构单元，尤其是开始施工时的第一个单元，结构单元往往稳定性不足，需要加强控制。

1) 进行结构分析，在结构稳定的基础上进行结构单元划分。

2) 将单元结构桁架及网格间所有结构连接件全部连接好，支座按设计要求进行固定好后，方可将滑移胎架滑走。

3) 如结构单元无法满足稳定要求，按照设计进行加固。

4) 安装第一个单元时，在结构单元两侧（刚度较弱方向）增加数道缆风绳，以增加结构稳定和抗风能力。

5) 必要时需要对薄弱结构进行应力—应变测试。通过计算分析选择主要受力构件、焊接节点、临时加固构件、临时支撑构件作为测试对象，进行焊接、支座安装、胎架支撑拆除前后过程的应力—应变测试。以控制胎架滑移后未形成整体屋盖局部结构单元是否满足受力要求。应力测试采用数据采集系统配备打印机，测点编号并与数据采集系统连接好，进行滑移全过程的应力监控，计算机控制系统每30s自动采集一组数据，如发现应力值有超过限定值的，通报指挥台，采取相应措施，选各测点应力较大、较小及突变数据组打印。

2.3.4　技术前景

本方法适用于复杂支承条件的大跨度单跨、多跨空间桁架或网架结构，最适用于跨度不超过两个行走式塔吊臂长之和、多榀桁架相同、单榀桁架重量大、支座情况较为复杂的空间桁架、网架体系。

2.4　钢结构整体提升安装施工技术

2.4.1　质量问题分析

（1）质量问题：

1）承重结构（永久或临时性）的稳定性不满足要求。

2）支撑柱的高度过大，柱的稳定性不足；

3）构件变形过大。

（2）原因分析：

提升点数量过多或提升点的位置选取不当。

2.4.2　先进适用技术

针对以上不足，结合广州新机场飞机维修设施工程，提出大面积钢屋盖多吊点、非对称整体提升方法。

（1）工艺原理。

计算机控制液压同步整体提升技术是近年来将计算机控制技术应用于施工领域的新技术。它的主要工作原理是以液压千斤顶作为施工作业的动力设备，根据各作业点提升力的要求，将若干液压千斤顶与液压阀组、泵站等组合成液压千斤顶集群，液压千斤顶集群在计算机控制下同步作业，保证提升或移位中大型结构的姿态平稳，负荷均衡，从而顺利安装到位。

（2）施工工艺流程，如图2-4所示。

（3）施工操作要点：

1）构件从制作厂散件运输至现场进行分段构件的拼装。

2）分段构件拼装完成后倒运至相应提升位置进行地面整体拼装。

3）分析确定屋盖结构的提升吊点。

4）计算各提升点所需提升反力，并以此为根据布置千斤顶。千斤顶布置考虑在自重作用下的提升吊点支座反力，并考虑1.5倍提升储备系数。

5）按照各提升点提升油缸数量及规格，设计千斤顶支撑平台。

6）地面拼装完成后，在每台提升油缸上安装一套位置传感器，通过现场实时网络，主控计算机决定提升油缸的动作，保持吊点提升同步，以进行屋盖结构的整体提升。

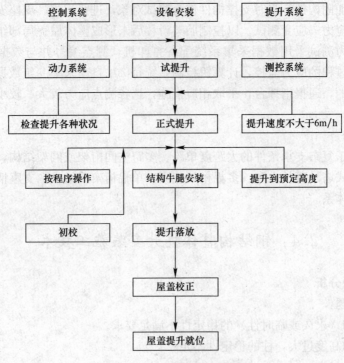

图 2-4 提升施工流程

7）提升到位后，进行屋盖就位安装，拆除油缸钢绞线，割除临时支撑及塔架，提升工艺完成。

2.4.3 检测方法及目标

按现行国家标准《钢结构工程施工质量验收规范》（GB 50205）的规定执行。

2.4.4 技术前景

本方法从整体提升结构设计与分析、整体提升同步性控制、到提升系统开发，适用于大面积、大跨度、大吨位空间桁架或网架结构。

2.5 大悬臂钢结构施工技术

2.5.1 质量问题分析

（1）质量问题：

1）承重结构（永久或临时性）的稳定性不满足要求。

2）结构安装定位偏差过大。

3）悬臂结构变形过大。

（2）原因分析：

1）钢构件重量大。

2）节点构造复杂。

3）安装精度受结构倾斜、自重和气候条件的影响。

2.5.2 先进适用技术

针对上述缺陷，提出大悬臂结构的施工方法。本方法可以在安全、保证构件位移及应力要求的基础上对两结构主体间由大吨位的大型钢构件构成的悬臂结构进行安装。

具体方法包括：

（1）从两个结构主体上分别对构成悬臂结构的两部分进行安装，并保持两部分安装同步进行。

（2）安装时，以阶梯延伸方式对每个结构主体上的悬臂结构部分的构成构件进行安装。

（3）对两个结构主体上安装后的悬臂结构的两部分在空中相接处依次固定连接，使两部分合龙后形成完整的悬臂结构。

这种方式解决了由大吨位钢结构构件构成的悬臂结构无法直接安装的问题，通过对构成悬臂结构的两部分分离安装，并使每部分的悬臂结构均形成阶梯状结构，采用逐渐合龙，完成悬臂结构的整体安装。保证了安装过程中对大吨位构件的承载及稳固处理，减小了构件自重对结构位移和应力的影响，且可以快速、安全的进行安装，使对构件应力和位移的控制可以满足要求，使最后形成的完整的悬臂结构满足力学要求。

2.5.3　检测方法及目标

安装过程中对主要钢构件进行实时动态跟踪监测和数据采集修正，确保主构件的安装位形满足设计要求，如可以采用高精度智能全站仪和 GPS 全球卫星定位技术，对主要钢构件进行测量控制，确保悬臂结构的安装精度。

2.5.4　技术前景

本方法适用于各种大吨位的钢结构构件构成的悬臂结构施工。

2.6　超高层建筑的垂直度控制技术

2.6.1　质量问题分析

（1）质量问题：

超高层建筑在施工时，产生垂直偏差。

（2）原因分析：

1）测量仪器损坏或精度不足。

2）施工荷载不对称。

3）高空作业时受风力、日照等影响，测量产生偏差。

2.6.2　先进适用技术

对于超高层建筑，施工过程中的垂直度控制是非常重要的一个环节，其准确度直接关系到建筑结构的施工质量和安全。目前超高层结构的垂直度控制常用方法主要有以下几种：

（1）经纬仪外控法。

经纬仪外控法是传统的测量方法，将经纬仪安置在建筑物之外进行轴线投测，以控制建筑物的垂直度。当场地四周宽阔，可将高层建筑物的四周轴线延长到相当于建筑物总高度以外或附近其他多层建筑物屋顶上，并在轴线的延长线上安置经纬仪，从首层轴线通过距离与角度计算，向上逐层投测。

（2）经纬仪天顶法。

在经纬仪目镜处安装弯管目镜后，将望远镜指向天顶方向由弯管目镜观测。当水平转动经纬仪的照准部 360°时若视线永远指在一点时，则说明视线方向处于铅直状态，以此向上传递轴线和控制竖直偏差。

（3）激光铅直仪法。

激光铅直仪利用激光本身具有优良的方向性，将激光管与非调焦望远镜串联，用万向支架悬挂以实现自由摆动，当静止时激光束处于铅直方向。使用激光铅直仪控制高层建筑物的垂直度，当建筑物高度为 150m 时，平面误差仅约 7.5mm。激光铅直仪法的特点是快速、操作简便、能保证精度。

（4）光学垂准仪法。

光学垂准仪法的原理是在仪器内部有自动安平装置，保证入射光线水平，入射光线经五角棱镜后出射光线垂直于入射光线，而提供一条铅垂线，将控制点垂直投测标定到上一楼面。光学垂准仪精度很高，如瑞士 wild-ZL 精密垂准仪，正倒镜观测时标准偏差为 1/200000，即 100m 时误差仅为 ±0.5mm。

以上这几种垂直度控制方法都有各自的特点，其中，较为经济和方便的是经纬仪外控法，但这种方法易受施工场地等因素的限制；光学垂准仪法是精度最高的方法，但仪器价格较贵，经济性不强；激光铅直仪法和天顶仪法经济性适中，并且激光铅直仪是投测速度最快的方法。

2.6.3　检测方法及目标

按现行国家标准《钢结构工程施工质量验收规范》（GB 50205）中的规定执行。

2.6.4　技术前景

垂直度是超高层建筑测量控制的重点也是一大难点，该处列举的相关技术措施是保证超高层垂直度科学有效的技术手段，实际运用时应根据工程实况择优选择，保证所用技术的适用性。

2.7　钢结构安装过程的动态模拟技术

2.7.1　质量问题分析

（1）质量问题：

结构发生倾覆。

（2）原因分析：

施工过程中结构的受力状态在发生着变化，由静定结构变为超静定结构，由平面的传力结构转变为空间的传力体系，结构系统产生内力重分配。

2.7.2　先进适用技术

由于钢结构安装过程中结构受力复杂，边界条件多变，通常采用数值方法进行动态模拟计算。目前运用较为成熟和广泛的方法是有限单元法。

有限单元法进行安装过程数值模拟分析的主要步骤有：

（1）建立分析模型，根据施工方案划分施工段，并对施工段进行编号。

（2）定义各施工段的单元信息和约束信息，如支座的位置坐标、约束方向及约束位移。

（3）定义各施工段的荷载信息，如荷载大小以及作用位置等。

（4）定义信息数组，将各施工段的单元编号、约束情况和荷载信息存入数组中。

（5）编写分析控制程序，分别实现控制单元生死、添加位移约束、删除位移约束、施加集中或均布荷载，控制施工步起止时间和时间增量等功能。

（6）分析控制程序从相应的数组中读取信息形成针对每个具体施工步的流程控制文件，循环调用这些文件直到完成整个施工过程的仿真计算。

2.7.3　检测方法及目标

工程中，为验证施工全过程计算机仿真计算结果的准确性，同时也为更为直观的了解结构的受力状态，常需采用施工过程的工程监测予以配合，常用的工程监测方法是基于各种应力应变传感器的电测法和全站仪的位形测量，测量结果应能满足设计文件和相关规范的要求。

2.7.4　技术前景

施工过程的计算机仿真技术，是近年来将计算机技术应用于施工领域的一门新技术，是非常有效的施工辅助手段。通过施工过程结构计算机动态分析，可进行有效的方案可行性分析，优化施工方案，保证施工质量、安全和方案的科学性；通过对结构施工全过程的计算机动态分析和控制，可提供构件的下料原则和构件的拼装、安装、焊接顺序，并可采取科学的辅助措施和预防措施，使复杂结构的施工得以顺利进行，保证结构安全；通过对各种不利因素的分析和计算，验证不利因素对结构的影响是否属于控制范围，提出合理的控制基准和方法，有利于指导施工全过程。

2.8　钢结构弯扭构件现场拼装技术

2.8.1　质量问题分析

（1）质量问题：

1）构件拼装过程中偏差过大。

2）搭接接头不满足精度要求。

3）存在焊接缺陷。

（2）原因分析：

构件不规则，尚无成熟的现场拼装工艺。

2.8.2　先进适用技术

针对上述缺陷，结合深圳湾体育中心工程，提出有关弯扭构件现场拼装方法。具体方法如下：

（1）测量放线。

按照深化图纸拼装坐标系，在构件拼装场地附近，建立一个坐标控制网，控制网必须建立在稳固的地面或控制桩上，以满足拼装测量、多次架设仪器等要求（图2-5）。

以建立的坐标系架设全站仪，测放出各主杆件需放置拼装胎架的点位，在地面做好标记。

（2）拼装胎架就位。

根据测放出来的胎架定位点，采用汽车起重机将胎架吊装到指定点位上，初步校正胎架的位置。再根据深化图拼装胎架点位的标高，调节胎架标高到设计位置（图2-6）。

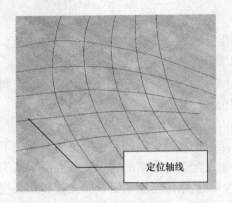

图 2-5　地面拼装轴线

图 2-6　设置拼装胎架

（3）主杆件吊装就位。

主杆件采用汽车起重机进行吊装，根据拼装状态，用捯链调整构件就位状态（图 2-7、图 2-8）。

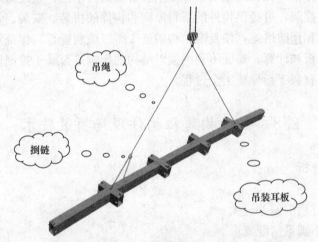

图 2-7　捯链调节构件

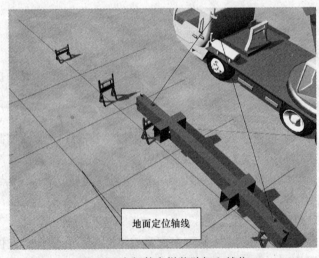

图 2-8　主杆件在拼装胎架上就位

（4）主杆件初步校正。

主杆件吊装就位时，应根据地面上投测的坐标控制点，采用线锤或靠尺，初步将主杆件调整到设计位置（图 2-9）。

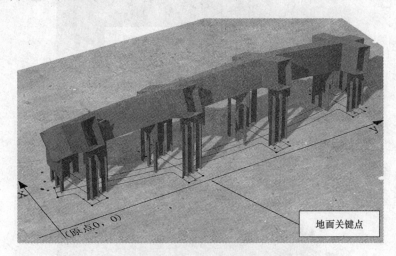

图 2-9　关键点位初步校正对齐

（5）完成主杆件吊装。

采用汽车起重机，使用上述方法，将剩余主杆件全部吊装，在胎架上就位（图 2-10）。

图 2-10　依次吊装其他主梁

（6）柱杆件校正。

采用线锤，将构件上关键点与地面投测的坐标控制点对齐，确定杆件的平面位置，采用全站仪或者水准仪测量杆件上关键点的标高，调整到设计标高（图 2-11）。

主杆件校正完成后，可采用全站仪对关键点坐标进行观测，与设计坐标对比，检查验证构件校正精度（图 2-12）。

（7）次杆件安装。

从单元中间向两边安装次梁，调节接口间隙以保证构件曲线满足设计要求（图 2-13）。

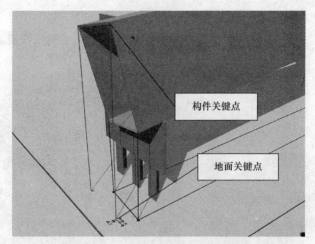

图 2-11　关键点位精确对齐校正

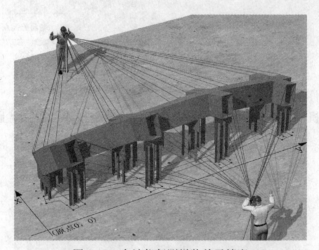

图 2-12　全站仪复测拼装单元精度

图 2-13　次梁安装

（8）构件焊接及吊耳设置。

拼装完成后，根据测量结果制定焊接顺序，原则上焊接顺序从中间向两边。焊接完成后，根据单元片状态及中心点设置吊装点及吊耳（图 2-14）。

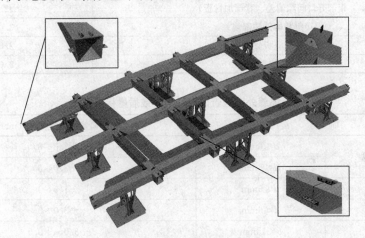

图 2-14　构件焊接及吊耳设置

2.8.3　检测方法及目标

根据工程特点，各项目检查要求和方法见表 2-10～表 2-12。

拼装控制项目及允许偏差　　　　　　　　　　　　　　表 2-10

构件类型	项目	允许偏差（mm）	检查方法
主杆件、次杆件	拼装单元总长	±5.0	用钢尺检查
	拼装单元弯曲矢高	$L/1500$ 且不应大于 10.0	用拉线和钢尺检查
	接口错边	2.0	用焊缝量规检查
	拼装单元扭曲	$h/200$ 且不应大于 5.0	拉线、吊线和钢尺检查
	对口错边	$t/10$ 且不应大于 3.0	用焊缝量规检查
	坡口间隙	+2.0 −1.0	
制作单元平面总体拼装	相邻梁与梁之间距离	±3.0	用钢尺检查
	结构面对角线之差	$H/2000$ 且应不大于 5.0	
	任意两对角线之差	$\sum H/2000$ 且应不大于 8.0	

单元组装允许偏差　　　　　　　　　　　　　　　　表 2-11

项目		允许偏差（mm）
搭接接头长度偏差		±5.0
对接接头错位	$t \leqslant 16$	1.5
	$16 < t < 30$	$t/10$
	$t \leqslant 30$	3.0
对接接头间隙偏差	手工电弧焊	+4.0 0
	埋弧自动焊和气体保护焊	+1.0 0

续表

项　目	允许偏差（mm）
对接接头直线度偏差	2.0
根部开口间隙偏差（背部加衬板）	±2.0
焊接组装构件端部偏差	3.0
加劲板或隔板倾斜偏差	2.0
连接板位置偏差	2.0

焊缝外观检查的允许偏差或质量标准 表 2-12

项　目		允许偏差或质量标准（mm）
焊脚尺寸偏差	$d \leqslant 6mm$	+1.5～0
	$d \leqslant 6mm$	+3.0～0
角焊缝余高	$d \leqslant 6mm$	+1.5～0
	$d \leqslant 6mm$	+3.0～0
焊缝余高	$b < 15mm$	+3.0～+0.5
	$15mm \leqslant b < 20mm$	+4.0～+0.5
焊缝宽度偏差		任意 150mm 范围内≤5mm
焊缝表面高低差		任意 25mm 范围内≤2.5mm
咬边		$\leqslant t/20$，$\leqslant 0.5mm$ 在受拉对接焊缝中，咬边总长度不得大于焊缝长度的 10%；在角焊缝中，咬边总长度不得大于焊缝长度的 20%
气孔		承受拉力或压力且要求与母材等强度的焊缝不允许有气孔；角焊缝允许有直径不大于 1.0mm 的气孔，但在任意 1000mm 范围内不得大于 3 个，焊缝长度不足 1000mm 的不得大于 2 个

2.8.4　技术前景

弯扭钢构件的现场拼装存在拼装精度无法保证、拼装胎架难以规则化、所需资源投入量大等技术难点。本先进适用技术以地样线与空间三维测量控制技术为精度测控基础，以高精度支撑胎架为拼装载体，形成一套系统的弯扭钢构件拼装作业程序，具有通用性和科学性，对箱型、管型等弯扭钢构件现场拼装等都具有较高的应用或借鉴价值。

2.9　大直径钢管冷卷成型加工工艺

2.9.1　质量问题分析

（1）质量问题：

1）钢管冷卷成型变形过大。

2）存在焊接缺陷。

（2）原因分析：

加工工艺不合理。

2.9.2 先进适用技术

（1）工艺原理。

根据工程实际及我国钢铁工业及加工企业现有水平，在钢厂无缝管规格满足不了要求的情况下，把热轧钢管变为加工厂卷制直缝焊管，通过一系列焊接、矫正、辊压等程序在钢结构制作厂中生产出满足工程需要的大直径钢管。

（2）工艺流程，如图 2-15 所示。

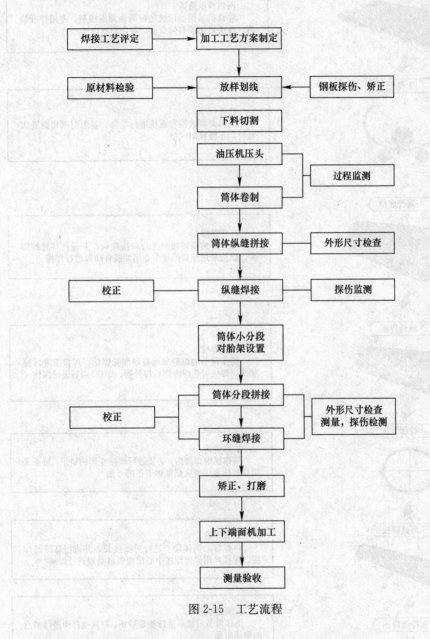

图 2-15　工艺流程

（3）卷制钢管的加工工艺和方法，如图 2-16 所示。

1. 零件下料

零件校平、下料、拼版

钢板下料前用矫正机进行矫平，防止钢板不平而影响切割质量，并进行钢板预处理。

零件下料采用数控精密切割，对接坡口采用半自动精密切割，切割后进行二次矫平

2. 油压机压头

两侧预压圆弧

卷管前采用油压机进行两侧预压成型，并用样板检测，压头后切割两侧余量，并切割坡口

3. 卷管

卷管

采用大型数控卷板机进行卷管，卷管时采用渐进式卷管，不得强制成型

4. 钢管成型

环缝焊接

将焊好的筒体段节进行对接接长，并进行环缝的焊接，焊接采用伸臂焊接中心用埋弧自动焊进行焊接

5. 纵缝焊接

纵缝焊接

筒体段节的纵缝采用自动埋弧焊接，焊接前进行预加热，焊接时先焊内侧后焊外侧，焊后24h后进行探伤

6. 检测矫正

检测矫正

筒体纵缝焊接后，必须进行焊接变形的矫正，矫正采用卷板机液压或火焰加热矫正的方法

7. 环缝焊接

环缝焊接

将焊好的筒体段节进行对接接长，并进行环缝的焊接，焊接采用伸臂焊接中心用埋弧自动焊进行焊接

8. 检测矫正

检测矫正

筒体段节对接后进行测量矫正，与其他杆件进行节点的整体组装

图 2-16　卷制钢管加工工艺和方法

2.9.3 检测方法及目标

（1）钢板矫正允许偏差，见表 2-13。

钢板矫正允许偏差   表 2-13

项　目	厚度（mm）	允许偏差（mm）
钢板局部平面度	$t \leqslant 14$	1.5
	$t > 14$	1.0
弯曲矢高 $l/1000$		5.0

质量检验方法：目测及直尺检查。

（2）下料允许偏差，见表 2-14。

下料允许偏差   表 2-14

项　目	允许偏差（mm）
零件宽度、长度	±3.0
切割面平面度	$0.05t$，且不应大于 2.0
割纹深度	0.3
局部缺口深度	1.0

注：t 为切割面厚度。

（3）外形尺寸允许偏差，见表 2-15。

外形尺寸允许偏差   表 2-15

项　目	允许偏差	检验方法	图　例
直径	$\pm d/500$ ± 5.0	用钢尺检查	
构件长度	3.0		
管口圆度	$d/500$，且不应大于 5.0		
管面对管轴的垂直度	$l/1500$，且不应大于 3.0	用焊缝量规检查	
弯曲矢高	$l/1500$，且不应大于 5.0	用拉线、吊线和钢尺检查	
对口错边	$t/10$，且不应大于 3.0	用拉线和钢尺检查	

注：对方矩形管，d 为长边尺寸。

2.9.4 技术前景

本方法适用于大跨度钢结构、高层超高层钢结构等大型钢结构工程中：

（1）直径较大（800～1800mm）、管壁较厚（12～100mm）的钢管或钢管混凝土劲性结构。

（2）结构设计受力要求较大、建筑截面大小及形状要求。

（3）市场上没有该截面的热轧无缝管。

2.10 空间样条曲线钢管冷弯成型加工工艺

2.10.1 质量问题分析

（1）质量问题：

桁架的上下弦钢管的弯制成型过程中变形过大。

（2）原因分析：

传统的弯管机弯制成型的工艺不能适用空间样条曲线弯管的要求。

2.10.2 先进适用技术

针对以上质量问题，提出空间样条曲线钢管冷弯成型加工工艺。

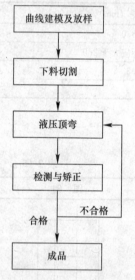

图 2-17 施工工艺流程图

（1）工艺原理：

1）计算机辅助放样。复杂空间样条弯曲管桁架，采用计算机 CAD 辅助设计软件，用样条曲线将弯曲管桁架的各控制点连接拟合成空间光滑弧线。再采用坐标系转换原理，将三维样条曲线转化成二维平面或平面外 Z 向值较少的三维样条曲线，并进行 500mm 等间距加密控制点，以控制弯管精度。

2）钢管液压顶弯原理。钢管弯曲主要由两台液压千斤顶，利用力学中的杠杆原理在两端施工加推力，管中间采用靠模作为支点，使钢管弯曲达到塑性变形。

（2）施工工艺流程，如图 2-17 所示。

（3）操作要领：

1）空间样条曲线建模及放样。

对每榀管桁架弦杆的控制点采用计算机 CAD 辅助设计软件标出，然后以所有控制点拟合成曲线方程，用样条曲线将弦杆各控制点连接拟合成空间光滑弧线。曲线拟合过程操作要领：

① 拟合曲线必须要经过所有控制点，如果没有经过所有控制点或少经过控制点，势必造成曲线方程幂次数降低，曲线拟合不充分而造成误差。

② 拟合曲线时若发现有曲线拐点出现，需检查控制点建模错误，如图 2-18 所示，由于控制点的错误在 2、3、4 之间出现拐点，需修正。

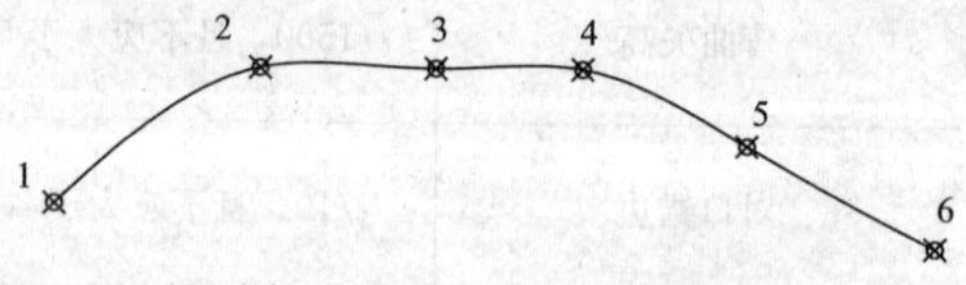

③ 采用坐标系转换原理，将三维样条曲线转化成二维平面或平面外 Z 向值较少的三维样条曲线，并进行等间距加密控制点，以控制弯

图 2-18 有拐点的拟合曲线图

管精度；并且采用在 CAD 辅助设计软件平台上开发的软件进行各控制点的坐标标注，以作为弯管时控制值，如图 2-19 所示。

2）下料切割。通过对弯曲弦杆的曲线放样，在计算机辅助软件可以查询出弯曲弦杆的轴线长度，即拟合样条曲线长度；因弯曲时两端有一部分直段（约 300mm 长），即下料长度为直线长度加上 600mm。

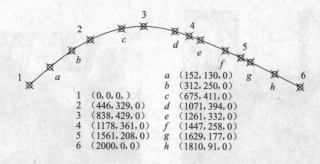

图 2-19　加密控制点的曲线图及控制坐标

钢管采用数控相贯线火焰或等离子切割进行下料切割，以保证下料切割的精度，如图 2-20 所示。钢管切割完成之后，在直段钢管采用粉线标出管轴线及控制点位置的标记环线。

3）液压顶弯：

① 顶弯设备装置准备。液压顶弯设备主要由两台油压千斤顶、顶弯靠模、控制油缸及刚性控制操作台组成，如图 2-21 所示。两台油压千斤顶需根据待弯管的管径及壁厚的大小选用，一般选用 600t 或 1000t 的顶力规格；靠模需根据钢管弯曲的曲率半径选用。

图 2-20　数控相贯线切割下料

图 2-21　顶弯设备装置图

② 直管放置。采用行车或半门吊机将直径钢管吊入顶弯设备装置内，如图 2-22 所示，水平放置且一端采用一油压千斤顶紧，在钢管和千斤顶之采用专用的夹具装置，保证千斤顶对钢管的传力均匀，以免造成钢管被压扁或局部屈曲现象。

③ 平面弯管。通过数控油压采用两千斤顶对钢管施加外力，使钢管弯曲整体屈服弯曲变形，在弯曲的同时通过控制进给量，确定是否弯曲到位；弯曲需分多步顶进，且速度要求缓慢，以免出现起皱现象。弯曲到位置后需静置约 30～60s，最后回油释放外力。

采用行车或专门吊机将钢管前移，连续顶弯钢管下一段，直至顶弯完成，如图 2-23 所示。

④ 平面外弯管（Z 向弯管）。通过对平面的弯管弧度校正后，将钢管旋转 90°，然后进行 Z 向的顶弯，但 Z 向弯管的幅度只能控制在 200mm 以内，即平面外的弯管行程只能在 200mm 以内。

⑤ 切割端头直线段。

图 2-22　钢管放置图

图 2-23　钢管液压顶弯图

2.10.3　检测方法及目标

采用高精度全站仪，对每一根钢管建立局部坐标系，沿着弯管基准线对控制点位进行检测，必要时在中间补充插入一些点，记录测量点的三维坐标，将实测坐标输入计算机后转换为图纸构件同一坐标，用样条曲线"拟合"后还原成实物的中心轴线，将实测构件关键点坐标与构件理论模型最大拟合对齐，得出偏差。如果偏差超过 10mm，则需要重新上机械弯管平台进行局部矫正；偏差小于 10mm，则可以进入下道对接工序，如图 2-24 所示。

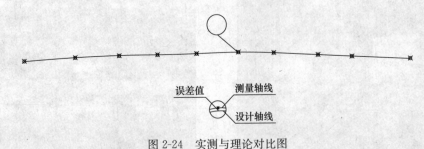

图 2-24　实测与理论对比图

另外，还需采用多用途胎架，作为双曲面管和其他双曲面构件检查和精准校核，如图 2-25 所示。如果还矫正，采用火焰进局部校正。

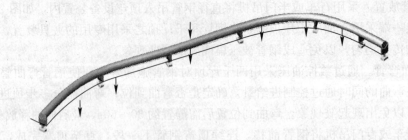

图 2-25　多用胎具 Z 向弯曲及 X、Y 向校准示意图

2.10.4　技术前景

空间样条曲线钢管冷弯成型的加工工法已经成功地在贵阳奥林匹克主体育场工程中得到应用。贵阳奥体主体育场工程为大跨度空间管桁架结构，其中墙面桁架、屋面桁架以及悬挑桁架的上弦是平面内弯曲杆件，下弦为空间双弯曲杆件。

2.11 弧形 H 型钢梁制作方法

2.11.1 质量问题分析

（1）质量问题：

1）钢板下料切割偏差过大。

2）H 型钢焊接过程中产生过大变形。

（2）原因分析：

采用传统方法制作弧形 H 型钢梁，对设计要求的弧度主要依靠操作人员的经验判断，效果差、精度低。

2.11.2 先进适用技术

针对以上质量问题，提出一种新的制作工艺。

（1）工艺原理。

弧形 H 型钢梁制作工艺大致为切割下料、组装、焊接、校正、起弧、总装等几个流程环节，其中起弧是采用自制多功能液压千斤顶，利用液压千斤顶工作原理，对钢梁施加外力，最终使钢梁的弧度达到设计要求。

（2）加工工艺流程，如图 2-26 所示。

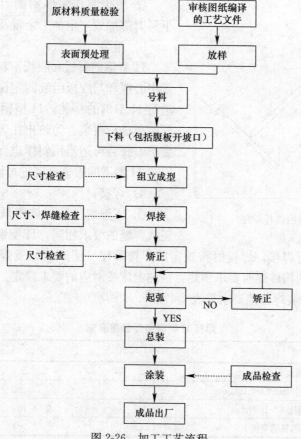

图 2-26　加工工艺流程

（3）操作要求。

1）放样、号料：

① 号料前，号料人员应熟悉工艺要求，零件板放样采用计算机进行放样，下料加工的每个零件必须标示清构件号，零件号、外形尺寸。

② 号料时，凡发现材料规格或材质外观不符合要求的，须及时上报材料、质量及技术部门处理。

2）下料：

① 钢板下料切割前用矫平机进行矫平及表面清理，切割设备主要采用数控等离子、火焰多头直条切割机等。所有零件板切割均采用自动或半自动切割机或剪板机进行，严禁手工切割。切割允许偏差见表 2-16。

切割允许偏差执行标准   表 2-16

切割项目	允许偏差
长度和宽度	±3mm
切割缺棱	不大于1mm
端面垂直度	不大于板厚的 5% 且不大于 1.5mm
坡口角度	±5°
板边直线度	不大于3mm

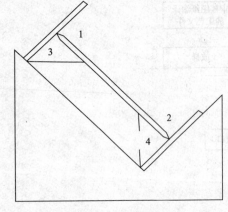

图 2-27 H 型钢焊接顺序

② 由于制作弧形钢梁，钢梁的腹、翼板在下料时需加放一定加工余量及焊接收缩量。

3）组装。

H 型钢的翼板和腹板下料后应标出翼缘板宽度中心线和与腹板组装的定位线，并以此为基准进行 H 型钢的拼装。H 型钢拼装用组立机或设置胎架进行拼装。为防止在焊接时产生过大的角变形，拼装可适当用斜撑进行加强处理，斜撑间隔视 H 型钢的腹板厚度进行设置。

4）焊接：

① H 型钢拼装焊接所采用的焊接材料须与正式焊缝的要求相同。H 型钢杆件拼装好后吊入自动埋弧焊机上进行焊接，焊接时按规定的焊接顺序（图 2-27）及焊接规范参数进行施焊。对于钢板较厚的构件焊前要求预热，预热温度按对应的要求确定。

② 焊接 H 型钢装焊公差要求见表 2-17。

焊接 H 型钢装焊公差要求   表 2-17

项 目	公差（mm）
H 型钢高度 $h<500mm$	±2
H 型钢高度 $500mm<h<1000mm$	±3
H 型钢高度 $h>1000mm$	±4
H 型钢翼缘宽度	±3

续表

项　目	公差（mm）
翼缘与腹板的垂直度	$b/100$ 且$\leqslant 3$
腹板中心偏移	2
腹板局部平面度 $t<14$mm，$t\geqslant 14$	3，4
扭曲	$b/250$ 且$\leqslant 5$

5）矫正：

① 采用 H 型钢翼板矫正机矫正 H 型钢翼板的平面度，如图 2-28 所示。

图 2-28　H 型钢翼缘矫正机

② 先采用矫正机矫正 H 型钢翼板与腹板的垂直度，再采用火焰校正 H 型钢的旁弯。火焰校正温度控制在 600～800℃，矫正时在校正区域用测温笔控制温度，以免温度超过 800℃。

6）钢梁起弧。

利用自制多功能液压千斤顶（图 2-29）工装，通过手动增压杆对钢梁施加外力，同时使用火焰矫正，此法代替传统重物压弯和火焰矫正方式。对钢梁施加的外力和设计弧度要

图 2-29　多功能液压千斤顶

求都可通过多功能液压千斤顶工装调整，避免依靠操作人员的经验判断，此法提高工作效率的同时也保证构件加工精度。

7）总装。

总装时严格按工艺确定的组装、焊接顺序。装配时选准基准面，装配时因尺寸不合适难以装配时返回上道工序修改，避免使用大锤重击。

8）除锈、涂装。

① 除锈。采用通过式抛丸机进行表面处理，到达设计要求的除锈等级。构件表面除锈方法与除锈等级应与设计采用涂料相适应。

② 涂装。涂装前必须由检查员检查构件表面除锈情况，达到设计要求后方可涂装。经处理好的摩擦面，不能有毛刺（钻孔后周边即应磨光）、焊疤飞溅、油漆或污损等，并不允许再行打磨、锤击或碰撞。

③ 涂装的注意事项：

a. 设计上注明不涂装的部位禁止涂装。

b. 涂装后，油漆膜如发现有龟裂、凹陷孔洞、剥离生锈或孔锈等现象时，应将油漆膜刮除并经表面处理后，再按规定涂装时间隔层次于以补漆。涂装应全面均匀，不得有气泡、流淌。

c. 涂装好的构件应认真保护，避免践踏或其他污染，吊运过程中，防止钢丝绳拉伤涂层。

2.11.3　检测方法及目标

检测方法和目标严格按照现行国家标准《钢结构工程施工质量验收规范》（GB 50205）和《钢结构焊接规范》（GB 50661）中的规定执行。

2.11.4　技术前景

本制作方法适用于工业与民用建筑及一般构筑物建筑涉及的弧形 H 型钢梁制作。

2.12　巨型节点现场拼装施工方法

2.12.1　质量问题分析

（1）质量问题：

1）现场焊接存在缺陷。

2）节点拼装不满足精度要求。

（2）原因分析：

1）节点复杂，焊缝隐蔽。

2）整体翻身困难。

2.12.2　先进适用技术

针对上述质量问题，结合深圳证券交易所营运中心工程中用到的巨型节点，提出一种新的现场拼装施工方法。

（1）工艺原理：

1）地面拼装采用特制拼装平台，使分段节点可以精确定位，拼装过程中采用全站仪跟踪测量节点标记位置以及焊接过程中的焊接变形。地面工作环境方便了安防措施的搭设及人孔焊接环境。翻身节点精确选择吊点，采用手拉葫芦辅助翻身，人工及时控制节点稳定，保证了施工的安全性。

2）高空节点原位拼装采用全站仪跟踪测量，拼装前设置限位板，在下段节点标定测量定位标识，拼装时将上段节点提前标定好的测量标识与下段对接，基本对接后采用临时高强螺栓初拧，待校正完成终拧螺栓后进行焊接。焊接过程中跟踪测量，及时获得测量数据以调整焊接顺序，防止焊接变形过大。

（2）工艺流程，如图 2-30 所示。

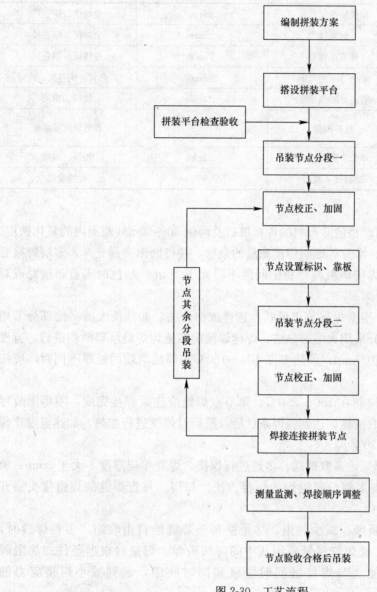

图 2-30　工艺流程

2.12.3　检测方法及目标

（1）测量质量检测：

1）将测量结果进行严密平差，计算点位坐标，与设计坐标进行修正，以达到控制网测距相对中误差小于 $L/25000$，测角中误差小于 $2''$。

2）雾天、阴天因视线不清，不能放线。为防止温度变化引起结构变形对测量产生影响，放线工作宜安排在日出或日落后进行。

3）节点拼装的外形尺寸严格按照表 2-18 要求的允许偏差进行控制。

节点拼装控制尺寸表　　　　表 2-18

序　号	项目　　　内容	控制尺寸	检验方法
1	预拼装单元总长	±5mm	全站仪、钢卷尺
2	对角线	±5mm	全站仪、钢卷尺
3	各节点标高	±5mm	经纬仪、钢卷尺
4	单个节点的弯曲	±5mm	经纬仪、钢卷尺、线锤
5	节点处轴线错位	±3mm	线锤、钢尺
6	坡口间隙	+3mm −2mm	焊缝量规或塞尺
7	单个节点直线度	±3mm	粉线、钢尺
8	对接接头错边	不大于 3mm	焊缝量规

（2）焊接质量检测：

1）焊前准备。焊接前严格清除母材的焊接坡口及两侧 30～50mm 范围内的氧化铁皮、铁锈、油污、涂料、灰尘、水分等影响焊接质量的杂物，并打磨出金属光泽，多层焊接必须层层清理，防止夹渣。焊接垫板与母材的间隙不得大于 2mm，超过时需重新组对或对垫板进行处理。

2）预热和层温控制。根据焊接节点形状，选择加热方法，如截面大的平面部分采用电加热法，其他不规则部分采用火焰加热法，焊缝焊接前在施焊焊缝坡口两侧进行，宽度为板厚的 1.5 倍且不小于 100mm，预热温度 100～150℃。焊接两端的板厚不同时，应按厚板确定预热温度。

焊缝焊接的层间温度控制在 150～230℃。单节点焊缝应连续焊接完成，不得无故停焊，如遇特殊情况立即采取措施，达到施焊条件后，重新对焊缝进行加热，加热温度比焊前预热温度相应提高 20～30℃。

3）选用技能优秀的焊工，采取薄层、多道进行焊接，焊缝单层厚度不大于 5mm，单条焊缝长度大于 500mm 需采取分段退焊的焊接方法。每层、每道焊缝的焊道接头错开 50mm，避免焊缝缺陷集中。

4）采用合理的焊接顺序：减少约束，尽量使每条焊缝能自由收缩。多种焊缝时，先焊接收缩量大的焊缝；长焊缝尽量采用从中间向两头焊。焊接时根据条件加热阻碍焊缝自由收缩的部位，使之与焊接区同时膨胀和同时收缩，起到减小焊接应力的作用。

5）后热及保温是防止应力集中、层状撕裂的关键所在。在焊接完毕确认外观检查合格后，立即进行消氢后热和保温处理，有效的消除焊接应力及扩散氢的及时溢出，从根本上解决由于焊接应力集中及扩散氢含量过高而发生层状撕裂的难题。后热温度应控制在

250~300℃，保温时间按 25mm/h 并不低于 1h。达到后热要求的温度后，采用石棉布包裹缓冷。

6）焊接过程中，采用高精度全站仪对节点关键部位进行跟踪测量，如发现标记偏差或轴线偏差，及时通过调整焊接顺序、加热方法等进行校正。

7）施焊完毕的焊缝，待冷却 24h 后，按设计要求对焊缝进行 100% 的超声波探伤。

2.12.4　技术前景

本方法适用于钢结构安装过程中复杂、超大异形复杂节点的拼装、焊接及吊装施工，对大型桁架及大型设备的拼装也有参考价值。

2.13　巨型悬挑钢桁架拼装检查方法

2.13.1　质量问题分析

（1）质量问题：

1）桁架起拱不足。

2）坡口间隙过大或过小。

3）出现错边。

（2）原因分析：

1）制作厂检查不严格。

2）构件拼装难度大。

2.13.2　先进适用技术

针对上述质量问题，结合深圳证券交易所营运中心工程中用到的巨型悬挑钢桁架，提出一种新的检查方法。

（1）工艺原理。

根据设计院图纸起拱要求，通过结构分析和施工过程模拟计算，确定结构的安装预调值，并反馈到深化设计中。通过对构件尺寸的预调，使其满足安装工艺的要求；构件在考虑预调数值后的工厂拼装精度，是现场安装精度的首要保证。

1）对结构进行分析解构，依据由主到次以及施工先后顺序确定预拼装顺序，采用立面卧拼的方法；先节点后杆件，即先拼装起控制作用的节点。每个节点须建立局部控制线进行精确控制，然后逐次拼装杆件。

2）建立拼装场地测量坐标系，将桁架立面轴线和控制点投影到拼装场地上，确定桁架各构件拼装控制点和控制线，拼装现场建立统一的高程控制网，使拼装后的桁架处于同一水平面；检查钢构件和地样线的吻合情况，测量偏差尺寸。

3）单榀桁架拼装完成后检查平面度，重点控制节点平面内牛腿的中心线在同一标高；采用全站仪检查垂直面的牛腿平面坐标，整理测量数据，绘制平面图，核对垂直面牛腿接口坐标的精度。

（2）工艺流程，如图 2-31 所示。

2.13.3　检测方法及目标

（1）整体控制检查：

1）检查内容。桁架预拼装质量的检查内容见表 2-19 所示。

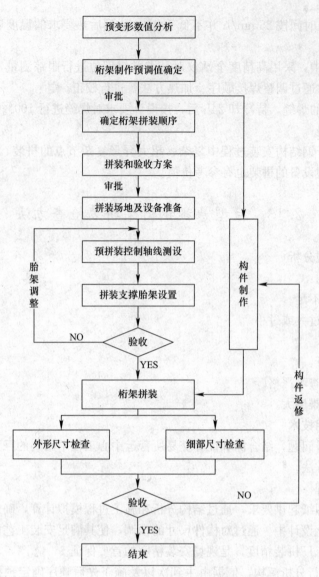

图 2-31　预拼装质量检查流程图

桁架预拼装单元控制尺寸表　　　　　　　　　　　　　　表 2-19

序　号	内容项目		控制尺寸	检验方法
1	预拼装单元总长		±10mm	用全站仪、钢卷尺检查
2	对角线		±10mm	用全站仪、钢卷尺检查
3	标高		±4mm	用经纬仪、钢卷尺检查
4	弯曲矢高		$L/1500$，且不大于 10mm	用经纬仪、钢卷尺、线锤、粉线检查
5	轴线错位		±4.0mm	用线锤、钢尺检查
6	坡口间隙		+3.0mm −2.0mm	用焊缝量规或塞尺检查
7	直线度		±3.0mm	用粉线、钢尺检查
8	对接接头错边		不大于 2.0mm	用焊缝量规检查
9	拱度	$f±L/5000$	±$L/5000$	用拉线和钢尺检查
		0～+10mm	0～+10mm	

2）检查方法。桁架整体预拼装检查应按照以下顺序逐项进行检查，确保检查数据的真实有效。

① 预拼装桁架水平标高的检测

检查方法：量测。

检测工具：水平仪。

对于预拼装桁架水平标高的检查，首先应确定设备最大范围的测量半径，减少因仪器多次移位带来的误差累计，仪器必须稳定，周围环境无振动，且能见度良好。在调试仪器水平时应进行 90°方向的轮换调整，使调平气泡居中。在构件的中心轴线处立塔尺，在保持塔尺垂直的条件下进行正反读数，消除误差。

② 预拼装构件垂直度检查

检测方法：量测。

测量工具：磁力线锤，直角尺。

垂直度检查必须以构件最大最长的面为检测面，沿构件表面的样冲眼控制线挂设磁力线锤，其检测的位置一般以构件中心轴线离上端口 5mm 处为基准，然后在线锤静止状态下对其下端最近处约 5mm 处进行测量，检查上下垂直度尺寸和中心轴线左右偏差尺寸。最终值都以上下（或左右）差值的算术平均值为准。

③ 构件轴线与地样线偏移量检查

检查方法：量测。

检测工具：磁力线锤、钢直尺。

构件水平垂直度检查合格后进行构件轴线与地样线偏差检查，在构件两端尽可能远的位置选择两个点，将构件的中心线通过挂线锤投测到地面，量取投测轴线和测量控制线的距离，与设计值比较，得到构件偏移尺寸，如图 2-32 所示。

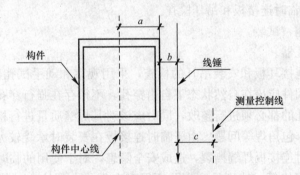

图 2-32　构件轴线偏移量检查

④ 预拱值检查

检查方法：量测。

测量工具：线锤，卷尺。

预拱值的检查方法与中心轴线与地样中心轴线偏差的检查方法类似。预拱值检查时必须以构件起拱点与对应的地样控制轴线的预起拱控制点进行对比测量。

⑤ 预拼装桁架几何尺寸检查

检查方法：量测。

测量工具：全站仪。

检查的核心是整榀桁架的拼装尺寸和关键构件的精度。

对预关键构件如节点的测量采用全站仪进行极坐标测量，将测量的各个节点的中心点（轴线交点），节点牛腿中心点的坐标输入计算机，与理论轴线位置进行对比，测定偏差值。关键节点的定位应以各个接头的相对位置调整最佳定位结果，使各接头的偏差值最小。

整榀桁架的几何尺寸采用钢卷尺丈量和全站仪测距相互校核。全站仪架设于桁架中间观测条件较好的位置，建立临时测站，读取场地周边的测量控制点坐标，确定测站位置。依次读取桁架各控制点坐标，获得弦杆、腹杆的长度，与钢卷尺测量结果对比。钢卷尺以分段叠加的方式获得桁架的外形轮廓尺寸，与全站仪测量数据进行对比，为防止钢卷尺误差累计，应采用10kg拉力，用整刻度对准测量标记点，来回移动钢尺，丈量3次，相互较差不超过3mm的，取平均值作为测量段的长度，并记录环境温度，进行温度改正和尺长改正后作为测量结果。

⑥ 整体外观检查

检查方法：观察。

检测工具：放大镜。

对预拼装构件的外观进行检查，检查的内容包括，构件是否在拼装的过程中受到损伤，构件组装焊缝外观情况，焊缝区涂装油漆以及涂装表观质量等。

（2）细部质量检查

1）检查项目：

① 临时连接板和吊耳检查。

② 现场焊缝间隙和错边检查。

2）检查方法。临时连接板和吊耳检查。

检查方法：目测，试装。

检测工具：试孔器。

对于构件临时连接耳板和安装吊耳的检查，采用观察和动手试孔器试装的方法检查，一般要求，所有紧固件应该在自然状态下自由穿孔，不得存在强行穿孔现象，如果存在穿孔困难或则无法穿孔的都必须进行整改，同时应该对其焊缝质量进行检查，注意检查是否存在焊脚过小或未作包角焊等问题。由于临时连接板在安装时承受较大的重力荷载，在超重构件中应防止临时连接板焊缝撕裂，造成安全隐患，对于使用的临时连接板和吊耳还应检查其使用的材料规格等，特别是穿入孔不得存在损伤，裂纹，对其抽查的比例应不少于10%。

3）现场焊缝间隙和错边检查：

检查方法：目测，量测。

检测工具：塞尺、钢直尺、角度尺。

对于现场焊接坡口的检查，采用目测的方式对其外观进行检查，查看是否存在裂纹，气孔和补焊等现象。对坡口的角度采用角度尺进行抽样检查。对于焊缝间隙，采用塞尺或钢直尺测量。检查时应注意每一道焊口测量端面5mm处的两个位置，避免大小头现象遗漏。发现有尺寸超差的，将超差值及时用油漆笔在构件上进行标识，并画好基准线，以便于后续识辨和整改。返修完工后，参照基准线对其修改后的位置进行测量，检查其间隙是否符合要求。

2.13.4　技术前景

本方法适用于检查体型巨大、空间正交的焊接悬挑钢桁架结构，特别是节点、杆件为板厚较大的箱型或 H 型钢截面，施工过程中需严格控制焊接变形的结构。

本方法的实施，须保证桁架整体可拆分为若干单榀桁架，且单榀桁架主要分布在同一平面内，在与此平面垂直的其他平面内，无较大的结构外延。

3 钢结构涂装

钢结构和混凝土结构相比，具有一些自身无法克服的弱点，其主要表现有两方面：一是易于受到周围环境的影响发生腐蚀，缩短结构寿命。二是防火灾能力较低，在发生火灾时，导致结构强度快速下降，造成结构破坏的垮塌事故。所以，钢结构的防腐与防火设计施工就显得特别重要。因此，针对防腐和防火施工涉及的所有工序、设备、材料、工艺及环境条件等，结合相关工程经验，研究采取科学、实用、安全、经济的施工技术，保证防腐和防火施工质量，进一步提高钢结构建筑的防腐和防火能力。

3.1 钢结构防腐

生锈腐蚀将会引起承力构件的有效厚度减薄，承载力下降，降低建筑的生命周期，使得钢结构的维护费用显著增加。生锈腐蚀是钢结构的致命弱点，由此引起的经济损失和对人身安全的威胁十分严重。

涂装是防止钢铁腐蚀的重要手段。一旦涂装存在缺陷，则其防腐蚀能力就会大打折扣。尤其是裸露在室外的构件，锈蚀情况更加严重，绝大多数结构的涂层都无法达到设计寿命，有的构件短短几个月就出现点蚀，不到几年开始大面积锈蚀，如图 3-1、图 3-2 所示。而涂装质量则是影响涂层有效期的主要因素。因此，分析涂装易产生的质量缺陷并通过先进技术的应用而避免缺陷的产生，已成为涂装行业普遍关注的问题。

图 3-1 某天桥钢结构大面积锈蚀

图 3-2 某钢结构表面锈蚀

3.1.1 质量问题分析

通过对现有钢结构的调查发现，多数钢结构腐蚀的主要原因是涂层失效，而钢材表面预处理不当、涂装施工过程、防腐产品的质量和涂装厚度、涂装作业环境、钢结构建构筑物所处环境及使用维护等均是涂层失效的主要影响因素。

（1）构件泛锈、分层脱落、起泡等粘合性、耐久性不佳的质量问题。

影响涂层粘合性和耐久性的主要原因有以下几个方面：

1）基层表面处理不达标：钢材表面存在未清除的锈蚀产物，涂层与金属表面之间不能直接接触，涂层的附着力降低。研究表明，防腐涂层达不到设计防腐年限的原因中有50％的案例是因为表面处理不符合涂装要求。

2）涂层厚薄不均：钢材表面的毛刺的高峰会露出涂层，涂层施工遍数少，涂层有针孔，水中的氧、氯离子、水分子等会穿过这些薄弱的地方，使钢铁生锈腐蚀。腐蚀产物体积膨胀，形成锈包，逐步扩大，最后涂层起泡脱落。

3）运输及安装过程中成品保护措施不当，致使涂层损坏，且不能及时的修补，构件从破损处开始生锈，并逐步扩散，后期涂装时由于高空作业等因素限制，无法达到除锈标准，严重影响涂层的附着力。

4）延期涂装部位涂漆不及时，工地焊缝连接处和高强螺栓连接处，在施工完毕后没有及时进行处理，致使构件大面积生锈，如图 3-3、图 3-4 所示，后期除锈作业无法达到除锈标准，严重影响涂层的附着力。

图 3-3 某柱焊缝处锈蚀　　　　　　　　图 3-4 某梁高强度螺栓连接处锈蚀

5）所用涂料的耐腐蚀性差，使用环境差。

（2）涂层开裂。

涂层开裂的质量问题在施工现场及使用后期维护阶段普遍存在（图 3-5、图 3-6），导致涂层开裂的原因主要有以下几个方面：

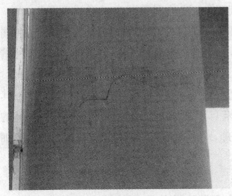

图 3-5 某钢管柱横向裂纹　　　　　　　　图 3-6 某钢管柱纵向裂纹

1) 施工时相对湿度过高会引起涂漆表面结露，在有露水的表面涂装，会引起材质的锈蚀及降低涂层的结合力。

2) 底漆未干透即涂覆面漆，或第一层面漆过厚，未经干透又涂第二层面漆，使两层漆内外伸缩不一致。

3) 底漆与面漆不配套，涂膜受外界影响（机械作用，温度变化等）而产生收缩应力，引起漆膜龟裂或开裂。

4) 施工环境恶劣，温差大、湿度大，漆膜受冷热而伸缩，引起龟裂。

（3）咬底。

重防腐涂料在涂装过程中，涂面漆后的短时间内，面漆漆膜会出现自动膨胀、移位、收缩、发皱、部分区域起泡，甚至使底层漆膜失去附着力，出现下层涂层被咬脱离的现象。易出现咬底的涂料有硝基漆、环氧涂料、聚氨酯等含有强溶剂的涂料。分析其原因如下：

1) 涂层的配套性能不好，底漆和面漆不配套。在极性较弱溶剂制成的涂料上层施涂含强极性溶剂的涂料。如在醇酸漆或油脂漆上层加涂硝基漆；含松香的树脂成膜后加涂大漆；在油脂漆上涂装醇酸涂料；在醇酸或油脂漆上加涂氧化橡胶涂料、聚氨酯涂料等。强溶剂对漆膜的渗透和溶胀使下层涂膜咬起。

2) 涂层未干透就涂装下一道涂料。如过氯乙烯磁漆或清漆未干透，加涂第二道涂料。

3) 在涂装面漆或下道漆时，采用过强的稀释剂，将底层涂料溶胀。

4) 面层涂料一次喷涂太厚，长时间滞留的强溶剂有机会大量渗入底层而溶胀起皱而脱离。

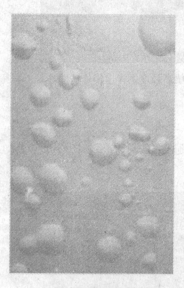

图 3-7 某构件涂层起泡

（4）起泡。

起泡是与涂层附着力相关的最常见的涂装缺陷之一，其形态有时为干燥泡状，而有时则充满液态物质。起泡有大有小，多成半球状（图 3-7）。

尺寸通常取决于涂层与底材或者相邻涂层间的附着程度，以及内部气体或者液泡的压力。起泡的原因很多，主要有以下几点：

1) 底板或者被覆盖涂层受到水溶性盐分的污染。潮气透过涂层将可溶性盐分溶解形成溶液，这些高浓度溶液中的压力会造成起泡。这种现象即为"渗透现象"。

2) 表面污染（如油脂、石蜡、灰尘等）将会削弱涂层附着在被污染，且附着力弱的涂层区域富集。这种情况下的起泡被称之为"干"泡。

3) 涂层不充分或者水分转移，由此形成起泡。其间的溶剂气味通常来自于滞留的溶剂。如果构件涂层上的起泡区域较广，应对构件涂装表面重新进行喷砂清理，并在涂装前清洗表面。局部起泡则应在重新涂装前进行喷砂清理或者其他机械清理。

（5）橘皮。

涂膜表面不光滑，涂层表面呈现细小的卵石状或涟漪状纹理等凹凸的状态如橘子皮样，俗称橘皮，如图 3-8 所示。产生原因分析如下：

1）油漆太稠，稀释剂太少。

2）喷涂压力过大或距离太近，喷涂漆量少，距离远。

3）施工场所温度太高，干燥过快，漆不能充分流平。

4）作业环境风速过大。

5）使用低沸点稀释剂，溶剂挥发过快，漆雾抵达涂面时，溶剂即挥发。

6）加入固化剂后，放置时间过长才施工。

（6）针孔。

针孔是一种在涂膜中存在着类似用针刺成的细孔的病态（图 3-9）。它是由于湿涂膜中混入的空气泡和产生的其他起泡破裂，且在涂膜干燥（固化）前不能流平而造成的，也可能由于底材处理或施涂不当而造成。一般是在清漆或颜料含量较低的磁漆用浸涂、喷涂或辊涂法施工时容易出现。

图 3-8　涂层呈橘皮样

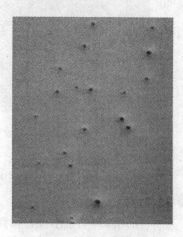

图 3-9　涂层针孔缺陷

产生的主要原因有：

1）喷枪口径小，气压大，与被涂物表面距离太远。

2）涂料中含有油、水等杂质。

3）调漆时搅拌用力过大，漆液形成气泡。

4）稀释剂加入过快，形成溶剂泡。

5）涂装方法不当，涂膜一次涂装过厚，溶剂无法及时挥发被包裹在涂层中，经一段时间后挥发逸出时形成针孔。

6）被涂物表面处理不当，在有油污的表面上涂装。

7）涂装后在溶剂挥发到初期成膜阶段，由于溶剂挥发过快，或在较高气温下施工，特别是受高温烘烤，涂膜本身来不及补足空档，形成一系列小穴，即针孔。

8）施工环境湿度过高，喷涂设备油水分离器失灵，空气未过滤，喷涂时水分随空气管带入喷出，引起涂膜表面的针孔，甚至水泡。喷涂时压力过高，距离过远，破坏了湿涂膜的溶剂平衡。刷涂时用力过大，辊涂时转速太快等，使产生的气泡无法逸出。

（7）划伤。

涂装好的构件在运输、装配和使用过程中容易受外力作用产生涂膜伤痕。在吊装、运输和结构加工过程中，磕碰、拖拉、锤击等人为因素造成的划伤比较严重（图 3-10），使得表面处理难度加大，而且也是处理后产生锈蚀的主要原因。

产生划伤的主要原因如下：

1）被涂物包装不佳，受外力或相互冲击，损坏涂膜。

2）装配和运输过程中不注意被涂面保护，发生划伤。

3）在使用过程中受风沙和外物的冲击。

4）涂层的耐崩裂性差。

（8）失光。

由于涂料不良导致所得漆膜的光泽低于标准样板光泽的现象，以及在使用过程中最初有光泽的漆膜表面上出现光泽减小的现象，称为失光（图 3-11）。

图 3-10　某构件涂层被硬物划伤　　　图 3-11　某构件涂层表面失光

产生失光的原因有：

1）被涂物表面处理不符合要求，被涂面过于粗糙或附着灰尘，油漆喷涂量太少，涂膜涂得过薄。

2）所用涂料质量不佳，稀释剂加入量太多或选用的稀释剂沸点太低。

3）施工环境温度太高，湿度太大，溶剂挥发干燥过快，致使漆膜白化。

4）所用油漆加入固化剂后放置时间太长。

5）所选用油漆的耐候性差，阳光照射、水气（高温高湿）作用和腐蚀气体的作用。

（9）褪色。

裸露室外的钢结构在使用过程中，经受长时间风吹日晒及大气腐蚀，涂膜的颜色逐渐变浅，即褪色。

产生褪色的原因有：

1）受化学药品、工业大气等作用，使颜色减退。

2）面漆中树脂分子在太阳光紫外线的作用下降解断链，涂膜易失光。

3）所选用涂料（或涂料中所含颜料）的耐候性差或不适用于室外钢结构。

（10）粉化。

涂料的大气老化破坏的主要表征是涂层的逐渐粉化而致使涂膜减薄或龟裂，从而降低漆的防锈功能。

产生粉化的原因有：

1）面漆中树脂分子在太阳光紫外线照射下降解断链，涂膜易粉化。

2）所选用油漆质量不佳或不适合室外结构使用。

（11）锈蚀速度快。

钢结构锈蚀速度受大气环境、水介质、土壤性能及管理和使用维护等因素影响，高盐度、恶劣大气工业区、沿海近海等地区属于腐蚀最严重的环境，钢结构锈蚀速度较快，其主要原因如下：

1）大气环境：高盐度、恶劣大气工业区、沿海近海地区，一直处于高湿和高污染环境中，空气中的水分和大气中的腐蚀性介质（如氯离子、硫化物等）加速钢结构的腐蚀。

2）水介质（包括海水和工业水）：海水和工业水中含盐、碱和酸等化学物质，腐蚀介质复杂，易产生盐类腐蚀、电化学腐蚀、海生物腐蚀等。

3）土壤性能，杂散电流，微生物：对土壤腐蚀性影响较大的有土壤电阻率、氧、pH值、微生物四种因素，发生氧浓差电池腐蚀、化学腐蚀等。

4）管理和使用维护不当：通廊走道板等场所因散落的物料而形成的正常清扫过程无法清除的"死角"，由于雨水、走道板冲洗水以及物料渗出水的侵入，使"死角"内的杂物处于潮湿状态，形成恶劣的腐蚀气候。

3.1.2 先进适用技术

（1）防腐涂装施工。

采用防腐蚀涂料是钢结构防腐蚀技术中应用最为普遍且使用方便、经济合理的一种方法，防腐蚀涂料仅仅是一种"半成品"，而业内流行语"三分涂料，七分涂装"，形象地说明了涂装施工的重要性，只有通过正确的防腐蚀涂装才能使防腐蚀涂料达到预期设计寿命。根据常见质量问题，有针对性的采取先进适用的技术措施，对提高钢结构的安全性、耐久性以及减少因腐蚀造成的损失具有十分重要的作用。

防腐蚀涂装前的表面处理、除锈方法的选择、除锈质量等级的确定、涂料品种的选择、涂层结构和涂层厚度的设计、涂装作业环境及涂装工艺、结构所处大气环境、水介质、土壤等都直接影响防腐施工质量的优劣，钢结构防护程度和防护时间的长短，根据影响质量因素针对性的采取相应的技术措施是提高钢结构防腐水平的有效方法。

1）钢材表面处理方法。表面处理的目的是为涂料提供最大的附着力。表面处理的主要功能是清除被涂物体表面的氧化皮和外来的疏松物质，通过增加被涂物体表面的粗糙度和表面积，从而增加表面的附着力。

金属构件在锻轧、运输和加工等过程中，表面会出现氧化皮、铁锈，污染油、脂，氯化物和硫化物，机械污物、旧涂层，焊渣等，为了保证涂装和涂层的质量，针对不同污染类型和除锈等级要求应采用不同的处理方法，具体详见表3-1。

主要污染类型及处理方法   表3-1

污染类型	主要组成及有害特性	处理方法
氧化皮	各种铁的化合物的混合物； 脆性、相对金属为强阴极	喷砂、酸洗、打磨
油污	油、脂类； 降低表面自由能，影响涂料对金属表面的湿润和附着	溶剂或碱液清洗、皂化
锈	铁的化合物的混合物； 较疏松，影响附着力和加速腐蚀	喷砂、手工或动力工具、酸洗
氯化物与硫化物	以离子形式存在； 加快化学反应和腐蚀	高压水喷射或蒸汽、湿法喷射

① 喷砂。构件外形简单、形状较规则的构件通常采用喷砂处理。喷砂是涂装高性能涂料前对金属表面进行表面处理的最佳方法，也是目前表面处理应用最广泛的处理方法。

抛丸或喷砂处理使钢材表面形成了一定的粗糙度，这样可以提高漆膜的附着力。一般最大粗糙度不超过 $100\mu m$。表面粗糙度的大小取决于磨料的粒度、形状、材料的喷射速度等因素，其中磨料粒度对粗糙度影响较大。常用的主要有钢丸、粗钢砂、石英砂（矿砂），三种磨料所产生的表面类型虽不同，但是三种喷砂表面都能满足高性能防腐蚀涂料的要求。喷砂不仅要求表面达到除锈要求，还要最大限度地降低对构件的不良影响，所以在喷砂作业时应注意以下几点：

a. 薄板构件采用喷砂处理宜选用直径为 $1\sim2mm$ 干燥且有棱角的黄砂或石英砂。

b. 喷丸可用来清除厚度不小于 2mm 或不要求保持准确尺寸及轮廓的中型、大型金属制品以及铸锻件上的氧化皮、铁锈、型砂及旧漆膜。

c. 表面有油污构件可先采用可生物分解的水性清洁剂进行溶剂清洁，这种清洁剂还可清洗老化的旧涂层的粉化物。

② 手工或动力工具。不具备喷砂等其他除锈条件的钢材表面，应采用手工或动力工具的人工除锈的方法进行除锈，除锈时应优先选用砂轮打磨的方式，尽量避免采用钢丝刷，因为钢丝刷会使污染物扩散及表面抛光，影响涂层的附着力。同时，对于采用手工活动力工具清洁的构件，应尽量采用穿透力强和湿润性好的油性涂料体系。

③ 酸洗。形状结构复杂的不适宜喷砂除锈工件通常采用酸洗除锈方法。酸洗除锈是把黑色金属制品在酸液中进行浸洗，使酸溶液与金属表面氧化物产生化学反应，以达到除锈的目的。经酸洗后的金属表面具有很高的活性，很容易与空气中的氧和水反应，产生返锈。因此，对已经酸洗的金属表面必须进行及时处理，处理方法如下：

a. 用水彻底冲洗构件以除去余酸，然后用 5％碳酸钠溶液进行中和，或 20％石水再用温水冲洗，待干后立即涂装。

b. 进行磷化和钝化处理，把金属制件浸入适当的磷化液中进行磷化，在金属表面形成一层灰黑色、细结晶和多孔性的磷化膜，然后再浸渍重铬酸钾溶液进行钝化，最后进行涂料涂装。

如果钢材表面存在油污污染，则须先用溶剂清洗或热碱液处理，除去油、脂、蜡状物等污染后再进行酸洗。

④ 溶剂清洗。构件表面所有可见的油、脂、污泥或其他可溶性污染物，可用溶剂、碱液或乳化剂清洗。溶剂清洁时采用蒸汽脱脂器，用三氯乙烯（烷）或其他含氯溶剂蒸汽，清洁后需再用干的溶剂蒸汽清洗一次；许多商业用含有强溶剂的混合溶剂溶液也可以使用，但用碱液或乳化剂清洗清洁后须用高压水喷射冲洗表面。

2) 防腐涂装施工方法和机具：

① 防腐涂装施工方法。新的涂料施工方法和施工机具不断出现，每一种方法和机具均有其各自的特点和适用范围，合理的施工方法，对保证涂装质量、施工进度、节约材料和降低成本有很大的作用。涂装方法应根据涂装工作环境、场所、工件大小、形状及材质的不同而不同，常用的涂装方法有浸涂、刷涂、辊涂、空气喷涂和高压无气喷涂。

各种施工方法及适用被涂物形式见表 3-2。

各种施工方法及适用被涂物形式   表 3-2

施工方法	使用工具设备	被涂物	特点	注意事项
浸涂	浸漆槽、离心及真空设备	结构复杂且尺寸小的工件	(1) 涂装效率高； (2) 施工方法简单，涂料损失少； (3) 适用于构造复杂构件	(1) 避免产生流挂现象； (2) 要求涂料必须是单组分，黏度低且快干
刷涂	各种毛刷	预涂、不能使用喷涂方式的复杂部位、小面积的装饰漆	(1) 投资少，施工方法简单； (2) 适于各种形状及大小面积的涂装	漆刷应该均匀地、轻轻地顺着一个方向运动，在一个部位只刷1~2次就可以，避免将刷毛渗进旧涂层中，造成涂层成形不佳
滚涂	滚子	一般大型平面的构件和管道等	(1) 速度比刷涂快，施工方法简单； (2) 适于大面积的涂装	(1) 使用前应清洗滚筒套，以清除松散的纤维； (2) 化学固化涂料或强溶剂涂料必须用羊毛滚筒，否则普通滚筒毛溶解在涂料里会影响涂装质量
空气喷涂	喷枪、空气压缩机、油水分离器等	各种大型构件及设备和管道	(1) 被涂表面成膜性能好，光滑美观； (2) 大小工件均可进行； (3) 涂装效率高； (4) 更适合水性涂料涂装； (5) 涂料损耗大，高溶剂用量对环境污染影响大	(1) 压缩空气压力应控制在0.15~0.5MPa以下，低压以能将涂料吸出且喷出雾化良好为准； (2) 尽量安排在室内进行； (3) 使用多组分涂料时应及时清理工具，否则罐内发生固化； (4) 涂料黏度调配不好可能造成涂料流量小，涂层表面出现气泡和凹凸不平等问题； (5) 大面积涂料施工宜使用有气喷涂（压力罐）
无气喷涂	高压无气喷枪、空气压缩机等	各种大型构件钢结构、桥梁、管道、车辆和船舶等	(1) 无需稀释就可喷涂厚浆型涂料； (2) 喷涂速度快，效率高； (3) 涂料损耗较有气喷涂少，减少了粉尘和漆雾的危害； (4) 可以喷涂高固体分涂料； (5) 可喷涂各种快干涂料； (6) 工件复杂表面不易进行喷涂	(1) 结构复杂部位和喷枪难以到达部位先用手工刷涂一至多遍，确保涂层厚度； (2) 喷涂时，喷枪与被涂物面应保持一定距离。喷枪应避免长距离或呈弧线移动； (3) 为了避免喷涂过厚，必须严格按照产品说明书中推荐的涂膜厚度进行涂装； (4) 喷涂泵在作业前应进行良好接地

② 防腐涂料施工机具。涂装房是根据施工厂家所处的地理环境、气候状况、实际工况等设计制造的具有先进性、实用性和安全性的喷砂除锈及喷涂处理的厂房。涂装房主要包括：喷砂系统、除尘系统、除湿系统、加热系统、真空吸砂系统、磨料回收系统、磨料筛选系统、压缩空气管道系统、喷砂集控系统、中央集控系统等。涂装房使涂装不再受环境温度、湿度、干燥度、风力等因素的影响，其主要优点如下：

a. 在任何气候条件下都能正常地进行喷涂工作。

b. 涂装工艺设备能长时间的无故障运行。

c. 工艺设备系统形成生产流水线，施工快速便捷。

除湿机应根据喷砂房容量和当地气候进行选型，喷砂房相对湿度要求在RH70%左右，喷漆房相对湿度要求在RH80%左右。南方地区气温较高，应选用热带用制冷型除湿机，北方地区气候寒冷干燥，应选用转轮型除湿机，其他地区可选用四季型除湿机。

（2）防腐蚀涂料。

防腐涂料的粘合性和耐久性也是影响防腐质量的一个重要因素。不同油漆层之间的粘结效果好坏，直接影响整体的防腐效果。优良的防腐涂料应在满足美化环境、增强视觉效果作用的同时，能够阻止或延缓各种腐蚀环境因素对金属材料的腐蚀。

1）在高盐度、恶劣大气工业区、沿海近海及酸雨等腐蚀严重的地区，钢结构腐蚀速度较快，应用重防腐性能的底漆和耐候性优良的面漆的配套涂料体系，能达到比常规防腐涂料更长的保护期。

① S97 耐盐雾防腐蚀涂料，主要用于海岛、沿海等高盐雾、高湿热地区的各种钢铁结构和设施的一种新型外防腐蚀涂料。涂料分为底漆和面漆两种，底漆采用环氧树脂为主要成膜物质，氧化铁红为主要防锈颜料；面漆为丙烯酸聚氨酯涂料。性能试验证明，S97 涂料具有环氧树脂优良的耐蚀性和聚氨酯的耐候性，对大气、海水、盐雾、有机溶剂、石油产品的抗蚀能力极强。该涂料 2005 年获"军队科技进步三等奖"及"中国专利 20 年优秀成果展金奖"。

② FC-柔性陶瓷耐磨耐热重防腐蚀涂料为双组分改性环氧树脂涂料，是一种新型耐磨、耐热重防腐蚀涂料。适用于海上钢结构、输油（水）管线和泵的耐磨、耐热重防腐蚀保护。

③ 氯化橡胶云铁漆，漆膜坚韧，具有良好的耐水性、耐候性及耐化学药品性能，耐户外暴晒性能特别优良。主要用于船壳、上层建筑、桥梁、港口设施、海上建筑物、煤气柜外壁、盐碱地比较严重的部位以及一切受化工大气腐蚀地区的建筑。

④ 环氧聚酰胺涂料，综合性能优良，可室温固化，柔韧性较好以及有较好的耐老化性，已是船舶、海洋工程、各类钢结构的主要防腐蚀涂料的品种。

2）加强使用维护来阻止金属结构的腐蚀可以有效地延缓腐蚀或锈蚀的发生。但使用维护的补漆工作全部在高空完成，有些甚至处于悬空状态作用，构件清洁工作的难度很大，通过改善油漆的特性来弥补表面清洁工作的不足可能引起的质量问题显得尤为重要。

① 超低表面处理型重防腐涂料。超低表面处理型重防腐涂料同时具有带锈涂装和长效重防腐功能，优点如下：

a. 超低表面处理：可以带锈施工只需将金属表面的灰层及疏松的浮锈进行清除即可涂装。若前处理要求能达到 St2 级，则效果更佳。

b. 干燥、潮湿表面均可施工，与锈层、旧漆膜附着力强，一次成膜厚，可实现底面合一。

c. 重防腐，在严酷环境下具有优异的长效防护功能，耐候、耐化学介质，一般防腐期限可达 8～10 年以上。

d. 节省大量人力，减少工人劳动强度与环境污染，施工质量有保证。

② 环保材料的应用—水性环氧带锈防腐漆。水性环氧带锈防腐漆在带锈钢铁上渗透性和附着力强，具有优良的耐候性和耐酸碱性；在无锈的金属表面也有良好的防锈作用；可直接涂装在带锈底材上，不需再涂装面漆；无毒无污染，不燃烧。该涂料可用于一些难以进行表面处理的大型金属构筑物，如桥梁、护栏、大型机械、金属门窗、化工管道、生产工厂区管架等。

3）选择符合防腐蚀要求的复合涂层体系：

① 底漆。底漆是整个涂层体系中极为重要的基础，性能优良的底漆应符合以下要求：

a. 底漆的黏度应适中，对基体表面有良好的附着力，易于渗透和布满到被涂表面的细微的不平整的结构中，以产生较强的锚固作用。

b. 根据漆的性能设计合适的底漆的厚度，避免漆膜厚度大引起收缩应力，损及附着力。

② 中间层漆的选择。在防腐蚀涂料体系中，底漆和面漆不一定是同一类的树脂基体，中间层漆在防腐蚀涂料体系中起到承上启下的作用，为了使各涂层粘结良好，形成一个整体防护体系，这就要求中间层漆与底漆、面漆都有良好的层间附着力，中间层漆的设计选用是提高各层漆间粘合性的关键环节，中间层漆的选用应符合下列几点：

a. 重视各层漆间的相容性，尽量选择与底漆和面漆相同或相近的基料，如在环氧富锌底漆上采用环氧云铁中间漆进行配套。

b. 重防腐蚀涂料体系中，可选择触变型高固体分厚膜涂料，采用高压天气喷涂涂装工艺，一次成膜。

c. 当底漆的表面比较粗糙时，采用黏度较稀的中间过渡层漆能很好地渗透到底漆的不平表面中，起到良好的锚固作用，可避免在底漆上直接涂装面漆而出现的类似火山口的表面缺陷。

③ 面漆。面漆主要有防腐功能和装饰作用，面漆是整个防腐蚀涂料体系的第一道关口，选择合适的面漆可阻挡外界腐蚀介质渗透入涂层中。

a. 沿海地区应选择氯化橡胶云铁面漆等具有良好的耐海洋大气腐蚀的面漆。

b. 特殊的重腐蚀区域应选择过氯乙烯涂料等耐化学品面漆和不含颜料的清漆。

4）底面合一的厚涂涂料。

底面合一型防锈漆是涂料中的新品种，其防锈性能与装饰性能有机融合在一起，具有防锈和装饰双重效果，省时，省工，高效，经济。

3.1.3　检测方法及目标

（1）涂装前的检查：

1）钢材表面检查。

涂装前钢材表面除锈应符合设计要求和国家现行有关标准的规定，处理后的钢材表面不应有焊渣、焊疤、灰尘、油污、水和毛刺等。当设计无要求时，钢材表面应符合表 3-3 的规定。

各种底漆或防锈漆要求最低的除锈等级　　　　　　　　　　表 3-3

涂料品种	除锈等级
油性酚醛、醇酸等底漆或防锈漆	St2
高氯化聚乙烯、氯化橡胶、氯磺化聚乙烯、环氧树脂、聚氨酯等底漆或防锈漆	Sa2
无机富锌、有机硅、过氯乙烯等底漆	Sa2.5

检查方法：用铲刀检查和用现行国家标准《涂装前钢材表面锈蚀等级和除锈等级》（GB 8923）规定的图片对照观察检查。

钢材表面的锈蚀等级和除锈等级均以文字叙述和典型样板的照片共同确定，检测方法为在适度照明条件下，不借助于放大镜等器具，以正常视力直接进行观察。观察时，相应等级的照片靠近钢材表面，以钢材表面的目视外观与相应的照片进行目视比较。

2）涂装环境的检查。

利用湿度计、温度计等仪器实时监测施工现场的空气湿度和温度。当产品说明书无要求时，应在相对湿度小于85%、环境温度5～38℃条件下进行，随着科学的发展，现在很多种类的涂料对环境温度的要求有所降低，施工时根据涂料的说明书进行控制。

3）涂装材料的检查。

钢结构防腐涂料、稀释剂和固化剂等材料的品种、规格、性能等应符合国家产品标准和设计要求。防腐涂料的型号、名称、颜色及有效期应与其质量证明文件相符。开启后，不应存在结皮、结块、凝胶等现象。

（2）涂装后的检查：

1）外观检查。

用肉眼观察构件表面不应误涂、漏涂，涂层不应脱皮和返锈等。漆膜应均匀、平整、丰满和有光泽；不允许有咬底、裂纹、剥落、针孔和气泡等缺陷。

2）漆膜厚度检查。

为使配套涂层总厚度达到设计规定的厚度，在涂复每道涂料时，均需测定湿膜厚度，以便于控制干膜厚度。在每道漆膜完全固化后，均需用干膜测厚仪测定干膜厚度，以便与其湿膜厚度做比较。在进行干膜测定时，要遵守"80-20"原则：即80%的测量值应达到规定的膜厚，其余20%的测定值不得低于规定膜厚的80%。

检验方法：干漆膜测厚仪检查。每件检测5处，每处取3点（垂直于构件边长的一条线上的3点），每处的数值为3个测点的涂层干漆膜厚度的平均值。

3）附着力测定。

附着力大小直接影响配套涂层的防护寿命，完全固化后采用划格法进行测试，划格间距为3mm，切割画线后，用软刷轻刷表面，除去松散粒子，然后用胶带粘住测试部位，按60度角轻轻拉起，如达到1级（交叉处有小块的剥离，影响面积为5%）为合格。

4）漏点的测试。

采用湿海绵针测试仪进行测试，当按配套体系完成所有涂料的涂装后进行这种测定，如发现针孔需进行补涂。由于钢结构涂装面积很大，不可能对所有表面进行测试，因此参照美国SSPC-PA2关于涂膜厚度的测量原则，即每10m²测量5个点，如不漏即为合格。

3.1.4　技术前景

（1）水性环氧带锈防腐漆优势明显。

钢铁结构设施防止腐蚀最简便有效的方法就是采用涂料来保护。传统的油性涂料由于含有大量的有机溶剂而对环境造成极其严重的污染，因此水性涂料，主要是以环氧树脂为基料的水性涂料是世界各国涂料界研究的方向之一，在发达国家水性涂料产量已达到涂料总产量的50%以上，我国的水性涂料的需求量每年以10%以上的速度递增。开发和利用环氧树脂水性涂料用于钢铁带锈防腐，空间巨大。从技术角度看，水性带锈防腐涂料是自干性涂料，其性能指标与测试结果优于酚醛防锈漆和醇酸防锈漆，这种涂料具有优良的耐盐水性、耐腐蚀性，附着力强，坚韧牢固，可与同类面漆配套使用，特别是它以水为溶剂而无毒害、不燃不爆、对环境污染减小，贮存运输方便、施工涂装简单、使用安全可靠。

水性环氧带锈防腐漆既对锈蚀的钢铁表面有良好的适应性，同时也能在光洁的钢铁表面上形成能阻蚀的蚀化膜，从而真正起到防锈作用。因此，利用较环保的环氧树脂水性涂料进行钢铁带锈防腐，符合国家节能减排大政方针。

一般涂料在钢铁表面涂装时都要求彻底除锈，特别是水性涂料要求除锈更为严格。除锈工作是一种十分繁重的工作，既耗费大量工时又增加费用。据统计，钢板涂装费用分配比例为：表面除锈42%，施工30%，涂料19%。水性环氧树脂带锈防腐漆是一种可直接涂刷于有残余锈迹钢铁表面的新型涂料，既减轻了繁重的除锈工作量又节省了施工费用，还可提高劳动生产率，改善劳动环境，避免环境污染。其在环保方面的突出性能，在资源型社会建设的今天意义更为重大。另外，从技术角度看，水性带锈防腐漆是自干性涂料，其性能指标与测试结果优于酚醛防锈漆和醇酸防锈漆，具有优良的耐盐水性、耐腐蚀性、附着力强、坚韧牢固，可与同类面漆配套使用，特别是它以水为溶剂而无毒害，不燃不爆，对环境污染减小，贮存运输方便，施工涂装简单，使用安全可靠。

（2）重防腐涂料发展前景广阔。

我国基础设施建设的步伐不断加快，大量高速公路、铁路项目以及各地大型市政项目纷纷投入建设，这些行业在高速发展的同时，也对防腐产品性能提出了更高的要求。水电站、火电站及风力发电塔的重防腐体系，包括管道、钢结构、混凝土结构、闸门等都要求20年以上的防腐年限。重防腐涂料应用范围将越来越广，重防腐涂料也发挥着越来越大的作用，有较大的发展前景。

（3）聚氨酯树脂综合性能优异。

以聚氨酯树脂为主要成膜物质，再配合颜填料、溶剂、助剂、催化剂等材料组成的涂料，称为聚氨酯涂料。聚氨酯树脂的主要特点如下：

1）涂层透水性和透氧性小，能耐水、石油、盐液等浸泡，具有优良的防腐蚀性能。

2）附着力好且吸水性小，涂层在浸入的环境下附着力也变化不大。

3）可制备在低温潮湿环境条件下应用的防腐蚀涂料。

4）具有优良的耐大气老化性，已成为目前应用在大气段重防腐蚀涂料体系中首选的面漆品种。

5）可与多种树脂混合或改性，制备各种有特色的防腐蚀涂料产品，聚氨酯与氟树脂制备的含氟聚氨酯涂料，可常温交联固化，具有超长的耐候性，优异的耐盐雾性以及良好的抗沾污性和耐冲刷性，正在航天航空、钢结构和高耐候性的高档建筑装饰面漆上推广应用，已成为一类综合性能优异的新型防腐蚀涂料。

（4）环氧防腐涂料应用广泛。

环氧防腐涂料是目前世界上用得最为广泛、最为重要的重防腐涂料之一。环氧系列防腐涂料主要有：①环氧煤沥青防腐涂料（底面漆）；②氯磺化聚乙烯防腐涂料；③氯化橡胶防腐涂料；④饮用水容器内壁专用防腐涂料（底面漆）；⑤环氧富锌底漆。每种涂料（底面漆）均由甲、乙双组分组成，以及配套使用的稀释剂。

（5）涂装房优点突出。

涂装房是根据施工厂家所处的地理环境、气候状况、实际工况等设计制造的具有先进性、实用性和安全性的喷砂除锈及喷涂处理的厂房。使涂装不再受环境温度、湿度、干燥度、风力等因素的影响，其主要优点如下：

a. 在任何气候条件下都能正常地进行喷涂工作。

b. 涂装工艺设备能长时间的无故障运行。

c. 工艺设备系统形成生产流水线，施工快速便捷。

3.2　钢结构防火

防火涂料由基料及阻燃添加剂两部分组成，它除了应具有普通涂料的装饰作用和对基材提供物理保护外，还需要具有阻燃耐火的特殊功能，防火涂料主要涂刷在金属钢构件表面进行防火。钢结构防火涂料分为薄涂型和厚涂型两类，见表 3-4，其产品均应通过国家检测机构检测合格，方可选用。

钢结构防火涂料　　　　　　　　　　　　　　表 3-4

名　词	说　明
钢结构防火涂料	施涂于建筑物和构筑物钢结构构件表面，能形成耐火隔热保护层，以提高钢结构耐火极限的涂料，按其涂层厚度及性能特点可分为薄涂型和厚涂型两类
薄涂型钢结构防火涂料（B 类）	涂层厚度一般为 2～7mm，有一定装饰效果，高温时膨胀增厚，耐火隔热，耐火极限可达 0.5～1.5h，又称为钢结构膨胀防火涂料
厚涂型钢结构防火涂料（H 类）	涂层厚度一般为 8～50mm，呈粒状面，密度较小，热导率低，耐火极限可达 0.5～3.0h，又称为钢结构防火隔热涂料

3.2.1　质量问题分析

(1) 产生空鼓、脱层现象。

原因分析：材料配合比不合适，涂层与基材粘结性差，基层处理不到位。

(2) 产生裂纹现象（图 3-12）。

原因分析：喷涂时环境温、湿度不当造成。

(3) 产生厚薄不均匀现象（图 3-13）。

原因分析：喷嘴选择不当、喷枪使用不当，各层喷涂时间间隔太短。

图 3-12　某构件防火涂料表面裂纹　　　　　图 3-13　某构件防火涂料表面厚薄不均匀

（4）冬期施工时冻结、粉化现象（图3-14）。

原因分析：冬期施工时温度低，涂装好的涂层在未实干前，经冻结造成冻裂或粉化。

（5）防火涂料飞溅造成污染（图3-15）。

原因分析：未采取遮挡措施，工人责任心不到位。

图3-14　某构件防火涂料表面冻结

图3-15　某厂房防火涂料飞溅污染

（6）喷涂施工时流淌堆积、脱落（图3-16、图3-17）。

图3-16　某厂房防火涂料流淌堆积

图3-17　某厂房防火涂料流淌脱落

原因分析：把只能用于室内或没有经过室外钢结构防火性能检测的涂料用于室外造成脱落，喷涂次数和每遍喷涂厚度未控制好，造成流淌堆积。

3.2.2　先进适用技术

（1）针对空鼓、脱层现象：

配合比应严格控制，基层处理干净是关键，并注意分批抽检原材料粘结强度。

1）配合比控制：施工前，首先应将涂料调至适当的黏度，要根据涂料的种类、空气压力、喷嘴的大小以及物面的需要量来决定。参考配合比：

防火涂料：高强胶粘剂：钢防胶：水＝1：0.05：0.17：0.8。

防火涂料：钢防胶：水＝1：0.17：0.85。

搅拌时先将涂料倒入混合机加水拌合2min后，再加胶粘剂及钢防胶充分搅拌5～8min，使稠度达到可喷程度。

2) 基层处理：

① 除油。通过去除金属工件表面的油污，可增强涂料的附着力。根据油污情况，选用成本低、溶解力强、毒性小且不易燃的溶剂。常用的有 200 号石油溶剂油、松节油、三氯乙烯、四氯乙烯、四氯化碳、二氯甲烷、三氯乙烷、三氟三氯乙烷等。

② 除锈：

a. 手工打磨除锈：能除去松动、翘起的氧化皮，疏松的锈及其他污物。

b. 机械除锈：钢板除锈机；手提式钢板除锈机；滚筒除锈机；喷砂除锈。

c. 化学除锈，通常称为酸洗。以酸溶液促使钢材表面锈层发生化学变化并溶解在酸液中，而达到除锈目的。常用浸渍、喷射、涂覆 3 种处理方式。

3) 原材料粘结强度检验：

粘结强度及抗压强度应每 500t 抽样一次，送国家化工建材检测中心检验，其粘结强度及抗压强度应大于技术指标的规定。

(2) 针对裂纹现象：

1) 环境温、湿度应适宜，分层喷涂时通风干燥的时间要掌握好。

2) 对多数水性涂料而言，施工环境温度低于 +5℃时不得施工，应采取外围封闭，加温措施，施工前后 48h 保持 5℃以上。湿度超过 85% 时，钢材表面有露点凝结，涂料附着力差，应当避免施工。当风速大于 5m/s，或雨天和构件表面有结露时，也不宜作业。

3) 对溶剂型涂料，施工环境可适当放宽，但在室外施工时，雨天或钢结构表面露结时，也不能作业。

4) 应按施工操作规程，分次喷涂，每次涂层厚度要均匀。

(3) 针对厚薄不匀现象：

1) 喷嘴选择：涂料黏度高，需要空气工作压力大，喷嘴应选大口径的；涂料黏度低，需要工作压力小，喷嘴可以选小口径的。

2) 喷涂时，喷嘴角度应与构件表面垂直，距离适宜，各层喷涂应有一定的时间间隔，不可跟得过紧。

3) 喷涂时喷枪要垂直于被喷钢构件，距离 6～10cm 为宜，喷涂气压应保持 0.4～0.6MPa，喷完后进行自检，厚度不够的部分再补喷一次。为了获得均匀的涂层，操作时每一喷涂条带的边缘应当重叠在前一已喷好的条带边缘上（以重叠 1/3 为宜）。喷枪的运动速度应保持均匀一致，不可时快时慢。

(4) 针对冬期施工时冻结、粉化现象：

1) 冬期施工要按天气情况合理安排施工时间，晚上温度在 0℃以下，白天温度在零度以上，则喷涂时间尽量安排在白天，留出涂层固化所需零度以上温度时间（约 2～3h）。

2) 冬期温度低，涂层固化慢，可在涂料配方中适当增加固化剂，使涂层固化速度加快。

3) 万一涂层受冻，出现表层疏松现象，待气温回升以后，可在表面喷涂胶粘剂，使其达到所需强度。

(5) 针对防火涂料飞溅造成污染现象：

1) 喷涂前对半成品做好保护，特别是临近喷涂部位用塑料布包好。

2) 采用细目网加彩条布封闭施工楼层，固定设备，地面、墙面应掩盖遮挡。

3）加强工人责任心教育。

(6) 针对喷涂施工时流淌堆积、脱落现象：

1）必须按规范选择钢结构防火涂料。

2）喷涂前清理结构表面的污垢、灰尘等，同时将节点处补刷防锈漆。

3）控制喷涂次数和每遍喷涂厚度。每次喷涂不宜过厚，否则会出现流淌堆积，层厚不匀，而且在固化过程中易产生裂纹。一般第一遍以 4～8mm 为宜。不同防火要求构件的喷涂遍数大致如下：

耐火极限 3h（35mm 厚）喷 4 遍；

耐火极限 2h（25mm 厚）喷 3 遍；

耐火极限 1.5h（15mm 厚）喷 2 遍。

常温下涂料在喷涂后经 8h 表面固化，可进行下一遍喷涂，涂层在 24～48h 内完全固化。

以耐火极限为梁 2h，柱 3h，其设计厚度为梁 30mm，柱 35mm 为例：第一层厚 10mm 左右，晾干七八成再喷第二层，第二层厚 10～12mm 左右为宜，晾干七八成后再喷第三层，第三层达到所需厚度为止。

4）当出现裂纹和脱落的涂层，要彻底清除后补喷。

5）喷涂时注意用探针随时测厚度，保证厚度均匀，并控制在厚度容许误差范围之内。

3.2.3 检测方法及目标

薄涂型、厚涂型防火涂料性能指标见表 3-5、表 3-6。

薄涂型钢结构防火涂料性能　　表 3-5

项　目		指　标		
粘结强度（MPa）		≥0.15		
抗弯性		挠曲 $L/100$，涂层不起层、脱落		
抗振性		挠曲 $L/200$，涂层不起层、脱落		
耐水性（h）		≥24		
耐冻融循环性（次）		≥15		
耐火极限	涂层厚度（mm）	3	5.5	7
	耐火时间不低于（h）	0.5	1.0	1.5

厚涂型钢结构防火涂料性能　　表 3-6

项　目		指　标
粘结强度（MPa）		≥0.04
抗压强度（MPa）		≥0.3
干密度（g/cm²）		≤500
热导率 [W/(m·K)]		≤0.1160
耐水性（h）		≥24
耐冻融循环性（次）		≥15
耐火极限	涂层厚度（mm）	15，20，30，40，50
	耐火时间不低于（h）	1.0，1.5，2.0，2.5，3.0

(1) 采用钢结构防火涂料时，应符合下列规定：

1）室内裸露钢结构、轻型屋盖钢结构及有装饰要求的钢结构，当规定其耐火极限在

1.5h 及以下时，宜选用薄涂型钢结构防火涂料。

2）室内隐蔽钢结构、高层全钢结构及多层厂房钢结构，当规定其耐火极限在 1.5h 以上时，应选用厚涂型钢结构防火涂料。

3）露天钢结构，应选用适合室外用的钢结构防火涂料。

底涂层施工应满足下列要求：

1）当钢基材表面除锈和防锈处理符合要求，尘土等杂物清除干净后方可施工。

2）底层一般喷 2~3 遍，每遍喷涂厚度不应超过 2.5mm，必须在前一遍干燥后，再喷涂后一遍。

3）喷涂时应确保涂层完全闭合，轮廓清晰。

4）操作者要携带测厚针检测涂层厚度，并确保喷涂达到设计规定的厚度。

5）当设计要求涂层表面要平整光滑时，应对最后一遍涂层作抹平处理，确保外表面均匀平整。

面涂层施工应满足下列要求：

1）当底层厚度符合设计规定，并基本干燥后，方可施工面层。面层一般涂饰 1~2 次，并应全部覆盖底层。涂料用量为 0.5~1kg/m²。

2）面层应颜色均匀，接槎平整。

（2）厚涂型钢结构防火涂料施工。

当防火涂层出现下列情况之一时，应重喷：

1）涂层干燥固化不好，粘结不牢或粉化、空鼓、脱落时。

2）钢结构的接头、转角处的涂层有明显凹陷时。

3）涂层表面有浮浆或裂缝宽度大于 1.0mm 时。

4）涂层厚度小于设计规定厚度的 85％时，或涂层厚度虽大于设计规定厚度的 85％，但未达到规定厚度的涂层之连续面积的长度超过 1m 时。

（3）薄涂型钢结构防火涂层应符合下列要求：

1）涂层厚度符合设计要求。

2）无漏涂、脱粉、明显裂缝等。如有个别裂缝，其宽度不大于 0.5mm。

3）涂层与钢基材之间和各涂层之间，应粘结牢固，无脱层、空鼓等情况。

4）颜色与外观符合设计规定，轮廓清晰，接槎平整。

（4）厚涂型钢结构防火涂层应符合下列要求：

1）涂层厚度符合设计要求。如厚度低于原订标准，但必须大于原订标准的 85％，且厚度不足部位的连续面积的长度不大于 1m，并在 5m 范围内不再出现类似情况。

2）涂层应完全闭合，不应露底、漏涂。

3）涂层不宜出现裂缝。如有个别裂缝，其宽度不应大于 1mm。

4）涂层与钢基材之间和各涂层之间，应粘结牢固，无空鼓、脱层和松散等情况。

5）涂层表面应无乳突。有外观要求的部位，母线不直度和失圆度允许偏差不应大于 8mm。

（5）钢结构防火涂料试验方法：

1）钢结构防火涂料耐火极限试验方法。

将待测涂料按产品说明书规定的施工工艺施涂于标准钢构件（如 I36b 或 I40a 工字钢）

上，采用现行国家标准《建筑构件耐火试验方法》（GB 9978），试件平放在卧式炉上，燃烧时三面受火。试件支点内外非受火部分的长度不应超过 600mm。按设计荷载加压，进行耐火试验，测定某一防火涂层厚度保护下的钢构件的耐火极限，单位为 h。

　　2）钢结构防火涂料粘结强度试验方法：

　　参照《合成树脂乳液砂壁状建筑涂料》（GB 9153—88）6.12 条粘结强度试验进行。

　　① 试件准备：将待测涂料按说明书规定的施工工艺施涂于 70mm×70mm×10mm 的钢板上（图 3-18）。

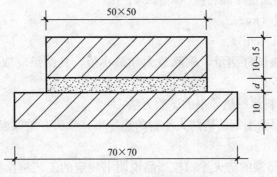

图 3-18　测粘结强度的试件

　　薄涂型膨胀防火涂料厚度 δ 为 3～4mm，厚涂型防火涂料厚度 δ 为 8～10mm。抹平，放在常温下干燥后将涂层修成 50mm×50mm，再用环氧树脂将一块 50mm×50mm×（10～15）mm 的钢板粘结在涂层上，以便试验时装夹。

　　② 试验步骤：将准备好的试件装在试验机上，均匀连续加荷至试件涂层破裂为止。

　　粘结强度按下式计算：

$$f_b = \frac{F}{A}$$

式中　f_b——粘结强度（MPa）；

　　　F——破坏荷载（N）；

　　　A——涂层与钢板的粘结面面积（mm²）。

　　每次试验，取 5 块试件测量，剔除最大和最小值，其结果应取其余 3 块的算术平均值，精确度为 0.01MPa。

　　3）钢结构防火涂料涂层抗压强度试验方法：

　　参照 GBJ 203—83 标准中附录二"砂浆试块的制作、养护及抗压强度取值"方法进行。

　　将拌好的防火涂料注入 70.7mm×70.7mm×70.7mm 试模捣实抹平，待基本干燥固化后脱模，将涂料试块放置在 （60±5）℃的烘箱中干燥至恒重，然后用压力机测试，按下式计算抗压强度：

$$R = \frac{P}{A}$$

式中　R——抗压强度（MPa）；

　　　P——破坏荷载（N）；

　　　A——受压面积（mm²）。

每次试验的试件 5 块，剔除最大和最小值，其结果应取其余 3 块的算术平均值，计算精确度为 0.01MPa。

4）钢结构防火涂料涂层干密度试验方法：

采用准备做抗压强度的试块，在做抗压强度之前采用直尺和称量法测量试块的体积和质量。干密度按下式计算：

$$R = \frac{G}{V} \times 10^2$$

式中　R——防火涂料涂层干燥密度（kg/m³）；

　　　G——试件质量（kg）；

　　　V——试件体积（cm³）。

每次试验，取 5 块试件测量，剔除最大和最小值，其结果应取其余 3 块的算术平均值，精确度为 ±20kg/m³。

5）钢结构防火涂料涂层热导率的试验方法：

本方法用于测定厚涂型钢结构防火涂料的热导率。参照有关保温隔热材料导热系数测定方法进行。

① 试件准备：将待测的防火涂料按产品说明书规定的工艺施涂于 200mm×200mm×20mm 或 φ200mm 的试模内，捣实抹平，基本干燥固化后脱模，放入（60±5）℃的烘箱内烘干至恒重，一组试样为 2 个。

② 仪器：稳态法平板导热系数测定仪（型号 DRP—1）。

③ 试验步骤：

a. 试样须在干燥器内放置 24h。

b. 将试样置于测定仪冷热板之间，测量试样厚度，至少测量 4 点，精确到 0.1mm。

c. 热板温度为（35±0.1）℃，冷板温度为（25±0.1）℃，两板温差（10±0.1）℃。

d. 仪器平衡后，计量一定时间内通过试样有效传热面积的热量，在相同的时间间隔内所传导的热量恒定之后，继续测量 2 次。

e. 试验完毕再测量厚度，精确到 0.1mm，取试验前后试样厚度的平均值。

6）钢结构防火涂料涂层抗振性试验方法：

本方法用于测定薄涂型钢结构防火涂料涂层的抗振性能。采用经防锈处理的无缝钢管

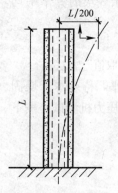

（钢管长 1300mm，外径 48mm，壁厚 4mm），涂料喷涂厚度为 3～4mm，干燥后，将钢管一端以悬臂方式固定，使另一端初始变位达 $L/200$（图 3-19），以突然释放的方式让其自由振动。反复试验 3 次，试验停止后，观察试件上的涂层有无起层和脱落发生。记录变化情况，当起层、脱落的涂层面积超过 1cm² 即为不合格。

注：厚涂型钢结构防火涂料涂层的抗撞击性能可用一块 400mm×400mm×10mm 的钢板，喷涂 25mm 厚的防火涂层，干燥固化，并养护期满后，用 0.75～1kg 的榔头敲打或用其他钝器撞击试件中心部位，观察涂层凹陷情况，是否出现开裂、破碎或脱落现象。

图 3-19　抗振试件
　安装和位移

7）钢结构防火涂料涂层抗弯性试验：

本方法用于测定薄涂型钢结构防火涂料涂层的抗弯性能。试件与

抗振性试验用的试件相同。试件干燥后，将其两端简支平放在压力机工作台上，在其中部加压至挠度达 $L/100$ 时（L 为支点间距离，长 1000mm），观察试件上的涂层有无起层、脱落发生。

8）钢结构防火涂料涂层耐水性试验方法：

参照《漆膜耐水性测定法》（GB 1733）甲法进行。用 120mm×50mm×10mm 钢板，经防锈处理后，喷涂防火涂料（薄涂型涂料的厚度为 3～4mm，厚涂型涂料的厚度为 8～10mm），放入（60±5）℃的烘箱内干燥至恒重，取出放入室温下的自来水中浸泡，观察有无起层、脱落等现象发生。

9）钢结构防火涂料涂层耐冻融性试验方法：

本方法参照《建筑涂料耐冻融循环性测定法》（GB 9154）进行。

试件与耐水性试验相同。对于室内使用的钢结构防火涂料，将干燥后的试件，放置在（23±2）℃的室内 18h，取出置于－18～－20℃的低温箱内冷冻 3h，再从低温箱中取出放入（50±2）℃的烘箱中恒温 3h，为一个循环。如此反复，记录循环次数，观察涂层开裂、起泡、剥落等异常现象。对于室外用的钢结构防火涂料，应将试件放置在（23±2）℃的室内 18h 改为置于水温为（23±2）℃的恒温水槽中浸泡 18h，其余条件不变。

3.2.4 技术前景

我国防火涂料的发展自 20 世纪 80 年代中期起，较国外工业发达国家晚 15～20 年，虽然起步晚，但发展速度快。随着钢结构建筑业的发展而发展起来的钢结构防火涂料，在工程中推广应用，对于贯彻有关的建筑设计防火规范，提高钢结构的耐火极限，减少火灾损失，取得了显著效果。钢结构防火涂料从品种类型、技术性能、应用效果和标准化程度上，已接近或达到国际先进水平。

防火涂料关键部分是阻燃剂，近年来，阻燃技术的研究和阻燃产品的开发应用已受到各界重视。主要的发展方向有：开发多效、高效、低水溶性脱水成炭催化剂和发泡剂；多种阻燃剂协同作用合理搭配；树脂的拼合改性，完善防火涂料的防火性能和理化性能；膨胀型和非膨胀型防火涂料相结合；无机无卤膨胀型防火涂料。

绿色消防技术是以绿色化学和阻燃技术为基础，以可再生资源或可循环使用的材料为原料生产阻燃材料，尽力实现阻燃材料的低毒、低烟和无污染性。绿色消防技术涉及的面很广，例如，洁净阻燃技术，这方面的技术开发成功将使建筑防火材料的防火性能得到改进，从而减少建筑物的火灾荷载量，减缓火势的蔓延，降低材料燃烧时的烟气浓度和毒性，为火场疏散逃生创造条件，并且还可从根本上降低起火成灾的几率。

随着对环境污染的日益重视，挥发性有机物（VOC）含量很高的溶剂型涂料的使用受到越来越严格的控制。环境友好型涂料主要有水性涂料、粉末涂料、光固化涂料等，其中水性防火涂料和无溶剂型防火涂料具有广阔的发展前景。此外，高固体分防火涂料（固含量超过 60%）及液体无溶剂涂料都是具有发展前景的环保防火涂料。我国市场上目前溶剂型防火涂料约占 55%，水性涂料约占 41%，其他约占 4%，与西方发达国家还有差距。

4 压型钢板

本文压型钢板主要从屋面板、墙面板、楼承板三方面进行介绍。

4.1 屋面板质量问题分析

压型钢板屋面板作为屋面板的一部分，主要起防水、保温隔热及承重的功能。某节点剖面图如图 4-1 所示。

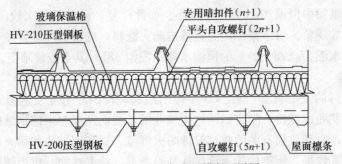

图 4-1 HV-210复合板横断面详图

屋面板施工过程如图 4-2～图 4-9 所示。

图 4-2 锁边

图 4-3 打自攻钉

图 4-4 安装底板

图 4-5 安装底板

图 4-6　安装保温棉

图 4-7　打自攻螺钉

图 4-8　屋顶天窗

图 4-9　屋顶洞口

4.1.1　坡度问题

（1）屋面施工过程中，因屋面坡度过小，造成屋面积水及漏水现象。

（2）原因分析：

1）在激烈的市场竞争中，施工方为承接任务，降低造价，为了节省原料，施工过程中减小房屋坡度，极易产生积水，造成房屋漏水。

2）由于造价因素，目前轻钢房屋所采用的压型板大多数为波高较低的板型（有效面积大），而且搭接宽度少（如当截面高度≤70mm，屋面坡度<1/10 时；搭接<250mm，屋面坡度≥1/10 时，搭接<200mm；当截面高度>70mm 时，搭接<375mm），当房屋积水时，容易漫过板型搭接部位，产生漏水。

（3）解决办法：

1）应严格按图施工，不能降低房屋坡度，门式刚架轻型房屋屋面坡度宜取 1/8～1/20，在雨水较多的地区宜取其中的较大值。

2）应根据坡度选取合适的屋面安装系统及板长，当屋面坡度≥1：20，可使用可靠的锁螺钉 TT-800 系统，允许板长≤54m；当屋面坡度≥1：30，可使用澳式宽幅暗扣 CC-750 系统，允许板长≤75m；当屋面坡度≥1：50，可使用美式直立锁缝 SS-468 系统，允许板长≤107m。

屋面板顺坡连接如图 4-10 所示。

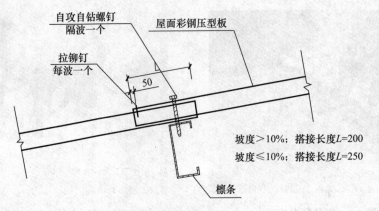

图 4-10　屋面板顺坡连接示意图

4.1.2　积水、漏水问题

（1）积水原因：

1）某天沟内积水原因分析（图 4-11）：

① 天沟长度过长。

② 水落管与天沟焊接处，因为是不锈钢焊接，变形大，造成局部凸起，产生积水。

2）解决方法：

① 焊接时，对施焊部位的周围进行预热，减少焊接变形，减少突起。

② 加强焊接完成后的检查工作，及时修正。

图 4-11　某厂房天沟施工

（2）漏水原因：

目前钢结构彩板屋面漏水现象较为普遍，漏水主要集中在以下几个部位：

1）屋脊部位。

① 该部位漏水的主要原因：

a. 屋脊处波峰太高，屋脊盖板无法保证防水。

b. 纵向搭接不放胶泥或硅胶，形成缝隙而漏水。

c. 屋脊盖板纵向搭接用铆钉连接，热胀冷缩强度不够而拉断铆钉，形成漏水；

d. 屋脊盖板与屋面板之间不敷设堵头，或堵头放置不规范而脱落形成漏水。

② 解决办法是：屋脊盖板做宽些，另外坡度找大点；搭接处敷设胶泥或硅胶；更换缝合钉；堵头应与板型匹配，堵头敷设时应上下放胶泥或硅胶。

2）采光板部位：

① 该部位漏水（见图 4-12）的主要原因：

a. 采光板板型与屋面板板型不吻合，采光板两侧波峰高于屋面板。

b. 安装后，密封过严形成采光板内外气压差，毛细水从采光板两侧缝隙进入屋面内部漏水。

c. 采光板和彩钢板之间为刚性搭接，中间的缝隙未密封。

② 解决办法：

a. 防水铆钉施打在波峰上部。

b. 应根据屋面的坡度选择采光板的板型和屋面彩板的板型，一般选择波峰较大的暗扣式或咬合式的板型，以利于顺利排水。

c. 采光板如需用搭接，一般应不小于 300mm 并且搭接处用硅胶密封牢固，或者用两面胶带粘接牢固。

d. 采光板的板型应与屋面板的板型相吻合，不能因安装问题或者尺寸宽度不一而去掉采光板的波峰高度或宽度，造成质量隐患。

e. 采光板处的收边板应与采光板密封牢固，不得有缝隙造成风吸力作用而渗水。

f. 屋面采光板也可以高出屋面板，采光板下做骨架与主结构连接，采光板固定在骨架上，四周用包边板或泛水板搭接在板上密封好。

某厂房天沟采光板部位安装见图 4-12。

 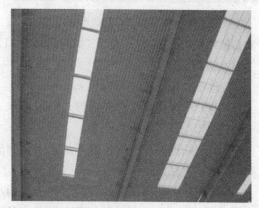

图 4-12 某厂房天沟采光板部位安装

3）屋面开孔部位：

① 该部位漏水（图 4-13、图 4-14）的主要原因：

a. 开孔未按设计节点进行防水处理，钢堵头放置未敷设防水胶泥和硅胶。

b. 开孔四周预留范围较小，雨水流淌不畅，容易积水。

c. 开孔四周包边搭接未进行防水处理。

d. 开孔内部四周未加结构件，形成低凹积水。

e. 防水施工存在阻水现象，形成积水。

图 4-13　某厂房屋面洞口施工

图 4-14　丁基胶带局部防水处理

② 洞口防水解决方法：

a. 按设计图纸施工并严格施工工序，敷设胶泥、硅胶。

b. 开孔四周预留范围必须满足排水要求。

c. 屋面开孔后必须随后进行防水处理。

d. 防水施工安装必须严密、平整，使水流顺畅。

e. 坚持宜导不宜堵的防水原则，即保证节点处理能顺利地让水泻掉，在暴雨少量积水时能不漏。尽量采用优质的防水胶（如 GE 耐候胶）和自攻螺钉（如标迪牌螺钉）。

4）天沟部位：

① 该部位漏水的主要原因：

a. 内天沟焊接接头存在缝隙，形成渗水。

b. 天沟端部没有做封头板。

c. 屋面外板深入天沟长度不足，水会倒流入厂房内部。

② 解决办法：

a. 适当加大天沟深度，安装时让天沟雨水避开搭接缝。

b. 内天沟焊接接头部位焊后进行重点检查，并及时进行闭水试验。

5）维护系统：

① 漏水原因分析：

a. 由于材料特性引发的漏水隐患：

a）金属板自身导热系数大，当外界温度发生较大变化时，由于环境温差变化大，因温度变化造成彩钢板收缩变形而在接口处产生较大位移，因而在金属板接口部位极易产生漏水隐患。

b）钢结构体系中，由于结构本身在温度变化、受风载、雪载等外力的作用下，容易发生弹性变形，在连接部位产生位移而产生漏水隐患。

b. 防水材料使用不当造成的漏水缺陷：

目前绝大多数企业，采用硅酮胶。该材料凝固后粘结强度低，易老化，施工过程人为隐患多，防水质量不可靠，极易漏水。

② 解决办法：

a. 充分考虑建筑物所在区域气候特征，采用适合该地区的防水措施及材料。

b. 由于金属屋面板的材料特性，同时借鉴国外先进经验，应选用适合于金属板屋面的防水材料；如具有较高的粘结强度以及耐候性极佳的丁基橡胶防水密封粘结带，作为金属板屋面的配套防水材料。

6）屋面板节点：

① 漏水原因分析：

a. 屋脊、屋脊盖板与屋面板搭接处是一个三维立体，材质薄，容易变形。

b. 屋脊处板缝大，玻璃胶塞住之后，屋顶安装设备及人行走时引起震动，使玻璃胶与面板分离，雨水渗入。

c. 屋面开孔处胶泥铺设未严格执行技术交底，铺设失误，保温棉压于胶泥上。

d. 板搭接处自攻钉误打、漏打。

e. 天沟处板缝未夹紧。

f. 嵌胶方法不正确，长度不够。

② 解决方法：

a. 对施工人员进行明确分工，重要的节点步骤如天沟、屋脊等处打钉、嵌胶由专人负责。

b. 严格执行技术交底。

c. 加大检查力度，不合格的坚决返工。

4.1.3　包边包角未收好问题

包边包角未收好问题（尤其弧形包边）见图4-15。

图4-15　某厂房弧形包边施工

（1）在某施工项目中，发现屋面板檐口的弧形包边处理起来比较困难。因包边件没有直接是弧形的，采用的是矩形拼接，在每个拼接处用密封胶封死。因为每个拼接处都有折角，尤其在下午太阳照射下，从侧面看总感觉凹凸不平，不能满足甲方的要求。

（2）解决办法：首先选用了较厚的包边件，然后用8mm厚钢板做好弧形板，贴在檐口屋面板上下板之间，把包边件涂胶尽量贴在弧形板上，用小橡皮锤敲平，最后用密封胶把包边件拼接处封好，效果就会比较好。

4.1.4 泛水板安装问题

泛水板、包角板等配件均处在边角部位，其安装质量直接影响建筑物的立面效果及防漏水性能（图 4-16）。

图 4-16　某厂房泛水板施工

（1）常见问题：泛水板安装顺序不当，有凹陷或松动现象，或有严重的碰撞伤痕、裂纹等，泛水板结合处未做好密封处理等。

（2）解决办法：泛水板安装应逆水流或逆主导风向铺设，应横平竖直，泛水板之间以及泛水板与压型金属板之间的搭接部位，必须按照设计图纸的要求设置防水密封材料，在搭接处两板间垫双面自粘胶带，并用双排防水拉铆钉交错搭接，排矩、钉矩不大于 50mm。应严禁施工人员直接在屋面板和泛水板上行走，防止屋面板、泛水板有松动现象，影响屋面的防渗漏性能。泛水板的制作最好应根据现场安装情况实测后压制。

4.1.5 网架中的屋面板安装

（1）钢结构网架屋面板由屋面檐口处进行铺设。在安装过程中以檐口线平直为基准，拉线定位校核。相邻两板端头错位差不能大于 8mm，屋面板的坡度垂直于檐口基准线（图 4-17）。

图 4-17　某网架屋面板施工

（2）从屋面一端开始，放第一块屋面底板安装位置线。铺设第一块压型钢板，检查无误后用螺钉固定。在第一块压型钢板固定就位后，进行下一块压型钢板的安装就位，安装时将其搭接边准确地放在前一块压型钢板上。为保证安装位置准确，用夹具与前一块压型钢板夹紧，压型钢板两端固定好，然后用螺钉固定。

（3）用以上方法将压型钢板安装就位，每安装 4 块压型钢板，需检查压型钢板两端的平整度，如有误差及时调整，还需测量固定好的压型钢板的宽度，在其上、下两端各测量一次，以保证压型钢板安装位置准确，不出现扇形。

（4）压型钢板的竖向搭接长度不小于 250mm，搭接位置设在屋面檩条处，搭接处打密封胶并打一排防水铆钉，然后用螺钉固定。

4.1.6 某铝镁锰合金屋面板工程施工

屋面板是 65/400 的铝镁锰合金屋面板，此种屋面系统是属点支撑系统屋面板，图 4-18 所示安装的是"T 码"，即铝合金支座。注意，每个支座上面都有一个黑色的垫圈，这样有更好的隔热性能。但有些支座不需要这个黑色垫圈，这样屋面板自身就可以形成防雷系统。

"铝合金支座"的间距为 1.25～1.5m，应根据风压确定。相邻间距为 400mm，这是根据板距确定的，如图 4-19 所示。

图 4-18　某铝镁锰合金屋面板铝合金支座安装

图 4-19　某铝镁锰合金屋面板铝合金支座安装

保温棉要安装一边带"铝箔"的，这样保证棉屑不往下面掉。保温棉两个重要的参数是厚度与重量。一般采用 50、100、150mm 三种厚度，如图 4-20 所示。

铝镁锰合金板铺设上去，注意端部应当翻起，防止水向上倒流，如图 4-21 所示。

图 4-20　某铝镁锰合金屋面板保温棉安装

图 4-21　某铝镁锰合金屋面板安装

一台"锁边机"将安装的屋面板锁好（图 4-22）安装一个挡水铝件，这铝件是根据屋面板形状而加工的，也有人称之为"银盒"，这样安装后即双保险的防水了（图 4-23）。

图 4-22　某铝镁锰合金屋面板安装

图 4-23　某铝镁锰合金屋面板挡水铝件安装

上下交接，泛水板的正确运用（图 4-24）。底部安装泛水板，还有泡沫条。同样，不同形状的板，泡沫也不同，否则防水不严（图 4-25）。

图 4-24　某铝镁锰合金屋面板泛水板安装

图 4-25　某铝镁锰合金屋面板泡沫封条安装

天沟与天窗的檩条布置及处理方法，如图 4-26 所示。

图 4-26　某铝镁锰合金屋面板天沟及天窗安装

天沟与天窗节点见图 4-27。

图 4-27　某铝镁锰合金屋面板天沟及天窗节点

　　在完成后的铝镁锰合金上面安装专用铝合金夹具，可以在屋面板上再装一层单板。此时夹具间距约为 900mm。在上面焊接小柱，再焊檩条，如图 4-28 所示。

图 4-28　某铝镁锰合金屋面板夹具安装

　　工人焊接过程，注意在屋面上操作一定遵守操作规范，如图 4-29 所示。

图 4-29　某铝镁锰合金屋面板檩条焊接

4.2　墙面板质量问题分析

墙面板作为围护结构的一部分，主要起防水、抗风的功能（图 4-30）。

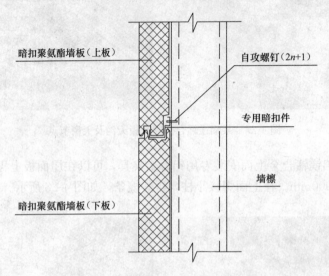

图 4-30　聚氨酯墙板纵向剖面详图

4.2.1　立面不平整

墙面板立面不平整状况见图 4-31、图 4-32。

图 4-31　某厂房墙板安装

（1）原因分析：

板材变形，尤其是咬合缝处变形所致，再者外板压玻璃丝绵时不当所致。

（2）解决办法：

1）在运输及施工过程中，应尽量避免对材料的损伤（如刮漆、穿孔、折断等），减少运输造成的墙面板咬合边变形，提高咬合缝的紧密质量；

2）安装外板时，尽量先把玻璃丝棉临时固定好，外板翘时，用自攻钉从波峰处打进去，以尽可能调整板面平整度。

图 4-32　某厂房墙板立面安装变形

按现行国家标准《钢结构工程施工质量验收规范》（GB 50205）要求，墙面板安装的允许误差见表 4-1。

墙面板安装的允许误差　表 4-1

项　目		允许偏差（mm）
墙面	墙板波纹线的垂直度	$L/800$，且不应大于 25.0
	墙板包角板的垂直度	$L/800$，且不应大于 25.0
	相邻两块压型金属板的下端错位	6.0

注：1. L 为屋面半坡或单坡长度；
　　2. H 为墙面高度。

4.2.2　横向排板时产生漏水

横向排板时状况见图 4-33。

图 4-33　某厂房墙板安装示意图

（1）原因分析：

漏水可能是板的质量不稳定（发泡不均匀，板材用的比较薄），对安装的要求很高，积水渗进或板面顺水向从上往下安装导致接缝处漏水。

（2）解决办法：

1）墙板横排时，一定要选择防水好的板型，不能选波很大的板型，波尽量小，适宜排水。

2）安装时一定要逆水向从下向上安装。

3）收边及墙面板的搭接长度，均应满足规范、设计、工艺要求。

4.2.3 与门窗等洞口衔接处漏水

门窗洞口衔接见图 4-34。

图 4-34　某厂房门窗衔接处理

（1）原因分析：

1）与门窗等洞口衔接处不严密。

2）密封胶未打到位。

3）打自攻钉处空隙大等。

（2）解决办法：

1）门窗口周边的所有墙板收边搭接处，收边与收边之间均先打一道暗胶，墙板收边安装完成后，再打一道明胶。

2）塑钢窗固定螺钉固定之前，固定螺钉周边涂耐候胶，固定螺钉表面再用耐候胶涂覆。

4.3　楼承板质量问题分析

楼承板即可替代混凝土底部受拉钢筋的作用，又可起到施工时模板的作用，可进一步加强压型钢板在组合楼板体系中的承载作用（图 4-35）。

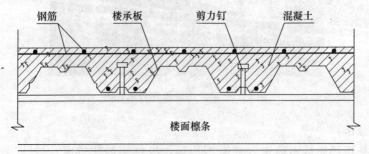

图 4-35　楼承板横断面详图

4.3.1 普通开口型

（1）普通开口型楼承板见图 4-36。

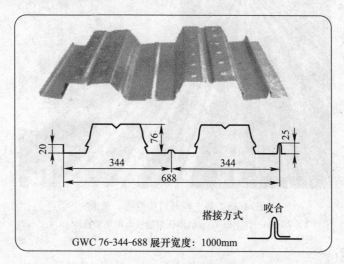

图 4-36 普通开口板示意图

1）质量问题：

栓钉打不上，或者一打就掉，见图 4-37。

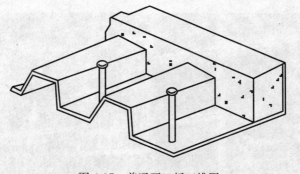

图 4-37 普通开口板三维图

2）原因分析：

钢梁顶面处理不到位（含水、油污、杂物等），吊耳未磨平。

3）解决办法：

梁顶表面处理，确定钢梁顶面吊耳均已切除磨平，将梁顶表面锈皮，油污、水及杂物均清除干净。

（2）压型钢板变形，鼓起、咬合不严，见图 4-38。

1）原因分析：

① 压型钢板排板时单块过长，运输过程中多数叠加，又因下方垫块导致受力不均产生翘曲。

② 现场堆放不当。

③ 吊装位置选取不当。

图 4-38　某工程开口板变形、鼓起
YX-76-344-688-1 型 1.0mm 厚压型钢板，单块最长约 13.4m

2）解决办法：

压型钢板排板时一定要控制好单块长度，即使下方有钢梁支撑最好也不要超过 8m，并一定要在钢梁上断开或者在增加的支撑用钢梁上断开，在装运时尽量减少多数板的叠加，垫垫块时尽量均匀，现场堆放时按要求垫平。

（3）压型钢板在柱子周围或洞口处凹陷，见图 4-39。

图 4-39　某工程压型钢板柱子周围凹陷

1）原因分析：

压型钢板在柱子周围或洞口处未进行加强处理导致凹陷。

2）解决办法：

铺设压型钢板前，按要求在柱子周围或洞口处用角钢进行加强处理，见图 4-40。

（4）压型钢板边角及搭接处打灰时跑浆，见图 4-41。

1）原因分析：

压型钢板边角处未进行有效处理，或随便找土建胶合板之类材料封堵不到位。

2）解决办法：

应按要求使用与压型钢板匹配的封边板、堵头板，见图 4-42。

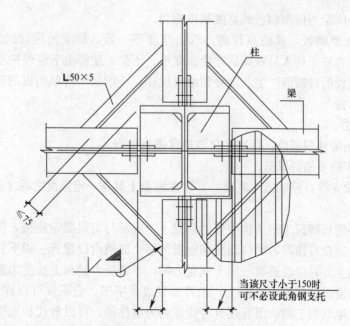

图 4-40 某工程压型钢板柱子周围加强处理

图 4-41 某工程压型钢板搭接处跑浆

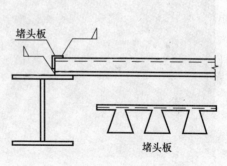

图 4-42 封堵头板横断面图

（5）压型钢板板面产生裂缝，见图 4-43。

1）原因分析：

① 环境温度导致裂缝：一般情况来说冬天较其他时间容易出现裂缝，原因是压型钢板与混凝土的导热系数不同，压型钢板是热的良导体，这时候会出现裂缝，温度裂缝没有规律。

② 支撑体系导致裂缝：压型钢板强度较大时，个别单位为了省掉支撑的费用，在钢板下不加支撑，这时候，由于混凝土自重和施工荷载的原因，很容易产生裂缝，这部分裂缝是

图 4-43 某工程压型钢板板面裂缝

有规律的，并且间距与压型钢板的宽度基本相当。

③ 开口型压型钢板，其肋高较高，双向刚度不一致，加上预埋管线集散靠近上层，上层钢筋绑扎后容易受到人员踩踏后弯曲、变形、下坠，使得上下层保护层厚度无法得到有效保证，导致放射性裂缝产生。这种裂缝有规律，一般是平行单向板的短边，与单向板受力方向钢筋平行。

2）解决办法：

① 应对配筋的薄弱部位，特别是负弯矩区进行加强。

② 冬期施工后要做好保温。

③ 尽量加设支撑，控制施工进度，必须在混凝土具备一定强度之后才能上人施工。

4.3.2 闭口型

闭口型压型钢板铺设于钢结构主体的钢梁上，底部与钢梁固定连接，钢梁之间的闭口型压型钢板下方架设有顶撑，闭口型压型钢板的每个波槽内设置有一根下铁受力筋，并在每根下铁受力筋上方对应设置有一根上铁受力筋，下铁受力筋和上铁受力筋之间由拉筋拉接，上铁受力筋搭设于上铁分布筋上，二者搭设成井字形。它不仅可以作为永久性模板、方便施工，有效地缩短工期，而且还具有优越的力学性能，可以替代板底受力钢筋；它的形心非常接近板底，与其他的组合楼板比较具有更大的楼板有效高度，提供了更大的正弯矩抵抗矩，平整的板底及均匀的细小沟缝使得板底非常美观，见图4-44。

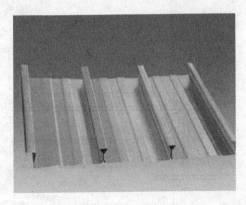
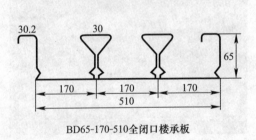

BD65-170-510全闭口楼承板

图4-44　闭口型压型钢板示意图

（1）压型钢板变形过大。

1）质量问题：

压型钢板变形过大。

2）原因分析：

材料运输、现场堆放、吊装时方法不当导致变形。

3）解决办法：

保证材料在运输过程中不受损伤，吊装时尽量选用软吊索，分区、分片吊装到施工楼层并放置稳妥，及时安装，消除马凳引起的压型钢板点变形，见图4-45。

（2）栓钉焊接质量差（偏弧、焊不牢等，见图4-46）。

1）原因分析：

① 压型钢板安装变形导致与钢梁空隙过大。

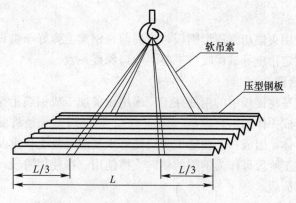

图 4-45 某工程压型钢板正确吊装示意图

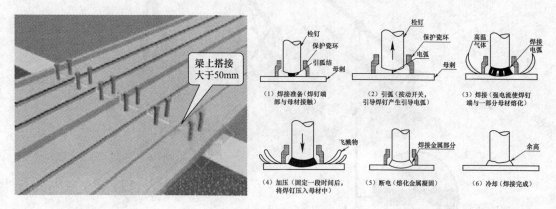

图 4-46 栓钉示意图

② 栓钉熔焊机电流、电压设置不当。

③ 焊枪线长度过长。

④ 瓷环烘焙温度不够。

⑤ 地线不均匀、焊接不均匀等。

2) 解决办法:

① 根据栓钉大小及长度正确设置栓钉熔焊机电流、电压,并根据实际效果及时调整焊接参数,保证焊把线长度不超过标准。

② 将压型钢板与钢梁空隙控制在 1mm 以内,使相应的材料烘焙温度偏差不超过30℃。

③ 减少焊工连续长时间焊接作业,在一台栓焊机配置 2 名合格焊工进行轮流操作,使每名焊工连续焊接时间不超过 2h。

④ 调整接地线方向或者在梁上接钢板处理偏弧问题。

(3) 压型钢板板缝咬口质量差:

1) 原因分析:

① 压型钢板现场切割不当。

② 施工流水段的水平分隔缝留置不当。

③ 安装方法不当等导致板缝咬口质量差。

2）解决办法：

施工现场避免使用火焰切割压型钢板，应提前在钢梁上弹好压型钢板排板线，从第一块板开始采取点焊固定措施等确保咬口平整，咬口深度一致。

4.3.3　钢筋桁架组合型

钢筋桁架楼承板是将楼板中的钢筋在工厂采用设备加工成钢筋桁架，并将钢筋桁架与镀锌钢板在工厂焊接成一体的组合模板（图 4-47）。该模板系统是将混凝土楼板中的钢筋与施工模板组合为一体，组成一个在施工阶段能够承受湿混凝土自重及施工荷载的承重构件，并且该构件在施工阶段可作为钢梁的侧向支撑使用。在使用阶段，钢筋桁架与混凝土共同工作，承受使用荷载。

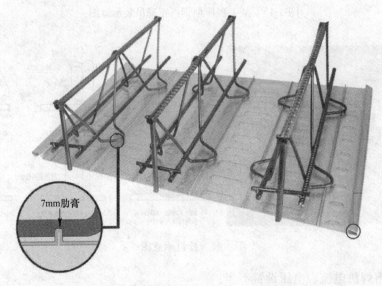

7mm肋膏

图 4-47　钢筋桁架组合楼板三维示意图

图 4-48　某工程钢筋桁架组合楼板错边、
拼缝漏浆

主要质量问题有：

（1）钢筋桁架板底层钢板扭曲。

1）原因分析：

进场材料未注意保护，施工时单位面积上混凝土堆积过高。

2）解决办法：

保证材料堆放合理，平铺时轻拿轻放，施工时不允许混凝土堆积过高。

（2）钢筋桁架板之间安装错边、拼缝处打灰时漏浆，见图 4-48。

1）原因分析：

板与板之间接缝不够严密，容易出现漏浆

现象，工人责任心不强。

2）解决办法：

加强工人质量责任意识教育，每安装完一块板就行进检查，控制拼缝处接口误差，防止拼缝处漏浆。

（3）底模镀锌层出现水斑锈蚀等（见图4-49）。

1）原因分析：

在加工制作时，钢筋桁架与底模采用电阻点焊，制品的焊点烧穿数量过多，钢筋桁架模板在现场露天存放时，底模由于与钢筋桁架焊接时镀锌层破坏，再加上雨水的浸腐蚀，底模镀锌层就会出现水斑。

2）解决办法：

增加底模镀锌层厚度，也不能过高，因为太低了起不到防腐作用，太高了又容易和混凝

图4-49 某工程钢筋桁架组合楼板底模镀锌层锈蚀

土发生化学反应。镀锌钢板厚度为0.5mm，双面镀锌量不小于120g/m²；或者厚度为0.8mm，双面镀锌量不小于180g/m²，再者点焊时要减少焊点烧穿数量。

4.4 先进适用技术

4.4.1 加工设备

彩色钢板压型机是采用多道成型辊将彩色钢板连续冷弯成型，其主要有开卷机（架）、送料台、成型机、切断机和成品辊架五部分组成。如加工曲板还需曲面冲压机。

（1）开卷机（架）分为被动开卷架和主动开卷架。被动开卷架是利用压型机的驱动力拖动开卷架转动。这种开卷架机构简单，造价低、操作简单，但是操作劳动强度大。主动开卷机是由电动机驱动开卷机转动，减少了成型机的驱动负荷，操作简单，劳动强度低。

（2）压型板的剪断设备有两种，成型前剪断使用剪板机，成型后剪断使用成型剪。成型剪的使用可以避免成型前剪切产生压型板端部扩展现象。

彩色钢板压型瓦是以彩色钢板做原料压制成形的屋面轻型建材，它的成型方法有：单张板冲压成型；连续辊压成压型板，再步进冲压成型；连续辊压、步进冲压和剪断三种方法。第一种方法瓦型板面积小，材料利用率低；第二种方法加工工序多；以第三种方法为先进，它的方法工序简单，材料利用率高。

4.4.2 提升设备

彩色钢板压型板和夹芯板的吊装方法很多，如汽车吊、塔吊吊升、卷扬机吊升和人工提升等方法。

塔吊、汽车起重机的提升方法，多使用多点提升，这种吊装法一次可提升多块板，适用于多、高层楼层压型钢板的安装。但在大面积工程中，提升的板材不易送到安装点，增大了屋面的长距离人工搬运，屋面上行走困难，易破坏已安装好的彩板，不能发挥大型提升吊车大吨位提升能力的特长，使用率低，机械费用高。但是提升方便，被提升的板材不易损坏。

使用卷扬机提升的方法，设备可灵活移动到需要安装的地点，方便而又价低，这种方法每次提升数量少，但是屋面运距短，故经常被现场采用。

使用人工提升的方法也常用于板材不长的工程中，这种方法最方便和低价，但必须谨慎从事，否则易损伤板材，同时使用的人力较多，劳动强度较大。

提升特长板的最佳方法是钢丝滑升法，这种方法是在建筑的山墙处设若干道钢丝，钢丝上设套管，板置于钢管上，屋面上工人用绳沿钢丝拉动钢管，则特长板被提升到屋面上，而后由人工搬运到安装地点。

4.4.3　施工机具

压型钢板施工的主用机具有手提式小型电焊机、空气等离子弧切割机、手提式砂轮机、钣金工剪刀、无齿锯、自攻螺钉枪、自动咬边机等。

（1）切割有氧气乙炔切割和空气等离子切割两种，氧气乙炔切割容易破坏压型板表面镀层，造成后期生锈腐蚀，影响强度。采用等离子气割技术，等离子切割是利用高频高压电流把空气加温到 3000℃以上高等离子态，再利用使之配套的高压空气把熔化或者气化的金属吹开实现金属切割。能量密度高特别适宜薄板加工，不用预热，速度快。但施工成本较高。

在工业生产中，金属热切割一般有气割、等离子切割、激光切割等。使用等离子切割不消耗乙炔氧气，不排放二氧化碳等温室气体或有害气体，绿色环保，切割范围更广、效率更高，而等离子切割技术在材料的切割表面质量方面已接近了激光切割的质量，但成本却远低于激光切割，成为切割技术发展的主要方向之一。应在压型钢板切割处补涂银粉漆，以保证板材的防腐性能。

（2）手提式砂轮机属于金属磨削类电动工具，常用于压型钢板切割作业，具有体积小、重量轻，且绿色环保，可对设备上、高空上的工件进行切割，可随身携带于各种场合工作。

（3）钣金工剪刀是常用于薄铁皮裁剪的手工工具，主要用于镀锌薄钢板的裁料，也可以用于剪裁厚度小于 1mm 的薄钢板和不超过 1.2mm 厚的铜板、铝板等板料。根据剪裁用途可分为两种，一种是可以剪裁直线的直剪刀，另一种是可以剪裁曲线的弯剪刀。

（4）无齿锯是压型钢板施工中常用的一种电动工具，具有体积小、重量轻、操作简单、搬运方便等优点，常用于压型钢板裁边和切割孔洞等作业。

（5）自攻螺钉枪具有重量轻、操作方便、精度高、便于高空作业、劳动强度低、效率高等优点，是紧固自攻螺钉的常用施工工具。

（6）自动咬边机也称为自动锁边机，是金属屋面板安装过程中的重要施工工具，具有重量轻、体积小，咬合精度高，咬合质量好，操作方便，保养简便，一机多用等特点。

4.4.4　工程材料

（1）热镀锌钢板：是在连续热镀锌生产线上把冷轧或热轧钢带浸入熔融的锌液中镀锌，经卷取后以卷状供货。

热镀锌钢板的镀锌厚度通常是用镀锌的重量表示，即"g/m^2"。它是指钢板正反两面的镀层重量。建筑用彩色钢板镀锌的重量（厚度）有 $150g/m^2$、$180g/m^2$、$200g/m^2$、$275g/m^2$ 等。

（2）合金化处理的镀锌钢板：其表面有层较厚、致密、不溶解于水的非活性氧化膜，可阻止进一步氧化。合金层的标准电极电位介于铁和纯锌之间，比铁活泼，比纯锌迟钝，电化学腐蚀比纯锌慢。该种钢板加工性能好，有良好的可焊性。镀层表面显微特征呈凹凸不平，这些表面为涂装提供了良好的粘附性。锌铁镀层的耐热性较好，纯锌的熔点为

419℃，锌合金化 σ_1 相的熔点为 640℃，纯铝的熔点为 650℃，其耐热性接近镀铝板，但价格便宜，有良好的发展前景。

4.5　检测方法及目标

4.5.1　压型金属板制作

（1）压型金属板成形后，其基板不应有裂纹。

检查数量：按计件数抽查 5%，且不应少于 10 件。

检验方法：观察和用 11 倍放大镜检查。

（2）有涂层、镀层压型金属板成形后，涂、镀层不应有肉眼可见的裂纹、剥落和擦痕等缺陷。

检查数量：按计件数抽查 5%，且不应少于 10 件。

检验方法：观察检查。

（3）压型金属板的尺寸允许偏差应符合表 4-2 的规定。

检查数量：按计件数抽查 5%，且不应少于 10 件。

检验方法：用拉线和钢尺检查。

压型金属板的尺寸允许偏差（mm）　　　　　　　表 4-2

项　目			允许偏差
波距			±2.0
波高	压型钢板	截面高度≤70	±1.5
		截面高度＞70	±2.0
侧向弯曲	在测量长度 l_1 的范围内		20.0

注：l_1 为测量长度，指板长扣除两端各 0.5m 后的实际长度（小于 10m）或扣除后任选的 10m 长度。

（4）压型金属板成形后，表面应干净，不应有明显凹凸和皱褶。

检查数量：按计件数抽查 5%，且不应少于 10 件。

检验方法：观察检查。

（5）压型金属板施工现场制作的允许偏差应符合表 4-3 的规定。

检查数量：按计件数抽查 5%，且不应少于 10 件。

检验方法：用钢尺、角尺检查。

压型金属板施工现场制作的允许偏差（mm）　　　　　　　表 4-3

项　目		允许偏差
压型金属板的覆盖宽度	截面高度≤70	+10.0，−2.0
	截面高度＞70	+6.0，−2.0
板长		±9.0
横向剪切偏差		6.0
泛水板、包角板尺寸	板长	±6.0
	折弯面宽度	±3.0
	折弯面夹角	2°

4.5.2 压型金属板安装

（1）压型机金属板、泛水板和包角板等应固定可靠、牢固，防腐涂料涂刷和密封材料敷设应完好，连接件数量、间距应符合设计要求和国家现行有关标准规定。

检查数量：全数检查。

检验方法：观察检查及尺量。

（2）压型金属板应在支承构件上可靠搭接，搭接长度应符合设计要求，且不应小于表4-4所规定的数量。

检查数量：按搭接部位总长度抽查10％，且不应少于10m。

检验方法：观察和用钢尺检查。

压型金属板在支承构件上的搭接长度（mm）　　　　表 4-4

项　目		搭接长度
截面高度＞70		375
截面高度≤70	屋面坡度＜1/10	250
	屋面坡度≥1/10	200
墙面		120

（3）组合楼板中压型钢板与主体结构（梁）的锚固支承长度应符合设计要求，且不应小于50mm，端部锚固件连接应可靠，设置位置应符合设计要求。

检查数量：沿连接纵向长度抽查10％，且不应少于10m。

检验方法：观察和用钢尺检查。

（4）压型金属板安装应平整、顺直，板面不应有施工残留物和污物。檐口和墙面下端应呈直线，不应有未经处理的错钻孔洞。

检查数量：按面积抽查10％，且不应少于10m²。

检验方法：观察检查。

（5）压型金属板安装的允许偏差应符合表4-5的规定。

检查数量：檐口与屋脊的平行度：按长度抽查10％，且不应少于10m。其他项目：每20m长度应抽查1处，不应少于2处。

检验方法：用拉线、吊线和钢尺检查。

压型金属板安装的允许偏差（mm）　　　　表 4-5

项　目		允许偏差
屋面	檐口与屋脊的平行度	12.0
	压型金属板波纹线对屋脊的垂直度	$L/800$，且不应大于 25.0
	檐口相邻两块压型金属板端部错位	6.0
	压型金属板卷边板件最大波浪高	4.0
墙面	墙板波纹线的垂直度	$L/800$，且不应大于 25.0
	墙板包角板的垂直度	$L/800$，且不应大于 25.0
	相邻两块压型金属板的下端错位	6.0

注：L 为屋面半坡或单坡长度。

4.6 技术前景

4.6.1 彩色钢板镀层

彩色钢板镀层有热镀锌、热镀锌铝合金、热镀铝锌合金、热镀铝、电镀锌和热镀锌合金化钢板六种，我国应用较广泛的彩板多为热镀锌钢板和热镀锌合金化钢板。

(1) 热镀锌钢板：是在连续热镀锌生产线上把冷轧或热轧钢带浸入熔融的锌液中镀锌，经卷取后以卷状供货。

(2) 热镀锌铝合金钢板：是在连续热镀锌铝合金生产线上把冷轧钢带浸入熔融的锌铝合金的锌铝液中，经卷曲以卷状供货。锌铝合金是一种含 Zn 和 5% Al 的混合稀土合金镀层。这种镀层的钢板我国尚无生产，多在欧洲、美国等地使用。美国 ASTM A875M97a 规定了九个级别，即双面镀层量 $75g/m^2$、$113g/m^2$、$150g/m^2$、$195g/m^2$、$235g/m^2$、$300g/m^2$、$385g/m^2$、$510g/m^2$、$595g/m^2$，欧洲的产品也类似。该产品是热镀锌的换代产品，镀层保持了热镀锌层的各种优点，其耐蚀性能提高 2~4 倍，加工成形性能好，价格提高不多。它的裸板耐腐性、切边部位牺牲性保护性能、涂装后的耐蚀性和加工成形后的耐蚀性等综合性能，经比较是最理想的镀层类别。

(3) 热镀铝锌合金钢板：是在连续热镀铝锌合金生产线上把冷轧钢带浸入熔融的锌铝合金的铝锌液中，经卷曲成卷供货。

热镀铝锌合金钢板是一种含 55% Al、1.5% Si、45.5% Zn 合金的热浸镀层钢板产品。该产品我国尚未生产，美国与澳大利亚等国使用较多。目前我国使用多从澳大利亚进口。其产品厚度规格美国 ASTM A792/A 792M-97a 规定为 AZM150、165、180 三种。一般选用不小于 AZM150。

热镀铝锌合金镀层钢板是国际上 20 世纪 80 年代发展起来的，美国伯利恒公司于 1972 年 6 月正式投产问世。它兼具有镀锌和镀铝钢板的性能特点。镀锌层不仅为钢板面提供了较好的耐腐性，而且可提供一种被称为阴极保护的独特性能，其在裸露的切边处，或在镀层疵点处，通过腐蚀锌镀层来对钢板起保护作用。镀铝层可在不同的腐蚀性大气中为钢板提供更高的耐蚀性；而在大多数环境中，铝镀层不提供阴极保护，因此镀铝钢板在被划伤和切边处呈现易腐蚀现象。因此镀铝锌钢板具有镀锌板 2~6 倍的耐蚀性和抗高温氧化性。但切边牺牲性保护性能比镀锌的差，比镀铝的好。

(4) 热镀铝钢板：热镀铝钢板的铝表面极易形成一层非常致密的氧化铝层，具有优异的耐大气腐蚀性能。它的氧化膜十分稳定，起隔离膜的作用。美国钢铁公司使用实验证明，其耐蚀性是热镀锌钢板的 5~9 倍。它还具有优良的抗硫化物腐蚀性、热反射性和高温抗氧化性。日本国采用不涂层的镀铝钢板，大面积用于工业厂房中。我国尚无该类产品。

国外建筑用镀铝钢板常见的有以下两种：

1) 用于耐热要求较高的环境：这类镀铝钢板的金属镀层中含有 5%~11% 的硅，合金镀层较薄，镀铝层的重量仅为 $120g/m^2$，单面镀层最小厚度为 $20\mu m$。

2) 用于腐蚀性较强的环境：其金属镀层几乎全部是铝，金属镀层较厚，镀层的重量约为 $200g/m^2$，单面镀层的最小厚度为 $31\mu m$。

（5）合金化处理的镀锌钢板：其表面有层较厚、致密、不溶解于水的非活性氧化膜，可阻止进一步氧化。合金层的标准电极电位介于铁和纯锌之间，比铁活泼，比纯锌迟钝，电化学腐蚀比纯锌慢。该种钢板加工性能好，有良好的可焊性。镀层表面显微特征呈凹凸不平，这些表面为涂装提供了良好的粘附性。锌铁镀层的耐热性较好，纯锌的熔点为419℃，锌合金化 σ_1 相的熔点为 640℃，纯铝的熔点为 650℃，其耐热性接近镀铝板，但价格便宜。我国武汉钢铁公司生产这种镀层板。现有镀层重量可达 $180g/m^2$。

（6）电镀锌钢板：是一种电镀锌的镀层钢板产品。由于电镀锌的成本高，镀层厚度小，一般不在建筑工程中应用。

4.6.2   彩色钢板瓦型

彩色钢板压型瓦的瓦型有仿常用黏土平瓦型、梯形波瓦型和类筒瓦型。这种压型瓦因类似民用建筑的斜屋面用黏土瓦，色彩种类多且鲜艳，因此是民用建筑的良好屋面瓦材。

彩色钢板压型瓦欧洲国家多用纵向连续瓦型，日本国多用横向连续瓦型。彩色钢板压型瓦屋面，在国外已形成成套配件系统，如平脊瓦、斜脊瓦、平斜脊瓦的交接配件系统，天沟、阴角天沟，上屋面梯、管道出屋面等配件，在这方面我国有待继续开发。

4.6.3   建筑压型钢板

建筑压型钢板具有自重轻（每平方米为 6~7kg）、强度高（屈服强度 250~550MPa）、良好的蒙皮刚度和防水、抗震性能；施工安装方便、快速、工期短；造型美观新颖，色彩丰富，装饰性强，组合灵活多变，可表达不同的建筑风格；采用压型钢板用作屋面及内外墙面，能减少材料用量，减少安装、运输的工作量，缩短施工工期，节省劳动力，综合经济效益好；采用压型钢板作楼板，可同时多层施工，加快施工进度，现场施工文明，楼板下表面便于铺设各种管线及吊顶。压型钢板属于环保型建材，可回收利用，推广应用压型钢板符合国民经济可持续发展的政策。

4.6.4   新型节能板材

我国的能源形势不容乐观，我国的环境状况形势严峻。从节能与环保的角度来看，我国在发展中应特别注重节能产品的发展，以便在创建资源节约型和环境友好型社会中做出更大贡献。特别是在建筑节能领域，新材料很有可能将取代传统材料。比如用于建筑的保温材料，不仅能有效降低能耗，还将提升住宅建筑的舒适性，例如聚氨酯节能板材、新型岩棉—玻璃棉复合板材等新型节能板材产品已逐渐在国内的工程中使用，发展前景比较好。

5 网架与索膜结构

网架和索膜结构是近20多年来迅速发展起来的新型空间结构体系，在体育场馆、航站楼、飞机库、车站等大跨度结构中得到了越来越多的广泛应用。尤其是近几年来，随着奥运会和世博会各种场馆的建设需求，很多标志性建筑采用这两种新型空间结构体系。

网架结构经过近30年的发展，相关配套产业已经成熟，从设计选型、材料、加工制作、现场安装、施工验收和后期维护都已经相当成熟，并形成一个完整的产业链。索膜结构尽管已经有20年历史，但在很多方面（膜体系设计、膜材开发、材料加工及施工工艺等）才刚刚起步。近5年来，随着新型膜材开发和膜结构体系的蓬勃发展，越来越多的索膜结构得以建设，相关体系标准和工艺也得到不断地完善，我国也从索膜结构大国向强国发展。

本章节重点介绍这两个结构体系先进适用技术的应用：（1）机械精密加工、切割技术及网架提升技术在网架结构施工过程中的运用；（2）索膜结构体系发展现状分析、先进适用技术以及应用技术前景分析。

5.1 网架结构

网架结构由多根杆件按照一定的网格形式通过节点连接而成的空间结构，具有空间刚度大、自重轻、受力合理、明确、抗震性能好等特点，被广泛应用于体育馆、影剧院、展览厅、候车厅、加油站、体育场看台雨篷、飞机库、双向大柱距车间等大跨度结构。

网架可分为双层的板型网架结构、单层和双层的壳型网架结构。板型网架和双层壳型网架的杆件分为上弦杆、下弦杆和腹杆，主要承受拉力和压力；单层壳型网架的杆件，除承受拉力和压力外，还承受弯矩及切力。目前中国的网架结构绝大部分采用板型网架结构（图5-1、图5-2）。

图5-1 双层壳型网架结构

图5-2 板型网架结构

5.1.1 质量问题分析

钢网架质量问题按造成事故的因素可分为单一因素、多种因素和复杂因素;按其时间阶段可分为设计质量问题、加工制作质量问题、现场施工质量问题、使用过程质量问题。各时间阶段不同,钢网架的质量控制主体各异,其中加工制作阶段和现场施工阶段的质量应由施工企业负责。

钢网架工程常见质量问题及原因见表5-1、表5-2。

钢网架常见质量问题列表 表 5-1

序 号	典型质量问题	备 注
1	节点焊缝破坏	
2	杆件弯曲变形或局部断裂	
3	杆件封板或锥头焊缝连接破坏	
4	节点变形或断裂	
5	焊缝不饱满或有气泡、夹渣、微裂缝超过规定标准	
6	高强度螺栓断裂或从球节点中拔出	
7	杆件在节点相碰,上弦支撑时支座腹杆与支承结构相碰	
8	支座节点位移	
9	网架挠度过大,超过了设计规定相应设计值的1.15倍	
10	杆件、节点腐蚀严重	

各时间阶段网架质量问题产生原因 表 5-2

序 号	时间阶段	产生原因
1	设计阶段	(1) 结构形式选择不合理,杆件截面匹配不合理,忽视构件初弯曲、初偏心和次应力的影响,设计时荷载低算和漏算或荷载组合不当。 (2) 材料选择不合理。 (3) 计算方法选择、假设条件、电算程序有误未能发现。 (4) 结构设计计算后,不经复核就进行材料代换,导致超设计值强度构件出现。 (5) 图纸错误或不全。如尺寸标注混乱,设计说明不清,对材料、工艺要求、施工程序及特殊要求部位有遗漏。 (6) 节点构造有误,细部考虑不全面
2	加工、制作阶段	(1) 管理混乱,不同规格、钢号、材质材料混杂使用。 (2) 构件下料尺寸有误,构件长细比不符合设计要求。 (3) 网架杆件剖口未打、对接时焊缝不加衬管或不按设计要求焊接。 (4) 连接高强度螺栓不合格。 (5) 构件加工有缺陷,螺栓球角度偏差大。 (6) 焊缝质量差,焊角尺寸未达到设计要求
3	现场施工阶段	(1) 地面拼装时支撑点不均匀,受力不合理,拼装时误差积累,个别杆件错误,导致受力改变,造成网架或个别杆件变形。 (2) 焊接工艺、焊接顺序有误,产生焊接应力,导致变形。 (3) 整体吊装时,吊点选择不合理,没有对吊点进行反力验算、杆件超应力验算、挠度验算、对超应力处进行必要加固措施。 (4) 整体吊装时,各吊点起升速度不同,位移、高差超过允许范围,导致变形、破坏。 (5) 施工方案选择错误,没有根据网架结构形式、现场施工条件合理选择方案,安装时不能形成几何不变体系,导致变形、破坏。 (6) 网架支座预埋件、预埋螺栓或柱顶偏移较大,就位困难,强迫就位,导致改变支座受力条件,杆件变形。 (7) 安装人员粗心大意,杆件位置、球角度有误。 (8) 上弦支撑时,误差积累过大,导致支座位移,腹杆与支撑面相碰

续表

序号	时间阶段	产生原因
4	使用阶段	(1) 使用荷载超过设计荷载。 (2) 使用环境变化。 (3) 使用功能发生变化。 (4) 基础发生不均匀沉降。 (5) 自然灾害

5.1.2　先进适用技术

（1）螺栓节点球精密加工技术。

螺栓节点球是螺栓球节点网架结构最为关键、最重要的零件，在网架结构中传递三维力流，因此其加工精度不仅影响网架的安装而且直接影响整个网架的工程质量。

通常一个节点球上需要加工 8～12 个螺孔，每个螺孔轴线是通过球心空间分布，分度复杂、角度变化多（图 5-3）。

如果采用传统的机械加工方法和设备，手工分度操作，多次装夹导致重复定位误差，很难保证节点球精度要求。尤其对于一些异形网架（单、双、多曲面网架），曲面上的各节点螺栓球孔位、孔数、角度各异，具有单件批量小、加工难度大的特点，因此靠普通车床、铣床、钻床更难满足节点球的加工精度，而且工人劳动强度高，加工效率低。

图 5-3　螺栓球节点图

随着数控技术的飞速发展，机械加工装备已经逐步实现了数控化、自动化、智能化，通过现有数控加工机床和钻铣类加工中心的综合运用能够将分度、定位及钻孔工序集中，避免多次装夹导致的累计误差，极大提高加工精度和生产率。

（2）高精度切割技术。

一些网架工程，节点采用杆件直接汇交形式（图 5-4）。对于杆件尤其是圆管而言，网

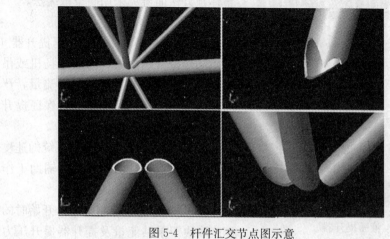

图 5-4　杆件汇交节点图示意

架加工质量控制关键在于杆件长度精确保证和端口（相贯口）的切割，而端口（相贯线）切割是重中之重。

经过几十年的发展，相贯线切割机已经从三维发展到多维，在切割能源和数控控制系统两方面取得了长足的发展。

切割能源已由单一的火焰能源切割发展为目前的多种能源（火焰、等离子、激光、高压水射流）切割方式；数控相贯线切割机控制系统已由当初的简单功能、复杂编程和输入方式、自动化程度不高发展到具有功能完善、智能化、图形化、网络化的控制方式；驱动系统也从最初的步进驱动、模拟伺服驱动发展到今天的全数字式伺服驱动。

目前数控相贯线切割机主要有两种：数控火焰相贯线切割机和数控等离子相贯线切割机，其中后者更代表着相贯线切割发展方向。两种切割机的特点及应用情况见表5-3。

两种相贯线切割机特点及应用情况对比表   表 5-3

序　号	相贯线切割机类型	特点及应用
1	数控火焰相贯线切割机	特点：大厚度碳钢切割能力，切割费用较低，但存在切割变形大，切割精度不高，而且切割速度较低，切割预热时间、穿孔时间长，较难适应全自动化操作的需要。 应用：主要限于碳钢、大厚度板材切割，在中、薄碳钢板材切割上逐渐会被等离子切割代替
2	数控等离子相贯线切割机	特点：切割速度快，效率高，切割速度可达 10m/min 以上。采用精细等离子切割已使切割质量接近激光切割水平。 应用：切割领域宽，可切割所有金属管材，随着大功率等离子切割技术的日趋成熟，切割厚度已超过 100mm，拓宽了数控等离子相贯线切割机切割范围

图 5-5　液压提升器

（3）先进吊装方法选用。

各钢网架工程的具体特点及现场施工条件和工期要求等综合条件决定其吊装方法的差异。不同的结构形式应采取不同的施工方法。在施工条件许可的情况下尽量采用较为先进的整体吊装方法，如整体吊装法、整体提升法、整体顶升法而避免采用高空散装法。

1）提升技术。

网架提升技术主要采用液压提升器（图 5-5）整体同步提升钢网架，与用卷扬机或吊机吊装不同，可通过调节系统压力和流量，严格控制启动的加速度和止动加速度，保证提升过程中钢网架系统的稳定性。

① 提升速度控制。提升系统的速度取决于泵站的流量、锚具切换和其他辅助工作所占用的时间。

② 提升加速度控制。提升开始时的提升加速度取决于泵站流量及提升器提升压力，根据

工程实际情况对泵站流量及时进行调节。

③ 钢结构提升过程中稳定性控制。在提升的启动和止动工况时，钢网架产生抖动是由于启动、制动的加速度过大和拉力不均匀引起。

液压提升详细步骤如图 5-6 所示：

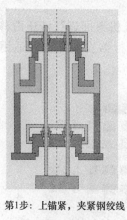 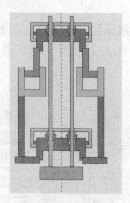 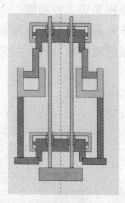

第1步：上锚紧，夹紧钢绞线　　　第2步：提升器提升重物　　　第3步：下锚紧，夹紧钢绞线

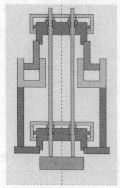 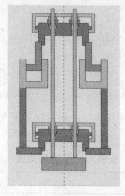 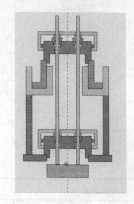

第4步：主油缸微缩，上锚片脱开　　　第5步：主油缸缩回原位　　　第6步：上锚缸上升，上锚全松

图 5-6　液压提升详细步骤图

2）同步滑移技术。同步滑移技术主要采用液压爬行器（图 5-7）。液压爬行器为组合式结构，一端以楔形夹块与滑移轨道连接，另一端以铰接点形式与构件连接，中间利用液压缸驱动推进动作。

图 5-7　液压爬行器

液压爬行器的楔形夹块具有单向自锁作用。当液压缸伸出时，夹块工作（夹紧），自动锁紧滑移轨道；液压缸缩回时，夹块不工作（松开），与液压缸同方向移动。

液压同步滑移施工技术采用行程及位移传感监测和计算机控制，通过数据反馈和控制指令传递，可全自动实现同步动作、负载均衡、姿态矫正、应力控制、操作闭锁、过程显示和故障报警等多种功能。

操作人员可在中央控制室通过液压同步计算机控制系统人机界面进行液压滑移过程及相关数据的观察和（或）控制指令的发布（图 5-8）。液压爬行器安装方法及适用范围见表 5-4。

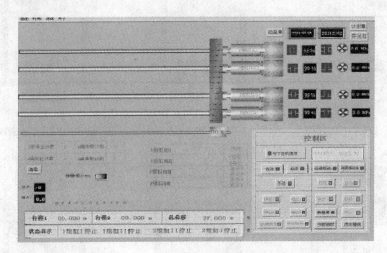

图 5-8 液压顶推滑移控制系统人机界面

安装方法及适用范围   表 5-4

序　号	安装方法	适用范围
1	高空散装法	适用于螺栓连接节点的各种类型网架，并宜采用少支架的悬挑施工方法
2	分条或分块安装法	适用于分割后刚度和受力状况改变较小的网架，如两向正交、正放四角锥、正放抽空四角锥等网架。分条或分块的大小应根据起重能力而定
3	高空滑移法	适用于正放四角锥、正放抽空四角锥、两向正交正放等网架。滑移时滑移单元应保证成为几何不变体系
4	整体吊装法	适用于各种类型的网架，吊装时可在高空平移或旋转就位
5	整体提升法	适用于周边支承及多点支承网架，可用升板机、液压千斤顶等小型机具进行施工
6	整体顶升法	适用于支点较少的多点支承网架

（4）吊装工况仿真模拟计算。

网架在施工过程中，吊装过程受力状态与最终就位受力状况有所区别，因此吊点的选择以及施工过程支撑的设置是否合理需要专业计算软件进行工况验算，确保安装过程不会过载导致网架永久变形。

不同的安装方法，施工过程中杆件受力也会有所区别，因此需要设计计算软件对整个安装过程分步骤进行验算，确保整个安装过程杆件受力一直处于弹性阶段。网架施工过程验算步骤假定施工荷载应考虑最极端工况条件，网架杆件的应力和应变值应该小于规范允许值。

对于大型复杂网架结构（双、多曲面网架），施工过程应该采用至少两种以上不同的计算软件同时进行对比计算。两个计算结果相近时，以两者结果的算术平均值作为指导施工的依据；当两个计算结果差异较大时，需认真比对计算过程和工况假定，若差异依然巨大，应采用第三方设计软件进行验证性计算。

目前普遍用于工况计算的设计软件有 SAP2000、ANSYS、PKPM、STSAD、SFCAD 系列等。

5.1.3　应用前景分析

目前建筑机械市场已经可以提供提升和滑移设备整个配套系统，很多钢结构专业公司能够提供从提升（滑移）方案设计、方案优化、施工准备、轨道铺设、提升（滑移）方案实施、检测保障措施等一揽子服务。"整体提升法"和"同步滑移法"不仅仅已经在网架工程中得以广泛运用，在诸多桥梁工程、巨型桁架工程中也有非常成熟的运用和创新。

5.2　索　膜　结　构

索膜结构是用高强度柔性薄膜材料经受其他材料的拉压作用而形成的稳定曲面，能承受一定外荷载的空间结构形式。其造型自由、轻巧、柔美，充满力量感，阻燃，制作简易，安装快捷，节能，易于使用，安全等优点，因而使它在世界各地受到广泛应用。

膜结构的发展主要有两个制约因素：膜材的发展和膜结构体系的发展。随着膜材和膜结构体系的蓬勃发展，越来越多的索膜结构得以实施。上海世博中某索膜结构如图 5-9 所示。

图 5-9　上海世博轴索膜结构

5.2.1　膜结构发展现状分析

（1）PTFE 等织物类膜结构。

PTFE 膜材是在超细玻璃纤维织物上涂以聚四氟乙烯树脂而成的材料。这种膜材有较好的焊接性能，有优良的抗紫外线、抗老化性能和阻燃性能。另外，其防污自洁性是所有建筑膜材中最好的，但柔韧性差，施工较困难，成本也十分惊人。在盖格公司领导下，美国的杜邦公司、康宁玻纤公司、贝尔德建筑公司、化纤织布公司共同开发永久性膜材。其加工方法是把玻纤织物多次快速放入特氟隆熔体中，使织物两面皆有均匀的特氟隆涂层，使永久性的 PTFE 膜正式诞生。此后永久性膜结构正式在美国风行，许多学者对膜结构进

图 5-10　PTFE 膜结构代表作——迪拜帆船酒店

行了深入的研究。20 年后跟踪检测结果表明，这种膜材的力学性能与化学稳定性指标只下降了 20%～30%，颜色也几乎没变，膜的表层光滑，具有弹性，大气中的灰尘、化学物质微粒极难附着与渗透，经雨水冲刷建筑膜可恢复其原有的清洁面层与透光性，这足以显示出 PTFE 膜材的强大生命力和广阔的市场前景。图 5-10 为 PTFE 膜结构代表作。

（2）ETFE 等薄膜类膜结构。

由 ETFE（乙烯-四氟乙烯共聚物）生料直接制成。ETFE 不仅具有优良的抗冲击性能、电性能、热稳定性和耐化学腐蚀性，而且机械强度高，加工性能好。近年来，ETFE 膜材的应用在很多方面可以取代其他产品而表现出强大的优势和市场前景。这种膜材透光性特别好，号称"软玻璃"；质量轻，只有同等大小玻璃的 1%；韧性好、抗拉强度高、不易被撕裂，延展性大于 400%；耐候性和耐化学腐蚀性强，熔融温度高达 200℃；可有效地利用自然光，节约能源；良好的声学性能；自清洁功能使表面不易沾污，且雨水冲刷即可带走沾污的少量污物，清洁周期大约为 5 年。另外，ETFE 膜可在现成预制成薄膜气泡，方便施工和维修。ETFE 也有不足，如外界环境容易损坏材料而造成漏气，维护费用高等，但是随着大型体育馆、游客场所、候机大厅等的建设，ETFE 更突显自己的优势。目前生产这种膜材的公司很少，只有 ASAHI（日本旭硝子）（AGC）、德国科威尔等少数几家公司可以提供 ETFE 膜材，这种膜材的研发和应用在国外发达国家也不过十几年的历史。图 5-11 是 ETFE 膜结构的代表作。

图 5-11　ETFE 膜结构代表作——国家游泳中心

（3）PVC 膜结构。

这种膜材开发和应用得比较早，通常规定 PVC 涂层在玻璃纤维织物经纬线交点上的厚度不能少于 0.2mm，一般涂层不会太厚，达到使用要求即可。为提高 PVC 本身耐老化性能，涂层时常常加入一些光、热稳定剂，浅色透明产品宜加一定量的紫外吸收剂，深色产品常加炭黑作稳定剂。另外，对 PVC 的表面处理还有很多方法，可在 PVC 上层压一层极薄的金属薄膜或喷射铝雾，用云母或石英来防止表面发粘和沾污。玻纤有机硅树脂建筑膜材具有优异的耐高低温、拒水、抗氧化等特点，该膜材具有高的抗拉强度和弹性模量，另外还具有良好的透光性。

PVC 膜材料的使用年限一般在 7～15 年。PVC 膜材料的自洁性问题，主要靠极高自洁的 TiO_2（二氧化钛）或 PVDF 涂层来解决。

5.2.2　先进适用技术

膜结构施工主要分为两个部分：膜附属结构安装和膜材的安装。工程项目不同，膜体系特点各异，施工方法不尽相同。以下就比较典型的 PTFE 膜和 ETFE 膜分别以国家体育场（PTFE 膜结构）和国家游泳中心（ETFE 膜结构）为例，简要介绍膜结构关键施工技术。

（1）PTFE 膜结构关键施工技术。

2008 年竣工的北京奥运会场馆"鸟巢"采用双层膜结构，其中内层采用 PTFE，主要由位于屋盖下弦，有下弦声学吊顶吸声膜、看台肩部屏风膜和内环立面防水膜三部分组成。整个膜结构由 1068 个膜单元组成，总覆盖面积约 5.3 万 m^2（图 5-12）。

图 5-12　国家体育场 PTFE 膜结构外观

PTFE 膜结构主要起吸声和吊顶装饰作用，保证整个鸟巢看台空间的音响和装饰效果。PTFE 膜材厚度为 350μm，吸声率 70％以上，透光率 30％以上，防火等级 B1 级，使用寿命 25 年，具有高透光性、高强度、耐久性、耐腐蚀性、自洁性等特点。

国家体育场 PTFE 膜结构安装主要分膜结构附属钢结构安装和膜材安装。

1）膜结构附属钢结构安装。

声学吊顶膜附属钢结构安装先在地面拼装成整体，然后采用起重机由体育场内环吊至看台的操作平台上，最后通过卷扬机在空中接力将膜附属钢结构拼装单元吊至安装位置。

2）膜材安装。膜单元安装采用流水作业，每个班组定岗、定责、定人、定施工部位。

① 地面展膜。展开前清理杂物并铺设保护膜。膜材展开角度应与就位状态基本吻合；展开过程中，注意保护膜面，防止污染；膜材完全展开后检查膜单元周边尺寸、搭接、开

孔位置、热合缝是否符合设计要求，膜材油污破损、瑕疵或污染并做好记录，待全部合格后进入张拉工序。

② 膜单元预张拉。由于每个膜单元各边都有设计补偿值和热合收缩量，因此在检查合格后，应对膜单元周边尺寸进行预张拉（图 5-13）。

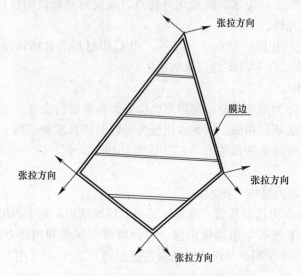

图 5-13　膜单元预张拉平面示意

③ 安装膜单元。沿膜单元附属钢结构框架四周每 5～7m 设一个提升点，吊点绳扣采用尼龙带，通过滑轮将绳子放至地面（图 5-14）。

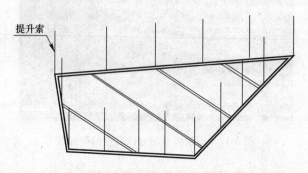

图 5-14　膜单元吊装示意

④ 膜单元张拉。预应力施加顺序：先边角，后中部；先短边，后长边，对称张拉。控制方法：位移控制为主，力值控制为辅。

第一次位移量为设计位移量的 50%，第二次位移量为设计值的 30%，第三次位移量为设计值的 20%，位移允许偏差为 10%，用专用测力计对张拉完成的膜单元代表性的施力点进行力值抽检，力值允许偏差为 10%。

（2）ETFE 充气膜结构关键施工技术。

国家游泳中心屋盖的上、下表面以及墙体的内外表面覆盖有 3216 个形态各异的 ET-FE 充气气枕，总面积逾 10 万 m^2，是目前世界上覆盖面积最大、技术难度最高、构造最复杂的 ETFE 充气膜结构。每一块气枕都好像一个"水泡泡"，气枕可以通过控制充气量的多少，对遮光度和透光性进行调节，有效地利用自然光，节省能源，并且具有良好的保温隔热，消除回声，为运动员和观众提供温馨、安逸的环境（图 5-15）。

图 5-15   国家游泳中心墙体 ETFE 气枕外观

ETFE 气枕的安装施工，在引进消化国外原有技术基础上进行了大量的自主发展创新，解决了一系列关键技术难题。

1）国家游泳中心 ETFE 气枕形状复杂，大小不一，导致个别部位容易产生褶皱，采取的创新技术措施是在每个气枕充气调试时，增加了热熨、调腔压等创新除皱工艺，避免褶皱的产生，满足外饰效果的需求。

2）ETFE 气枕采用嵌入式自锁构造，安装方便快捷。墙体及屋面的 ETFE 膜均采用创新特制铝合金夹条固定。在铝合金夹条上设计了特殊的安装用槽口，针对 ETFE 膜夹具的不同形式设计制作了不同的专用安装工具，极大缩短安装时间，提高现场安装效率。

3）天花 ETFE 气枕的安装，采用滑移式脚手架。本工程室内面积较大，天花距离地面高度近 24m，若采用满堂红脚手架，不但费力费时，还会影响其他专业的施工。工程施工中采用滑移式脚手架，可以与其他专业交叉并行施工，为整个工程的顺利完工赢得了时间。

4）立面 ETFE 气枕的安装，采用了液压爬升式垂直升降平台及悬挑伸缩式脚手架，立面单个 ETFE 气枕均为不规则多边形，安装单个气枕至少需要 6 名工人同时操作，零部件的安装、气枕的充气调试及除皱处理等过程需要工人在工作区域的不同位置进行操作，因此施工中采用了长 27～32m 的液压爬升式垂直升降平台，可上下自由移动，满足操作要求。另一方面，在 ETFE 气枕及其零部件的安装过程中气枕处于非充气状态，气枕充气调试时气枕处于充气状态，因此，施工中创新采用了伸缩式脚手架，安装气枕时将机构伸出，气枕充气前将机构有选择地收回，气枕充气后可以将平台升到需要的地方进行除皱等工作。

5.2.3 应用前景分析

近年来，受国外建筑的影响以及国内大型展览、体育场的新建，膜结构的特点更加适用。膜结构的应用呈现出活跃的趋势。主要以体育场、景观、雨篷为主，一批形式各异的膜结构已经在全国各地建成。但随着越来越多的膜结构的建设，很多问题得以暴露，需要在多方面进一步发展。

（1）膜结构的核心问题在于膜材的开发和生产。目前我国还不能开发出性能优异、质量可靠的膜材，高档膜材基本依赖进口。

（2）科学的膜结构体系建立和完善。目前国内膜结构还没有相应的规范和标准，许多项目根据各项目具体特点结合国外标准制定了索膜结构支撑结构与建筑钢结构相似的验收标准。

（3）膜材的清洗技术。目前作为永久结构的膜结构即便有一定的自洁性能，但在北方风沙大、雨水少的地区，仍然会影响建筑美观。因此在膜结构体系设计过程中考虑清洗的便捷性（图5-16、图5-17）。

图 5-16　国家体育场顶面膜结构清洗　　　　图 5-17　国家体育场侧面膜结构清洗

（4）膜材的修补和更换技术。目前膜材一旦出现破损无法进行修补，只能重新更换，因此在设计阶段就要考虑膜材更换的便利性。膜材夹具、索具、锚具等配件应便于拆卸和恢复。

6 钢结构卸载

钢结构卸载是钢结构安装核心技术之一，准确地讲，是钢结构临时支撑的卸载，对整个钢结构本身而言其实是加载。卸载是一个动态系统：安装施工过程的约束条件、各施工阶段荷载条件和使用阶段设计约束条件，荷载条件差异较大，需要进行大量的空间受力计算。卸载必须是以结构体系转化为原则，结构分析为主要依据，以结构安全为第一宗旨，以变形协调为过程控制核心，以实时监控为保障。

本章节重点从"承重支架体系"、"承重支架卸载工艺"、"卸载过程监测"三个方面，以鸟巢整体卸载为实例详述先进适用技术对于钢结构卸载过程中常见质量问题的有效控制。

6.1 承重支架体系

承重支撑体系是钢结构卸载的重要环节。其承受卸载体未形成结构前的全部荷载，并将承受卸载过程中因局部支撑点失效导致个别支撑点反力剧增等极端荷载情况。因此，采取合理措施保证支撑体系的有效性，是保证钢结构卸载成功的重中之重。

6.1.1 质量问题分析

通过对现有钢结构卸载支撑体系的调查发现，支撑体系失效的原因主要有支撑体系设计存在缺陷、支撑体系体系施工质量差等因素。

（1）支撑体系设计存在缺陷。

支撑体系设计缺陷主要表现为：

1）荷载取值有问题。主要为支撑反力取值不是取的整个卸载过程中的极大值，而是直接取整个卸载体全部加载于支撑后的支反力。实际上，其极大值可能是卸载至某一步时的支反力。同时，卸载点支反力取值时，应同时考虑其相邻部位个别支点失效时产生的支反力。另外，荷载取值没有考虑施工荷载和风载等作用。

2）支撑体系设计时在节点构造上存在问题，该问题主要存在于支撑架设计中。支撑架截面一般设计为矩形或三角形，其存在的问题主要为塔架竖向杆件之间的水平腹杆和斜腹杆截面过小，导致其四根（或三根）竖向杆件不是协同作用，导致竖向杆件因各自作用而失稳。或者，支撑架之间的连接杆线刚度过小，对支撑架的水平作用过小、与计算模型不一致，导致支撑架整体失稳。

（2）支撑体系施工质量缺陷。

支撑体系施工质量缺陷，主要表现为：

1）支撑点位置偏差过大。由于放线错误导致，支撑架受力点不是位于支撑架中心，而是存在较大偏心，从而产生较大的偏心距；或者，由于支点位置偏移过大，导致支撑架各肢不是协同作用而是部分肢受力、甚至单肢受力，与计算假设存在较大差异。最终，导致支撑架的总体承载力急剧下降，在其支反力未达到目标值前因过载而失稳破坏。

2）未按设计要求加设支撑架之间的水平约束。比如，未按设计要求安装支撑架间的水平连系杆导致支撑架成为悬臂柱，与计算假设不符。最终，导致支撑架的承载力极度下降，在其支反力未达到目标值前因过载而失稳破坏。

3）脚手架支撑体系，未按方案要求设置水平和竖向剪力撑，未按要求与周边结构连接，导致其承载力下降。

4）地基承载力不够。地基承载力不够，主要表现为：

① 对满堂脚手架体系，主要表现为其地基未夯实、支撑面未硬化，因局部地基沉降导致个别脚手架先出现失稳，进而导致部分，甚至全部脚手架失稳。

② 对支撑架体系，主要表现为支撑架直接放置于楼板或其基础底部未设桩，导致因局部支反力过大造成个别支撑架产生较大沉降变形，进而退出支撑作用，从而引起连锁反应。

6.1.2 先进适用技术

根据上述质量问题分析结果，为保证卸载施工的顺利进行，对于大跨度空间桁架等异形结构体系，承重支撑体系采用标准段模数化的多节空间（或平面）桁架组合体系；对于大跨度空间球节点网壳结构体系，承重支撑体系采用满堂脚手架体系。满堂脚手架体系，属于常规支撑体系，不再赘述。下面，重点介绍多节空间桁架组合体系。

（1）承重支撑体系设计。

支撑架设计的技术条件来源于支撑卸载分析的结果，统计其中每个点在所有步骤中的最大反力就是施加在支撑使用荷载。

1）体系选型。支撑架的柱身选用矩形或三角形格构柱，为提高支撑架的整体刚度和稳定性，在支撑架的顶部设置水平支撑体系，支撑体系仍采用格构式桁架结构。为提高水平支撑体系的抗扭刚度，在其角部区域设置隔撑，支撑架的柱脚与基础采用刚接。

图 6-1 为某工程的支撑体系布置。

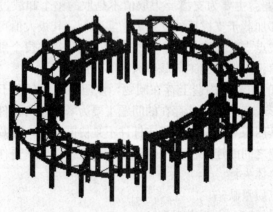

图 6-1　某工程支撑体系布置

为方便现场加工、制作和安装，提高其经济性，支撑架和柱顶系杆桁架的设计均采用标准段模数化的方式。支撑架的柱肢采用螺旋焊管，水平腹杆采用双角钢十字形布置。

　　根据现场条件，施工时可在支撑架顶部设置双向缆风绳用以传递结构本体所受风载。同时，根据现场条件在支撑架的部分位置可与已施工完毕的混凝土结构进行临时连接以提高支撑架的整体抗侧能力。图6-2为某工程支撑架缆风拉设示意图，图6-3为某工程支撑架与混凝土结构临时连接示意图。

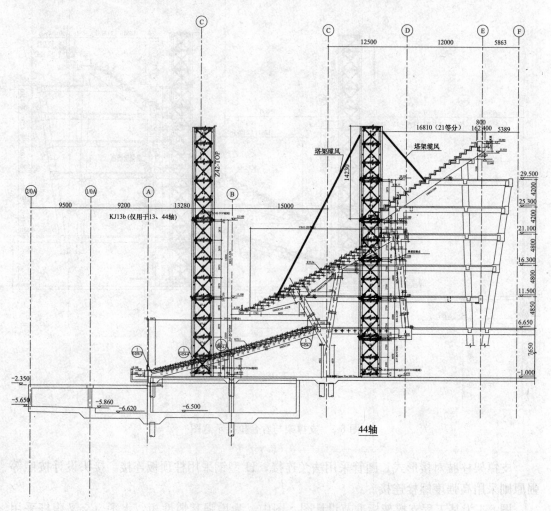

图6-2　支撑架缆风拉设示意图

　　2）计算分析。计算分析时，按两种方案进行：一是支撑架作为单根悬臂柱进行计算分析，作为强化支撑架设计的手段；二是加入抗侧体系进行有限元的整体计算分析。

　　荷载取值及荷载组合，结合工程实际情况，按现行国家标准《建筑结构荷载规范》（GB 50009）和《钢结构设计规范》（GB 50017）的有关规定进行。

　　单根悬臂柱计算时，可采用手工计算；支撑体系整体计算时，可采用 SAP2000、MI-DAS、ANSYS 等有限元软件进行分析。

　　3）典型部位设计：

　　① 支撑标准节设计图。支撑架柱肢采用圆管或 H 型钢截面，标准节长度按 3m 模数进行加工，可取 6m、12m；非标准节长度根据实际情况进行加工。

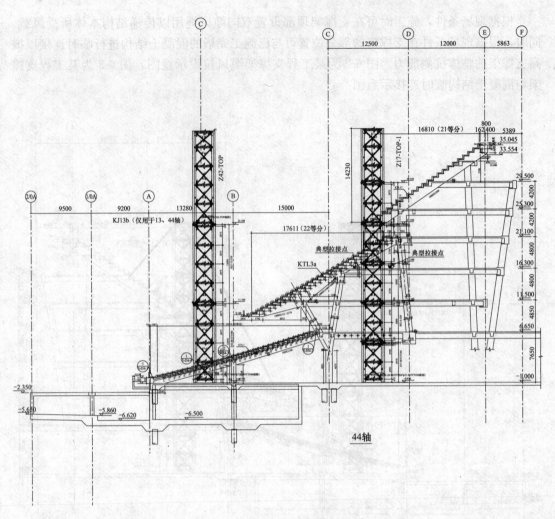

图 6-3 支撑架与看台拉接示意图

支撑架柱肢对接形式，圆管采用法兰连接，H 型钢采用柱顶板连接。接头设计按照等强原则采用高强度螺栓连接。

图 6-4 为某工程支撑架标准节设计图。图中，为增强其惯性矩，水平、交叉腹杆采用 L 125×8 的双角钢，且呈十字布置，标准节两端设置交叉横隔（见 3-3 剖面）。为减少水平腹杆与斜腹杆相交处节点板大小，腹杆相交点往内偏心 150mm。

② 支撑柱头设计图。对于大跨度空间桁架等异形结构，在支撑卸载过程其支撑点的单点受力一般较大，最大可达几百吨。因此，支撑柱头的设计非常关键。

考虑到支撑架受力多为偏心受力，因此支撑反力的点设置在柱顶断面对角线上最为合理，规定卸载点到塔架中心点的最大距离小于 500mm。卸载过程中的集中力直接通过对角线上设置的十字箱形承重梁传递到四根塔架柱肢上，传力途径也最为合理。十字承重梁和柱肢的连接除了用相贯焊接外，用一块大的插板连柱肢和箱形十字承重梁（见 a-a 剖面）。图 6-5 为某工程支撑架典型柱顶设计。

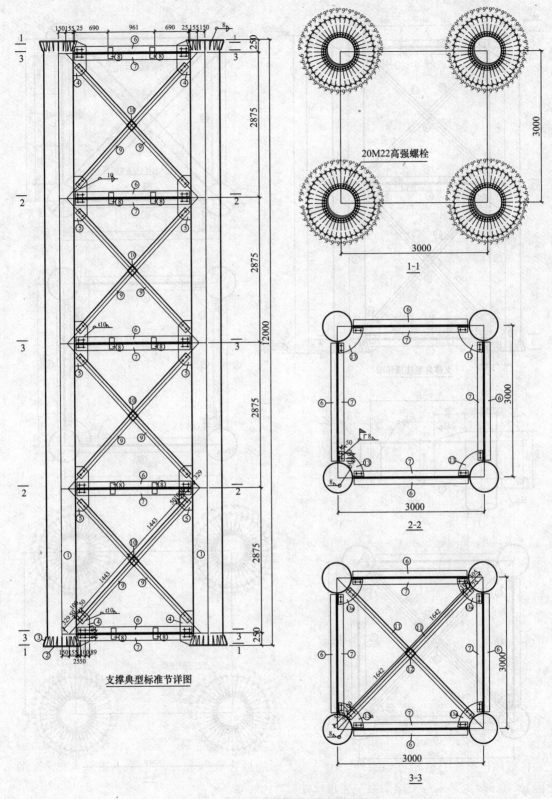

支撑典型标准节详图

20M22高强螺栓

1-1

2-2

3-3

图 6-4 某工程支撑架标准节设计图

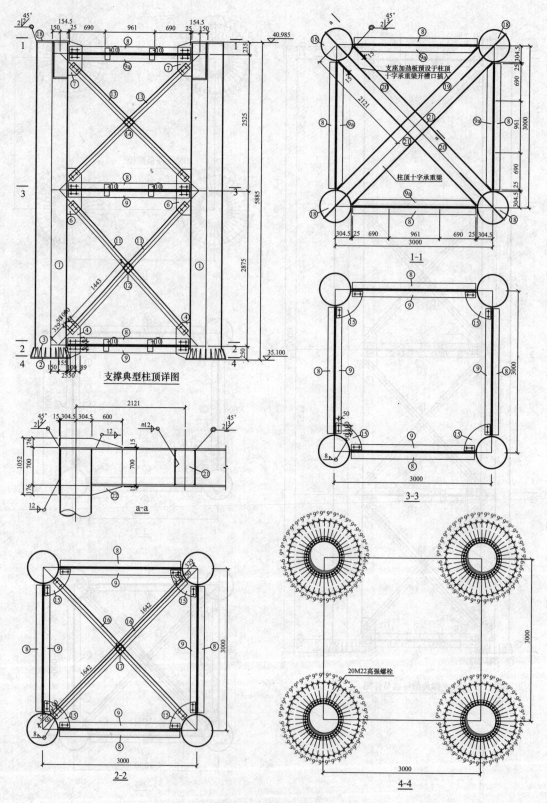

支撑典型柱顶详图

图 6-5 支撑柱头设计图

③ 支撑柱脚设计图。考虑到结构本体安装过程中所受的水平荷载大，柱脚抗拔要求高，支撑架柱脚设计可按图 6-6 进行设计。每根柱肢在外围采用化学锚栓，带底板和十字形插板的底座先和螺栓拧紧后，再将支撑架柱肢插进，最后和底板及十字插板焊接成整体。

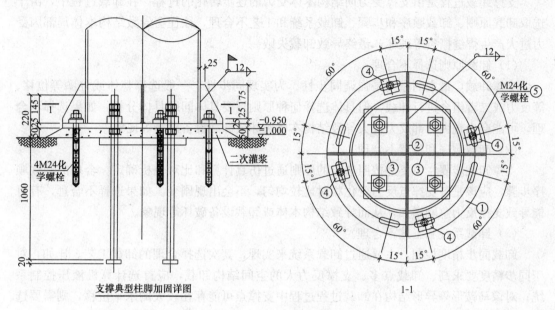

图 6-6　支撑典型柱脚详图

（2）承重支撑体系施工。

支撑体系加工制作，一般采用工厂制作或在现场搭设临时加工厂进行制作，其制作技术与一般结构制作相同，不再赘述。下面，重点介绍安装技术。

承重支撑体系安装前，应根据工程实际情况编制专项方案，并报有关部门审批通过；建立完善的质量保证体系，确保施工质量处于受控状态。

考虑支撑架一般穿越混凝土结构的情况非常严重，且需在混凝土结构上埋设支撑架缆风预埋件等因素，因此需要组织一个以总包为核心、完善有效的支撑架组织管理体系，对支撑架工程进行全面系统的管理，协调支撑架与各土建公司间的交叉施工，以保证总体施工的顺利实施。

安装时，应保证支撑架的位置和标高正确，避免支撑点与支撑架中心存在较大偏心，从而产生较大的偏心距；按设计要求安装支撑架间的水平连系杆。

另外，采取措施保证支撑架等支撑体系的地基承载力。因局部支反力过大造成个别支撑架产生较大沉降变形，进而退出支撑作用，从而引起连锁反应。

6.1.3　应用前景分析

本技术已成功应用于国家体育场（鸟巢）、国家体育馆、奥林匹克篮球馆等工程钢结构卸载或滑移支撑系统，可推广适用于各类大跨度空间结构体系的卸载或滑移支撑系统。特别是对支撑反力比较大、大跨度异形空间结构，更突显其优越性。

6.2 承重支架卸载工艺

6.2.1 质量问题分析

支撑卸载过程是由支撑受力向结构本体受力的逐步转化的过程。在卸载过程中，由于选取卸载原则、卸载顺序和步骤、卸载系统和工艺不合理，往往会导致结构本体局部因受力过大产生焊缝撕裂等破坏，最终导致卸载失败。

（1）卸载原则选择不合理。

支撑卸载，最大的原则是强调同步性。为实现同步性，一般选择整体或分圈等位移、等反力或二者组合进行卸载，但具体选择何种原则需要具体问题具体分析。如果选择不合理，可能会出现因局部反力过大导致结构本体破坏或卸载设备破坏等现象。

（2）卸载顺序和步骤不合理。

支撑卸载步骤，主要是按照选定的原则通过仿真计算和比对分析确定。合理的卸载顺序步骤，应该是各支撑点反力变化相对比较均匀，不会出现剧变。如果选择不合理，有可能导致支撑反力急剧增加，从而导致结构本体或卸载设备破坏等现象。

（3）卸载系统和工艺不合理。

卸载同步精度控制，主要通过卸载系统来实现，其次选择合理的卸载工艺。比如，对于同步精度要求高、卸载点多、支撑反力大的空间结构卸载，应首选计算机液压控制系统；对像马鞍形等异形结构在卸载过程过程中支撑点可能存在较大的水平位移，则需要选择能够消纳这种水平位移的装置。如果卸载系统和工艺选择不合理，则可能无法按既定的卸载方案，进而导致结构本体或卸载设备破坏等现象。

6.2.2 先进适用技术

钢结构支撑卸载的方法主要有切割承重支架顶部或垫块卸载、砂箱卸载、手动千斤顶卸载和计算机控制液压千斤顶卸载四种方法。其中，切割承重支架顶部（或垫块）卸载和砂箱卸载方法，多用于相对简单、同步精度要求不高的支撑结构卸载；而手动千斤顶卸载方法，多用于支撑反力小、同步精度要求不高的结构体系，且如果卸载点多，需很多操作工人同步进行操作，同步控制难度大。因此，下面重点介绍用于空间大跨度复杂钢结构支撑卸载的计算机控制液压千斤顶卸载技术。该方法的突出特点是，可实现分阶段、分级同步卸载卸载，可实现顶升反力和位移同步控制，并对卸载过程全过程进行实时监控量测，确保卸载过程的零风险。

（1）卸载原则：

1）卸载总原则：分圈同步、分阶段整体同步等比例卸载。

2）卸载具体原则：以理论计算为依据、以变形控制为核心、以测量控制为手段、以平稳过渡为目标，以位移控制为主、反力控制为辅进行卸载过程控制，最终实现支撑受力向结构受力的安全转移。

（2）卸载操作流程。卸载工艺流程如图 6-7 所示。

另外，为保证指令传递、信息反馈迅速、准确无误，应建立以总指挥为核心、以作业层为指令对象的组织机构，卸载指令及信息传递流程如图 6-8 所示，计算机液压控制系统如图 6-9 所示。

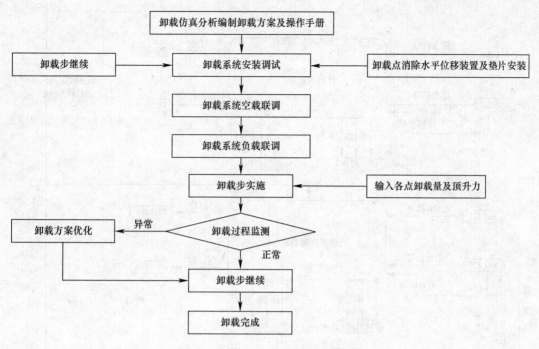

图 6-7　计算机液压控制卸载系统图

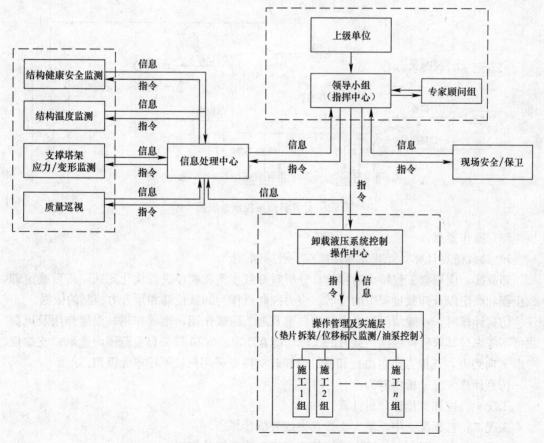

图 6-8　卸载指令及信息传递流程图

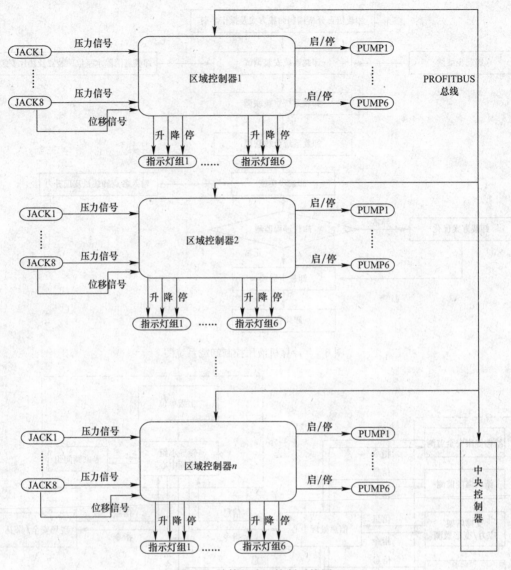

图 6-9　计算机液压控制系统图

（3）操作要点：

1）卸载仿真计算、卸载方案及操作手册编制。

卸载前，应根据工程特点通过仿真分析对卸载步骤和顺序进行优化比选，最后确定卸载步骤和顺序以及卸载过程中的变形、应力控制点作为卸载位移和顶升力控制的依据。

仿真计算时，一般情况仅考虑结构自重及施工荷载作用，地震作用、温度作用及风荷载可不考虑。其取值可根据卸载时的实际情况在 $10kg/m$ 和 15% 自重范围内选取；支撑仅考虑 Z 向约束，其他方向自由；卸载过程卸载支撑点采用只拉不压单元模拟。

仿真计算工况分析内容为：

工况一：按卸载步骤分析计算。

工况二：在工况一中，最大支撑点失效分析计算。

工况三：在工况一中，最大支撑邻近支撑失效分析计算。

根据分析结果，编制卸载专项方案和卸载操作程序手册，并据此对施工队进行全面的技术交底及培训工作，确保卸载工作的顺利进行。

2）卸载系统安装调试：

① 卸载设备地面单机调试。

② 卸载设备高空分区调试。

③ 卸载系统全面调试：卸载前，应对卸载系统进行空载联调和负载联调试验，检验液压千斤顶卸载系统的可靠性，实现对卸载操作人员的演练，检验卸载方案和卸载组织管理的可行性、总结卸载组织管理过程中的不足之处，确保卸载过程的零风险。

3）卸载点水平位移消除。

大开口马鞍形结构体系卸载时其卸载点的水平位移是相对较大的，该水平位移作用于液压千斤顶则表现较大的侧向力，其数值均超过液压千斤顶的抗侧向力的能力。因此，必须采取措施最大限度消除卸载点水平位移。为消除卸载点水平位移，一般采取以下措施：

卸载时，每个卸点应采取支撑垫块（片）与液压千斤顶交替作用的方式进行卸载。

通过加钢斜楔子措施，液压千斤顶与结构本体接触面由斜面接触改为平面接触，并在钢斜楔子与液压千斤顶之间垫不锈钢钢板并抹润滑油，最大限度地减小接触面的摩擦力，如图 6-10 所示。

图 6-10　卸载点消除水平位移装置

选择带可旋转鞍座的液压千斤顶，使卸载设备本身具有较强的抗侧向力的能力，鞍座的工作原理如图 6-11 所示。

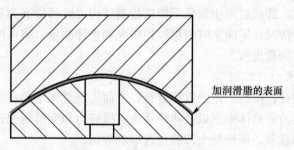

加润滑脂的表面

图 6-11　鞍座的工作原理图

4）卸载实施程序。

卸载前，先将每一步的卸载量和计算顶升力要求输入系统，然后按照确定的卸载步骤操作，每一卸载步进行卸载结构和支撑系统的全面监测和信息处理，以确定所完成卸载步是否正常、是否进行下一步卸载。如所完成卸载步正常，则按照既定程序进行下一步卸载，如所完成卸载步异常，则进行卸载方案优化并按照优化卸载方案进行下一步卸载。

卸载指令传递到卸载操作中心后，每一卸载步的指令传递程序如下：

当卸载系统为全自动控制系统时，首先由中央控制器向区域控制器发出欲执行的卸载指令信号，然后所有区域控制器检查所辖区域泵站和千斤顶工作正常后发出确认信号，最后中央控制器向泵站和千斤顶发出卸载指令，进行卸载操作。

当卸载系统为非全自动控制系统时，首先由中央控制器向区域控制器发出欲执行的卸载指令信号，然后所有区域控制器检查所辖区域泵站和千斤顶工作，正常后发出确认信号，由油泵操作员按照卸载指令信号扳动换向阀，最后中央控制器向泵站和千斤顶发出卸载指令，进行卸载操作。

（4）质量控制要点。

施工时，质量控制要点如下：

1）卸载前钢结构制作、安装检验批及各分项工程验收完毕，并工程实体质量验收完毕，且相应施工资料整理完毕并经监理单位签字确认。

2）卸载过程中严格控制各卸载点卸载位移的同步精度，确定各卸载点不同步精度控制在 3mm 范围内。

3）卸载过程中要及时处理结构本体的应力-应变监测数据，对发生卸载点应力超过设计要求的点要及时处理，确保卸载过程中结构本体的安全。

6.2.3 应用前景分析

本技术已成功应用于国家体育场（鸟巢）钢结构卸载施工，可推广适用于各类大跨度空间结构体系的卸载施工。特别是对卸载量大、面广、支撑反力大、同步精度要求高的大跨度异形空间结构，更突显其优越性。

6.3 卸载过程监测

6.3.1 质量问题分析

支撑卸载，是由支撑受力向结构受力转换的复杂过程。在这个受力转换过程中，由于个别支撑失效或结构本体因局部结构应力过大等因素，均会造成结构本体局部破坏，进而导致卸载失败。因此，卸载过程中如果不能监控制结构关键部位受力和变形以及重要点位的支撑架应力和变形情况，不能实时根据监控情况调整卸载量，将可能会对卸载过程产生重大影响，甚至导致卸载失败。

6.3.2 先进适用技术

为确保支撑卸载过程按照既定的程序进行，进而实现整体结构在平稳状态中转换，需要对卸载结构本体应力和整体变形以及典型承重支撑应力和变形情况进行跟踪监测，以实时调整卸载步骤和卸载量，保证整个卸载过程顺利进行。

（1）监测内容。

卸载过程中监测内容主要为：结构本体应力监测、结构本体变形监测、承重支撑应力监测和承重支撑变形监测等四个部分。

（2）监测点布置。

卸载过程中，结构本体变形监测点原则上应布置在结构变形较大（或最大）、有代表性的部位；结构本体应力监测点原则上应布置在结构应力复杂、有代表性的部位。

承重支撑变形和应力监测，应布置在卸载点反力大、有代表的部位。另外，为减少支撑点偏心对支撑架立柱的应力不均匀分布影响，建议将支撑架的应力监测点布置在支撑架底部，如图 6-12 所示。

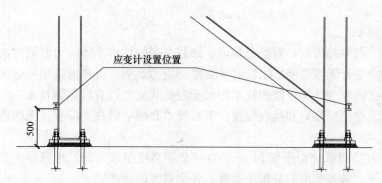

图 6-12 支撑架应力监测点布置示意图

比如，国家体育场（鸟巢）结构本体变形监测点在主结构内环桁架梁 0°、90°、180°和 270°四个轴线方向及四个象限的 45°方向附近上、下弦各置一个结构变形监测点（尽可能让同一方向线上的上、下弦监测点处在同一垂直线上），共布设 16 个监测点；在东、西、南、北方向四个支撑架上各布设了一个支撑架变形监测点，总共布设了 20 个监测点，如图 6-13 所示。

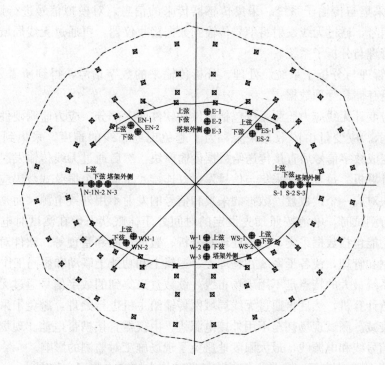

图 6-13 国家体育场（鸟巢）结构本体和支撑架变形监测点

（3）变形监测方法和频率。

卸载过程中结构本体和支撑架变形监测，综合考虑技术可行性和经济合理性等因素，建议采用全站仪用极坐标法进行监测。考虑到卸载过程中结构监测部位不能上人、且测量速度和对位精度等因素，建议采用贴反射片的方式来设置监测点。

变形观测的频率分为三个时段，第一时段为卸载开始前，每天一次；第二时段为卸载过程中，根据卸载动作的实施，每卸载步一次；第三个时段为卸载后，每天两次，连续观测三天。

（4）应力监测方法和频率。

考虑到卸载结构面大、点多等因素，对受力复杂、卸载点多的结构本体应力监测方法选择时应优先选用振弦式应变计无线监测技术；对于支撑架应力监测，可考虑选用振弦式应变计无线监测技术。振弦式应变计无线监测技术相对于振弦式应变计有线监测技术，工作原理一样，只是多一套无线信号发射和接收装置。下面简单介绍下振弦式应变计无线监测技术。

振弦式应变计无线应力监测系统由图 6-14 所示的三个子系统组成，即：传感器子系统、数据采集与传输子系统、数据管理与分析子系统。各子系统的功能如下：

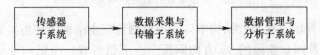

图 6-14　振弦式应变计无线应力监测系统构成

1）传感器子系统。根据监测内容，在规定的部位布设振弦式数码应变计，用于获得钢结构构件的应力信息。

2）数据采集与传输子系统。采集传感器传来的信息，对模拟信号进行调制、处理，转换为数字信号，通过无线发射将信号传输到数据接收仪器，再通过无线局域网，将数据传输给数据管理与分析子系统。

3）数据管理与分析子系统。处理、分析传输来的数字信号，得到所需要的图、表，用数据库进行存储和管理数据。

振弦式应变计无线应力监测系统包括硬件和软件两大部分。应力监测硬件的拓扑结构如图 6-15 所示。应变量由读数盒采集，为了避免现场布线的难度，采集到的数据经过A/D 转换，变成数字信号后直接传送给数据传输模块，然后通过无线传输发射给信号接收仪，再传给计算机。每个数据采集与信号发射仪连接 4 个或 8 个振弦式数码应变计，每个数据传输模块对应一个读数盒。数据的采集和信号的发射不用外接电源，而是用自带的电池。当不进行测试时，电池按照预先设定的时间处于休眠状态，在测试时电池将按时醒来。软件的功能包括数据采集、数据处理和分析、数据存储和管理等。软件对各子系统进行统一的控制和管理，使各子系统在物理上、逻辑上和功能上联动和协同工作。

本监测系统最大的特点是不用现场布线，读数盒采集到的数字信号通过无线发射和接收直接传输给计算机，然后再通过无线局域网传输给主机进行处理，避免了采用电缆线传输时信号的衰减。测试现场甚至不用外接电源线，由仪器直接携带电池。现场没有冗长而烦琐的各种信号线和电源线，最大限度地避免了现场施工对监测的影响。

图 6-16 为国家体育场（鸟巢）钢结构卸载结构本体应力监测实物图片。

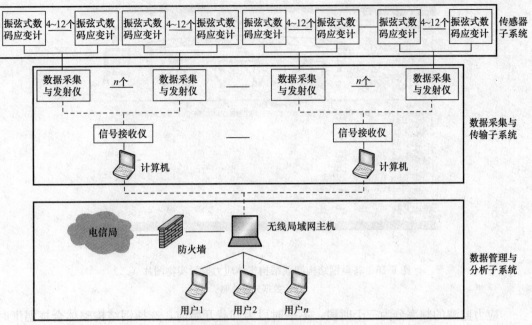

图 6-15 振弦式应变计无线应力监测系统的拓扑结构

（c）

图 6-16 鸟巢钢结构卸载结构本体应力监测实物图片（一）

（a）振弦式应变计；（b）数据采集和发射系统；（c）数据采集

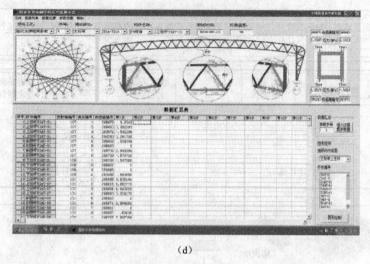

(d)

图 6-16　鸟巢钢结构卸载结构本体应力监测实物图片（二）

（d）数据分析处理

应力监测的频率分为三个时段，第一时段为卸载开始前，选择钢结构整体合拢温度时读取初读数，即归零处理；第二时段为卸载过程中，根据卸载动作的实施，每卸载步一次；第三个时段为卸载后第 3d 后监测一次，以检查结构本体在稳定 3d 后的应力重分布情况。

6.3.3　应用前景分析

本技术已成功应用于国家体育场（鸟巢）钢结构卸载过程中结构本体和支撑架应力和变形监测，可推广适用于各类大跨度空间结构体系的卸载监测施工。特别是对结构受力复杂、支撑反力大、同步精度要求高的大跨度异形空间结构，更突显其优越性。

7 高强度钢材应用技术

高强度钢材相对于时代要求的技术进步程度而不断变化，其定义范围根据行业的不同也有所区别。建筑行业钢结构工程的发展始终与钢材强度以及生产工艺的发展带来的加强性能紧密相关。

相对于普通钢材，钢结构采用高强度钢材具有以下优势：通过使用高强钢可以显著减少材料的厚度和构件重量。仅当轴向应力存在时，这种减少量是最大的；通过屈服强度的加倍，柱（墙体）材料的厚度一半即可承受同样的重量；当存在弯曲或扭转荷载的应力时，重量的减少也是很显著的。此外，构件厚度及重量的减少相应地减少了焊接工程量和焊接材料的使用，降低构件加工制作、运输和安装成本，减少各种防腐、防火涂层的用量。对于建筑物功能使用方面，减小构件的尺寸能够创造更大的使用净空间。特别是能够减小所需板材的厚度，相应减少焊缝的厚度，改善焊缝质量，提高结构疲劳使用寿命和安全可靠度。

7.1 高强度钢材应用现状

近几年随着超高层钢结构建筑和大跨度空间结构的发展，对钢材的强度指标提出了更高的要求，其中几个典型重点钢结构工程均用到了高强钢。

国家体育场（鸟巢）工程在国内第一次采用国产的 Q460E/Z35 厚板，板厚 100～110mm，这是在国内外建筑史上从未应用过 460MPa 级特厚板，无论钢板的生产还是钢结构焊接施工都没有可供借鉴的成功经验，其技术要求达到了低合金高强度钢之最。跟日本及欧洲等钢铁强国生产的同级别建筑结构用钢相比，具有更低的屈强比、更高的延伸率和 Z 向性能。

国家游泳馆（水立方）工程使用了 Q420，CCTV 新台址使用了 Q460。广州新电视观光塔和广州珠江西塔使用了 Q390D-J 高强钢。

7.2 先进适用技术

（1）高强度厚板焊接技术，其焊接厚板操作要点见表 7-1。

高强度厚板焊接操作要点 表 7-1

序 号	操作要点	主要内容
1	焊前清理	高强度厚板焊接，焊前应将钢板的热切割面用角向磨光机进行打磨处理，打磨厚度不小于 0.5mm，至露出原始金属光泽
2	坡口形状控制	坡口角度 35°，间隙 8mm

续表

序　号	操作要点	主要内容
3	预热、层间及后热温度控制	预热温度不得低于150℃，焊接返修处的预热温度应高于正常预热温度50℃左右；层间温度控制同预热问题要求但不得高于200℃；焊接完毕后，立即进行后热处理，后热温度250～300℃，后热时间按每25mm板厚不小于0.5h，且不小于1h确定；后热完成，岩棉被保温缓冷至环境温度
4	预热区范围	预热时，应在焊缝两侧进行加热，加热宽度应各为焊件待焊处厚度的1.5倍以上，且不小于100mm；焊接返修处的预热区域应适当加宽，以防止发生焊接裂纹
5	加热方法	采用电加热的方法进行预热和后热处理，加热板设置在焊缝正反两面，预热温度达到设定值后，将焊缝正面的加热板拆除，焊缝背面的加热板作为伴随预热，焊后后热处理时再将加热板重新布置，并用岩棉被包裹严密
6	焊接操作手法	严格执行多层多道、窄焊道薄焊层的焊接方法；在平、横、仰焊位禁止电弧摆动，立焊时严格控制焊枪摆动幅度；二氧化碳焊控制在20mm范围内，手工电弧焊控制在3d（d为焊条直径）范围内，焊枪的倾角限制为±30°；单道焊缝厚度要求不大于4mm，保证焊缝和热影响区的冷弯和冲击性能；采用二氧化碳气体保护焊时，焊枪杆伸长20～30mm，焊枪倾角±30°

（2）低温焊接技术。

国家体育场通过大量的实验对Q460E-Z35钢低温环境焊接性能进行研究，试验结果表明：焊接试验件熔合线冲击韧性明显下降，因此Q460E-Z35厚板不允许在负温环境下施焊。

实际大气温度在负温条件下，高强度钢材焊接应在焊接件周围环境创造适宜的焊接环境温度，如图7-1、图7-2所示。

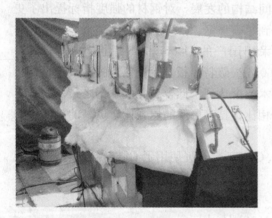

图7-1　柱脚拼装焊接焊前红外电加热预热

图7-2　柱脚拼装焊接焊缝背面伴随红外电加热

7.3　应用前景分析

在超大跨度、超高层建筑钢结构中，高强度钢应用会越来越多，比如，2008年奥运工程国家体育场和国家游泳中心、中央电视台塔楼均部分采用大厚度Q390、Q420、Q460钢板制作构件，为今后类似工程设计选型、高强度建筑钢的生产以及施工建设提供了可借鉴的成功经验。

我国新的钢材规范《低合金高强度结构钢》（GB/T 1591）也给出了 Q500、Q550、Q620、Q690 级性能钢材。高强度钢板的使用符合国家鼓励创新和综合能源的合理使用政策。建筑结构使用高强度钢板后，结构厚度、重量和成本可以进一步降低，而综合性能、安全可靠性、有效利用空间以及建筑的性价比可以进一步提高。

随着建筑钢结构工程高强钢的广泛采用，国内的焊材生产厂家必须进一步开发强度等级相匹配、塑韧性好，同时抗裂性能良好的焊接材料，从而推动建筑钢结构工程技术的发展。